本书的相关研究工作以及本书的出版获国家自然科学基金重点资助、科学基金青年基金项目（51305130）、国家重点研发计划"国家质量基础的共性技术研究与应用"专项（2017YFF0204800）资助。

wMPS空间测量定位系统测站布局优化部署方法

熊芝 著

中国水利水电出版社
www.waterpub.com.cn
·北京·

内 容 提 要

本书强调研究的系统性和理论性。从空间测量定位系统（workspace measurement and positioning system，wMPS）组网测量原理分析、静/动态定位误差模型建立、多目标优化问题描述、测站优化部署方法等方面展开研究，探索了适用于 wMPS 测站网络布局优化的新方法，为分布式坐标测量系统的布局优化提供了新思路。本书的创新性研究成果包括：①建立了适用于分布式坐标测量系统网络布局与定位误差的通用解析模型；②首次对典型布局及误差特性进行了分析，提出了基于典型布局实现全局网络优化的思想；③运用群智能优化算法，探索了基于进化代数衰减因子的自适应遗传算法、模拟退火 - 粒子群优化算法在全局网络优化方面的应用；④完善了动态测量误差模型，进一步研究了基于惯性权重对数递减萤火虫算法的动态测量组网优化方法。

本书可作为各大高校本科生和研究生、科研人员、工程设计人员的参考用书。

图书在版编目（CIP）数据

wMPS 空间测量定位系统测站布局优化部署方法 / 熊芝著 . -- 北京：中国水利水电出版社，2025.7
ISBN 978-7-5226-2876-9

Ⅰ. P228

中国国家版本馆 CIP 数据核字第 20244C41U4 号

书　　名	wMPS 空间测量定位系统测站布局优化部署方法 wMPS KONGJIAN CELIANG DINGWEI XITONG CEZHAN BUJU YOUHUA BUSHU FANGFA
作　　者	熊芝　著
出版发行	中国水利水电出版社 （北京市海淀区玉渊潭南路 1 号 D 座 100038） 网址：www.waterpub.com.cn E-mail：zhiboshangshu@163.com 电话：（010）62572966-2205/2266/2201（营销中心）
经　　售	北京科水图书销售有限公司 电话：（010）63202643、68545874 全国各地新华书店和相关出版物销售网点
排　　版	北京智博尚书文化传媒有限公司
印　　刷	三河市龙大印装有限公司
规　　格	170mm×240mm　16 开本　17 印张　255 千字
版　　次	2025 年 7 月第 1 版　2025 年 7 月第 1 次印刷
定　　价	69.00 元

凡购买我社图书，如有缺页、倒页、脱页的，本社营销中心负责调换

版权所有·侵权必究

前　言

　　分布式坐标测量系统以空间多几何量观测为基础，构成多重传感耦合、立体拓扑交联的高精度整体测量网络，具有系统伸缩性好、现场适应性强、多任务并行、自动高效率等突出优点，是工业大尺寸测量定位的最佳选择。本书涵盖了作者近年来在分布式多站坐标测量系统，尤其是 wMPS 测站布局智能优化方面的研究成果。从 wMPS 组网测量原理分析、静/动态定位误差模型建立、多目标优化问题描述、测站优化部署方法等方面展开研究，提出了适用于分布式坐标测量系统布局优化的新方法，攻克了基于角度交会原理的网络测量模型构建、动态测量误差分析与补偿、测站布局优化算法等技术问题，可为大型装备多部件、大空间、实时协同的智能制造新模式提供技术支撑。

　　首先，本书阐述了 wMPS 测量原理，对测角精度进行了仿真分析，并深入研究了测角误差检定及补偿技术，为坐标测量误差分析奠定了基础；其次，建立了分布式坐标测量系统静态定位误差模型，分析了网络布局对定位误差的影响；在此基础上研究了典型网络布局及其误差特性，提出基于典型布局的全局网络优化方法；然后，探索了基于启发式算法的布局优化策略，研究了智能算法在布局优化方面的应用；再次，完善了测量模式，建立了动态误差模型，对动态测量组网优化方法进行了进一步的研究；最后，将本书研究方法应用在飞机制造精密测量中，并进行了现场验证。

　　本书的创新性研究成果包括：①建立了适用于分布式坐标测量系统网络布局与定位误差的通用解析模型；②首次对典型布局及误差特性进行了分析，提出了基于典型布局实现全局网络优化的思想；③运用群智能优化算法，探索了基于进化代数衰减因子的自适应遗传算法、模拟退火－粒子群优化算法在全局网络优化方面的应用；④完善了动态测量误差模型，进一步研究了基于惯性权重对数递减萤火虫算法的动态测量组网优化方法。

诚挚感谢叶声华院士，邾继贵教授在硕博期间的关怀与指导；感谢钟毓宁教授、赵大兴教授、聂磊教授、翟中生教授、王选择教授在工作中带领我快速成长；感谢耿磊、杨凌辉、劳达宝、赵子越、薛斌等同门师兄弟在课题研究过程中的相互扶持；感谢为本书做出贡献的岳翀、陈俊南、李春森、钟晨晓鹏等博士生和硕士生。

本书的相关研究工作还得到了国家自然科学基金重点资助项目（50735003）、国家自然科学基金青年基金项目（51305130）、国家重点研发计划"国家质量基础的共性技术研究与应用"专项（2017YFF0204800）、现代制造质量工程湖北省重点实验室开放基金项目（KFJJ-2024003）的资助，作者谨向国家自然科学基金委员会、科技部表示诚挚的感谢！

本书可作为各大高校本科生和研究生、科研人员、工程设计人员的参考用书。

作者
于湖北工业大学

目 录

前言

第1章 绪论 1

1.1 引言 1
1.2 分布式坐标测量系统布局优化现状分析 4
    1.2.1 经纬仪测量系统 5
    1.2.2 数字近景摄影测量系统 7
    1.2.3 激光跟踪干涉测量系统 10
    1.2.4 移动空间坐标测量系统 12
    1.2.5 wMPS 15
1.3 布局优化问题描述 19
    1.3.1 约束分析 20
    1.3.2 优化目标 23
    1.3.3 优化手段 23
1.4 智能优化算法在网络布局优化中的应用 25

第2章 wMPS测量原理及测角精度分析 28

2.1 wMPS测量原理 28
2.2 结构参数的定义 31
    2.2.1 结构参数的选择及优化 31
    2.2.2 蒙特卡罗仿真分析 34
2.3 角度测量精度分析 37
    2.3.1 角度测量误差源 37

  2.3.2 测角误差模型 39

  2.3.3 测角误差仿真分析 41

 2.4 本章小结 43

第 3 章 单站测角误差的检定及补偿技术 44

 3.1 测角仪器检定方法概述 44

  3.1.1 经纬仪角度检定装置 44

  3.1.2 经纬仪水平角检定 45

  3.1.3 经纬仪垂直角检定 50

 3.2 发射站检定装置 51

 3.3 发射站水平角检定 54

  3.3.1 调整误差 54

  3.3.2 水平角检定方法 57

 3.4 发射站垂直角检定 57

 3.5 发射站检定实验 58

 3.6 检定误差补偿方法 62

  3.6.1 最小二乘法 64

  3.6.2 拟合结果 66

 3.7 标定误差补偿方法 69

  3.7.1 数学模型 69

  3.7.2 补偿模型 70

  3.7.3 仿真 74

 3.8 误差补偿实验 75

 3.9 本章小结 79

第 4 章 网络布局对定位误差的影响 81

 4.1 定位误差模型 81

 4.2 空间定位误差表达 85

 4.3 蒙特卡罗仿真方法 87

 4.4 实验验证 90

 4.5 本章小结 95

第 5 章 典型网络布局及误差特性 96

5.1 问题描述 96
5.1.1 空间约束 96
5.1.2 测量特征 97
5.1.3 系统特性 98

5.2 两－四站典型网络 100
5.2.1 两站系统 100
5.2.2 三站系统 104
5.2.3 四站系统 110

5.3 基于多目标约束的间距优化 114
5.3.1 优化目标函数 115
5.3.2 两－四站系统分析 116

5.4 实验验证 120

5.5 本章小结 129

第 6 章 基于典型布局的全局网络优化 130

6.1 典型布局覆盖面积估算 130
6.1.1 两站系统 131
6.1.2 三站系统 131
6.1.3 四站系统 132

6.2 典型布局定位误差估计模型 133
6.2.1 模型参数分析 133
6.2.2 多项式最小二乘拟合 135
6.2.3 模型表达式 137

6.3 全局网络优化 140
6.3.1 区域分割 140
6.3.2 典型布局选择 141
6.3.3 优化流程 141
6.3.4 软件平台 143

6.4 本章小结 146

第7章 基于启发式算法的布局优化模型 147

    7.1 多目标优化问题描述 147

    7.2 定位精度分析 148

    7.3 覆盖度分析 148

    7.4 使用成本分析 148

    7.5 目标函数定义 149

    7.6 层次分析法权重分析 150

    7.7 本章小结 154

第8章 布局优化启发式算法设计 155

    8.1 自适应遗传算法及其改进 155

        8.1.1 传统自适应遗传算法的原理 155

        8.1.2 自适应遗传算法的操作 156

        8.1.3 基于进化代数衰减因子的自适应遗传算法 159

    8.2 模拟退火 – 粒子群优化算法 161

        8.2.1 粒子群优化算法 161

        8.2.2 模拟退火算法 164

        8.2.3 基于模拟退火 – 粒子群优化算法的混合算法 167

    8.3 布局优化流程设计 168

        8.3.1 基于进化代数衰减因子的自适应遗传算法优化流程 168

        8.3.2 基于模拟退火 – 粒子群优化算法的优化流程 170

    8.4 本章小结 171

第9章 基于启发式优化算法的仿真及实验 173

    9.1 典型布局优化仿真 173

        9.1.1 典型布局方式 173

        9.1.2 优化算法布站结果 175

        9.1.3 仿真结果分析 186

    9.2 多测站测量系统布局优化 187

    9.3 实验验证 188

    9.4 本章小结 194

第10章 动态误差建模与分析 ... 195

10.1 系统动态测量特性 ... 197
10.1.1 动态测量的特点 ... 197
10.1.2 动态测量误差的定义 ... 198
10.2 动态测量误差源分析 ... 198
10.2.1 测站性能对动态误差的影响 ... 199
10.2.2 被测目标的运动状态对动态误差的影响 ... 200
10.3 动态误差建模与仿真 ... 200
10.3.1 由测站观测角误差引起的动态误差 ... 201
10.3.2 由被测目标运动引起的动态误差 ... 202
10.3.3 仿真分析 ... 203
10.4 动态误差模型的验证 ... 206
10.5 本章小结 ... 208

第11章 基于萤火虫算法的动态测量组网优化 ... 209

11.1 优化模型建立 ... 210
11.2 萤火虫算法的基础知识 ... 211
11.2.1 算法原理 ... 211
11.2.2 算法操作 ... 212
11.2.3 算法步骤 ... 213
11.3 算法仿真 ... 214
11.3.1 测量区域建立 ... 214
11.3.2 仿真结果 ... 214
11.4 改进萤火虫算法 ... 220
11.4.1 改进算法流程 ... 222
11.4.2 改进算法分析 ... 222
11.5 实验验证 ... 230
11.5.1 实验设计 ... 230
11.5.2 实验步骤 ... 231
11.5.3 实验结果及分析 ... 232
11.6 本章小结 ... 234

第 12 章 网络优化在飞机制造精密测量中的应用 236

12.1 钢架测量 236
12.1.1 任务描述 236
12.1.2 网络布局设计 237
12.1.3 实验结果及分析 238

12.2 飞机水平姿态测量 240
12.2.1 任务描述 240
12.2.2 网络布局设计 240
12.2.3 实验结果及分析 241

12.3 本章小结 244

第 13 章 总结与展望 245

13.1 总结 245
13.2 展望 247

参考文献 248

第 1 章 绪　论

1.1 引言

　　大型装备的制造技术和工艺正在向数字化制造方式发展，标志之一是采用先进的测量手段，对制造过程中的位置、尺寸、姿态等几何信息进行实时测量，将测量信息反馈给加工设备，测量和制造融合在一起，构成一体化的制造系统，实现高效率数字化制造[1-4]。大型装备制造中的被测对象不仅几何尺寸大、相对测量精度要求高（优于10ppm），而且待测关键点数量多，多个测量任务并存，同时测量环境不可避免地受到工作人员、物流以及其他工装夹具的影响，使得三坐标测量机、激光跟踪仪等传统单站测量设备的应用存在较大局限性[5]，如三坐标测量机量程短，难以实现对大型结构件的测量；激光跟踪仪在操作过程中需要工作人员牵引目标反射球进行移动，无法实现目标的自动识别和瞄准。这些传统单站测量设备在某一时刻只能实现一次测量，并且绝对测量精度随着测量范围的增大而降低，无法平衡大尺度空间中测量范围、测量精度及测量效率三者之间的矛盾。

　　分布式计算机网络技术和全球定位系统（global positioning system，GPS）的出现为研究人员提供了新的思路，分布式坐标测量系统有了新的发展，如wMPS[6-7]。wMPS可像GPS一样对分布在空间的多个接收器同时进行实时定位、跟踪，并且接收器不受某一方向信号遮挡的影响，保证了测量的精度及效率。此外，通过在测量网中适当增加测站，可以扩大测量范围而不损失测量精度，解决了测量范围和测量精度之间存在的矛盾。wMPS 有效地平衡了测量范围、测量精度及测量效率三者之间的矛盾，为高端装备制造过程中的精密测量提供了有力的技术支持，是大尺寸测量领域的研究热点及重要发展方向。

分布式坐标测量系统在多测站的共同作用下实现坐标测量，因此在此类系统中，单台测站的性能以及各测站之间的协同作用是影响系统整体性能的两个关键因素。多测站的协同作用是分布式坐标测量系统区别于单站坐标测量系统的重要标志，当测站数目增多时，其表现形式更为复杂[8]。在测站的相互作用中，测站网络布局是重要因素之一，系统定位精度与测站几何分布之间具有密切关系。当布站方式相同时，不同空间目标的定位误差不同；同样，当布站方式不同时，同一空间目标的定位误差也不相同。此外，随着测站数目的增多，系统使用成本也在逐渐增加，为了将成本控制在合理的范围，选择合适的测站数目也是工程实践中面临的问题。研究网络布局对系统定位误差的影响，优化测量网络结构，为提高系统定位精度、降低成本提供理论支撑，同时为工程实践提供布站指导，是分布式坐标测量系统共同面临的问题。

在国家发布的《国家中长期科学和技术发展规划纲要（2006—2020）》[9]中，国家将以超大型装备制造为主要内容的极端制造技术列为先进制造领域的前沿技术，予以重点研究，以期突破设计、制造工艺、测量与控制等关键技术，提高我国装备制造业的国际竞争力。其中，面向航空、舰船制造及大型天线安装的精密测量技术及其设备，是实现高端大型装备制造的核心支撑技术之一，对于推动我国航空、舰船制造向数字化制造方式转变及大型天线机电设备的精密装调，提高制造技术及工艺装备水平，保证大型装备产品的质量意义重大。

以飞机制造为例[10-12]，除去设计环节，整个数字化制造过程是在各种测量信息驱动下进行的：在飞机零件制造阶段，因为众多钣金零件形状复杂、结构稳定性差、成形工艺多样，零件精度难以控制与保证，需要高效的测量手段支持；在产品组装阶段，组成部件各个零件之间的空间装配关系复杂，涉及大型工装夹具的定位调整，需要测量设备手段予以保证；在大部件对接阶段，被对接大部件质量和空间尺寸巨大，对接过程的精确控制必须建立在测量设备实时测量基础上；在最终产品的检测阶段，同样需要高效测量设备，测量设备已经成为整个制造系统中不可或缺的一部分。

对于大型舰船装备[13-15]，为提升质量和缩短建造周期，数字化造船成为行业的发展趋势。目前，数字化设计技术已比较成熟，但建造过程中的数字化测量环节相当薄弱，还没有较为理想的测量技术和测量设备，极大地制约着数字化造船的发展进程。在大型舰船的制造过程中，船台合拢是船舶建造各环节中耗时最长的，也是影响船舶整体质量的突出环节，主要原因来源于分段制造（分段装配、焊接变形等）尺寸偏差较大，船台合拢时需要在船台上做进一步的修整。如果能通过精密测量定位系统实现船台下分段的快速测量，就可以进行快速精确修整，得到"无余量"分段，即可有效地解决上述问题，真正实现数字化造船、"堆积木"模块化造船，为将我国建设成为世界第一造船大国提供有力的测量技术支撑。

对于大型天线装备等机电设备[16-17]，精密装调是其制造安装过程中的关键环节，对其性能有着至关重要的影响。以激光跟踪仪为代表的传统测量技术和仪器设备，都无法满足多目标、动态实时、全周测量的要求，极大地限制着我国大型天线装备的制造能力和产品性能。

首先，wMPS 的定位技术及其具备的大量程、高精度、多任务并行、全空间实时测量等特点，是解决上述问题的最有效手段。wMPS 最大的特点之一是解决了测量量程和测量精度之间不可兼容的矛盾，通过在测量网中添加一个或多个测站节点实现量程的扩大。在添加测站节点时需要考虑测站位置对精度的影响，在对精度不造成损失的前提下才是有效的扩展量程的方法。其次，wMPS 是一个允许多任务并行的系统，只要位于被测空间的接收器能同时接收到两个或以上测站发射的空间几何信息，便可以实现定位，然而不同的测站组合在同一接收器处产生的定位误差不尽相同，因此为了控制测量精度，测站和接收器之间将存在优化匹配的问题。再次，定位精度和测站数目之间不是简单的线性关系，测站数目越多，精度不一定越高，而是和测站的几何分布密切相关，在使用过程中，应根据具体的测量要求选择合适的测站数目及布站方式。与其他分布式坐标测量系统相比，wMPS 的测站数目更多、组网方式更加灵活、测量范围更大，因此耦合环节多，布局优化问题具有高度的复杂性。对经纬仪或多传感器视觉测量系统等网络优化采用的手段已不能完全满足 wMPS 的需求。因此，对该系统测站布局优化问题进行研究具有十分重要的意义。

1.2 分布式坐标测量系统布局优化现状分析

分布式坐标测量系统在灵活性、可靠性和并行性方面具有不可比拟的优势，是实现大尺度空间内精密测量的有力支撑，按基本测量原理可分为三类：基于测长多边形的空间坐标测量、基于角度传感的空间交会测量以及基于角度传感和测长多边形相结合的球坐标测量。在目前典型的分布式坐标测量系统中，经纬仪测量系统、数字近景摄影测量系统和 wMPS 基于空间角度交会原理，而多站激光跟踪仪距离交会测量系统和移动空间坐标测量系统（MCsMC）则基于多距离交会原理。

20 世纪 90 年代起，国内外很多专家和学者为了在实际工程应用过程中通过合理部署测站提高系统测量精度，采用多种方法对网络布局优化问题进行了研究。最初常用的手段是通过直接解析法求解极值点，这种方法只能针对特定的几何布局，需要大量的计算，随着测站数的增多，解析式变得更加复杂，无法直接求解极值点，因此其发展受到了很大限制。随着计算机技术的发展，数值仿真和遗传算法逐渐成为解决网络布局优化问题最受欢迎的手段，优化方式逐渐摆脱了依赖大量专家经验带来的局限。除此之外，优化目标也从单一目标向多目标扩展。

1.2.1 经纬仪测量系统

经纬仪测量系统是较早应用于大尺寸领域的分布式测量系统之一，它是由多台电子经纬仪、基准尺以及计算机构成的空间前方角度交会测量系统[18-20]。1979 年，Hewlett Parckard 用两台电子经纬仪连接起来，第一次组成了"实时三角测量系统"，成为现代经纬仪测量系统的雏形。随着电子经纬仪的高速发展，加速了经纬仪测量系统在生产制造领域中的应用。1982 年，瑞士的 Geotronics 和 Wild 公司生产出测角精度为±0.5″的电子经纬仪，使得由此构成的经纬仪测量系统点位精度在 100m 的范围内理论上可达到亚毫米级。作为全球主要的经纬仪生产厂家，德国 Zeiss 公司与瑞士 Leica 公司先后推出了 IMS、ManCAT、ATMS 以及 Axyz 等工业测量系统。国内解放军信息工程大学、郑州辰维科技有限公司等将光束平差法用于经纬仪测量过程，开发出 MeltroIn、SMN 等工业测量系统。图 1-1 所示为 MeltroIn 经纬仪测量系统。

图 1-1 MeltroIn 经纬仪测量系统

1994 年，南京航空航天大学的陆敬舜[20]研究了双经纬仪三维测量法。陆敬舜预测双经纬仪三维测量法将会在以后得到日益广泛的应用，并提出了测量精度的计算方法、数学模型以及"精度场"概念，为测量布局的优化设计、精度指标含义的明确提供了理论依据和计算方法。1997年，张明、赵辉、杨晓新等人[21]对采用两台经纬仪测量空间点的三维坐标时的各种误差因素的影响规律进行了理论分析和仿真研究，由于对问题描述以及单项分析存在缺陷，得出的结论难以直接应用。1999年，西安交通大学毛世民等人[22]用四参数法描述了双经纬仪三维测量的布局，但只对其进行了局部的优化。2007年，合肥工业大学和华东电子工程研究所的魏超等人[23]对双经纬仪测量系统的大型天线精密骨架中的布局优化进行了分析，精度控制思路同陆敬舜（1994年）和毛世民（1999年）文献所描述，通过对指定平面测量区域以一定步长进行遍历，寻找使得测量区域内各个测点不确定度的最大值最小的布局为最优布局。2007年，西安卫星测控中心的崔书华等人[24]提出了用遗传算法进行测量网优化的设想。2008年，西北工业大学的侯宏录等人[25-26]利用数值仿真的方法研究了双经纬仪测量系统中交会角、方位角、高低角和基线长度以及站址位置对定位准确度的影响，提出了最短基线距离。2009年，姜涛、刘勇、王海峰等人[27]采用遗传算法对多台经纬仪的布局进行了优化。2011年，张军等人[28]基于遗传算法研究了交会测量布站方法，通过建立优化模型并用计算机进行仿真，得出了合理的布站方式。王耀华等人[29]通过分析测站与待测点形成的交会图形结构对测量精度的影响，提出采用图形结构衰减因子（geometyic dilution of precision，GDOP）来评价交会图形结构优劣，给出GDOP的计算方法及空间分布。2012年，刘鑫伟等人[30]开展了经纬仪布站位置对交会测量结果影响的分析，通过误差传递定律，得到空间坐标位置的测量误差公式，并分析了四测站中不同测站两两交会的测量误差，得到了不同布站位置对双站交会测量结果的影响。2020年，王克选[31]以交会测量中的最短距离法为基础，结合误差传递定律，得出目标空间位置的测量误差公式，提出了最小误差球及最小误差圆的概念，并针对双站测量时的布站提出了一些参考性的布站原则。2023年，邹道磊等人[32]通过模拟基准尺与两仪器的相对位置关系，得出最佳的图形结构，提高测量系统的观测精度，并通过实验进行了验证。

以上对经纬仪测量系统网络优化的分析均建立在精度分析的基础上，对测量模型进行一定的简化，如在四参数法中将参数简化为两个，各测站视为等精度测量且测站数目为 2～4 个。优化目标多定义为整个区域或者某点的测量不确定度最小，主要表现为对误差传递模型的研究。优化手段按照时间先后顺序主要分为三种：一是对误差传递因子的数学特性直接进行分析，如求极值法；二是采用数值仿真的方法分析各个误差源对定位误差的影响；三是利用最优化方法试图在全局范围内寻求最优解，全局优化的随机搜索过程使得每次优化的结果可能都不一样且各自变量间耦合严重，易陷入局部最优解，需要对优化算法进行深入细致的研究。

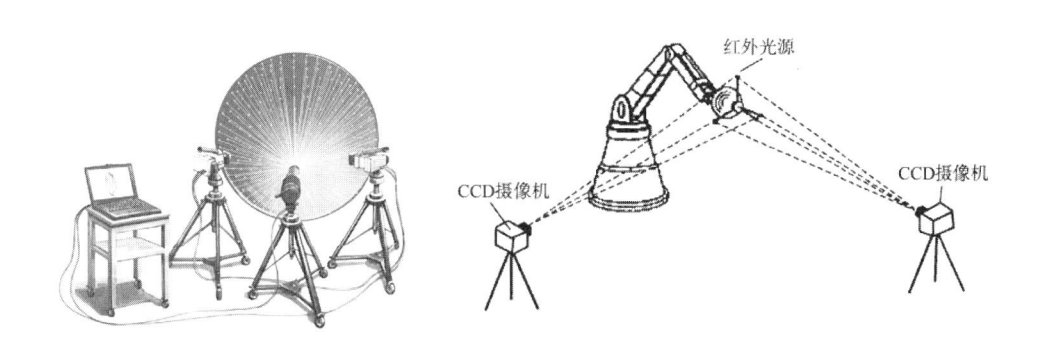

1.2.2 数字近景摄影测量系统

数字近景摄影测量系统采用计算机图像处理技术，通过在不同的位置和方向获取同一物体的两幅以上数字图像，经匹配等处理及相关数学计算后得到待测点精确的三维坐标[33-35]。数字近景摄影测量系统和经纬仪测量系统一样，其本质也是基于角度交会原理，具有精度高、非接触测量和便携等特点。此外，它还具有其他系统所无法比拟的优点：测量现场工作量小、快速、高效和不易受温度变化、振动等外界因素的干扰。图 1-2 所示为数字近景摄影测量系统工作示意图。

图 1-2 数字近景摄影测量系统工作示意图

计算机视觉和摄影测量领域的专家很早就意识到传感器网络优化的需要。1993 年，Tarbox 和 Gottschlich 意识到需要提出一个方案以解决摄影测量中存在的光线阻挡问题，并在 IVIS 系统中得以实现[36]。Fritsch 和 Crosilla 提出了一种优化方案，使用解析分析的方法计算误差，通过反复改变测站的位置直到误差协方差满足测量的要求。1994 年，Mason 等[37] 开发了一套基于专家系统的 CONSENS 系统，解决了一类面向平面特征的四站网络设计问题，复杂的表面形状被分割为若干个小的平面，利用中间传感器将不同的子网布局联系起来。上述方法均限于事后优化，即根据经验或者专家知识设计出一个测量网，在该网络下进行测量，然后计算误差协方差并和标准的测量精度要求进行比较，根据比较的结果决定该布局的优与劣，如果不能满足测量要求，则再次重复上次决策过程。因此在进行优化前需要作出多个决策，包括测站数目以及测站的位姿，作出这些决策需要大量的专家知识与经验程序。这种实验再纠错的方法效率低、不易操作且不具有溯源性。1998 年，Gustavo Olague 和 Roger Mohr[38] 首次提出全局优化设计，利用离散优化和组合寻找发掘求解空间的方法。该方法主要包括两个部分：一是基于误差传播定律分析测量不确定度，用以表述最小误差准则；二是提出了类似遗传算法对这种准则进行优化。该方法的整体思路是根据协方差传播定律首先确定像点误差到空间点误差的映射关系，每次计算的协方差矩阵迹的最大值作为本次布局的评价准则，最小值对应最优布局。基于上述优化方案开发了 EPOCA 系统，该系统成功解决了平面以及多个正交平面（正立方体表面）的布局优化问题[39-42]。2004 年，Saadat-Seresht 等[43] 在 Mason 研究的启发下，采用模糊控制理论在摄影测量网络布局中融入多个约束的考虑，在知识库中分别建立了约束模型。2006 年，Gustavo Olague 对 EPOCA 系统进行了改进[44-46]，考虑了交会角、工作区域边界、可视性等多个约束，并采用共面模型对测量不确定度进行分析。图 1-3 所示为 EPOCA 系统将三维被测物分割为 6 个子平面并采用 9 个测站进行测量时优化的布局。

图 1-3　EPOCA 系统测站布局优化界面

国内对摄影测量系统的工作多集中在系统研究和误差分析方面。中国科学院长春光学精密机械与物理研究的黄玮等人[47]推导了双线阵 CCD 交会精度的计算公式，并指出提高测量精度需要考虑的几个问题。国防科技大学的吕海宝等人[48]对 CCD 交会测量原理进行了研究，为了提高捕获率，提出采用多线阵 CCD 组成交会光靶的方案。颜树华等人[49]分析了有效视场、坐标测量误差和系统结构参数之间的关系，并用仿真方法对系统最优结构布局进行了研究。北京邮电大学的王君等人[50]设计了完整的视觉测量仿真系统，该系统可以为测量任务提供摄影网络布局、精度分析、测量模拟等多项功能，对仿真系统中网络优化的目标、原理和方法进行了研究，针对网络优化设计了遗传算法；利用摄影测量固有的交比不变性来定量像点的误差，然后根据像点的误差分布特征来估计空间点的协方差；采用多特征点整体精度作为优化的评价准则。西安电子科技大学的汪大宝等人[51]综合分析了交会测量精度与系统结构参数之间的关系，建立了相应的数学模型，给出了最优结构参数设计的方法。

从上述摄影测量系统网络优化的发展历程看，在约束分析方面，如测量系统特性（相机倾角、焦距等）和外界环境的约束，在研究前期，模型相对简单，对外界约束未给予充分考虑，在后期研究中逐渐得到完善。优化目标主要针对坐标不确定度的评估，表现为对误差传递模型的研究。优化手段从前期基于专家系统的实验再纠错方法发展为多种非线性全局优化算法，自动化程度逐渐提高。

由于视觉传感器视场大小的限制，摄影测量系统属于密集型分布式的网络式测量系统，该系统采用非在线测量方式，并且仅需单个手持相机进行多角度拍照，布局对成本没有影响，并且布局原则通常只需满足封闭性原则即可，因此在大尺寸测量系统中，移动视觉测量系统的布局优化问题不再是突出问题[52-54]。

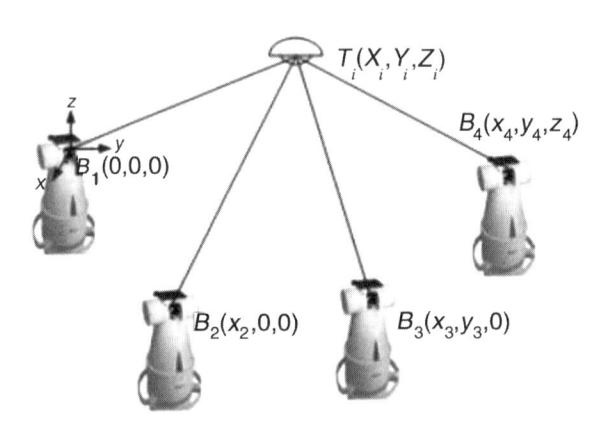

1.2.3 激光跟踪干涉测量系统

激光跟踪干涉测量系统基于空间多距离交会测量原理，通过多个测站同时获得的距离信息在空间进行交会求解[55-56]，如图 1-4 所示。在二维平面内进行自标定时，至少需要 3 个测站；在三维空间进行自标定时，测站数应大于或等于 4 个。激光跟踪干涉测量系统利用了激光干涉测长精度高的优点（激光干涉测长精度可达 1 μm/m）以及冗余特性，可实现系统自标定、挡光自恢复、误差分离和补偿、跟踪干涉仪的"迁移"和"再标定"等一系列重要功能[57]。

图 1-4 激光跟踪干涉测量系统

1998 年，日本的 Toshiyuki Takatsuji 首次提出利用激光干涉测长和多边交会原理实现空间坐标测量的方法。英国国家物理实验室（NPL）和日本国家计量研究室（NRLM）均已研制出基于激光跟踪和多边法原理的柔性坐标测量机样机。国内主要研究单位有清华大学和天津大学。天津大学的张国雄等人对四路激光跟踪干涉坐标测量系统的原理进行了研究，对系统测站的硬件及其靶标进行了设计[55]，成功研究出一种双轴独立回转跟踪系统，它具有转动部分质量轻、跟踪速度快等特点。目前对激光跟踪干涉测量系统的研究主要用于科研，尚未出现成熟的产品。

Toshiyuki[58]对激光跟踪干涉站摆放位置和定位误差之间的关系进行了研究，采用矩阵分析方法分析了激光跟踪干涉设备的布站约束，指出自标定的残差不能作为测量结果的评估标准，4个激光干涉设备的摆放位置不能位于同一平面。

清华大学的胡朝晖、王佳等人[59]对多站测量系统的布局、测量点选择、计算的收敛性与误差等进行了分析。从自标定数学模型出发，通过方程组的雅可比矩阵，推导出在自标定时测量系统中各测站和测量点的布局限制，并用计算机进行了仿真验证。天津大学的张国雄、林永兵等人[60-61]系统地研究了四路激光跟踪三维坐标测量系统的布局优化问题，以被测点的位置几何精度衰减因子最小作为目标进行优化，得到了三种系统的最佳测量布局（最佳测量点在球心），如图1-5所示。

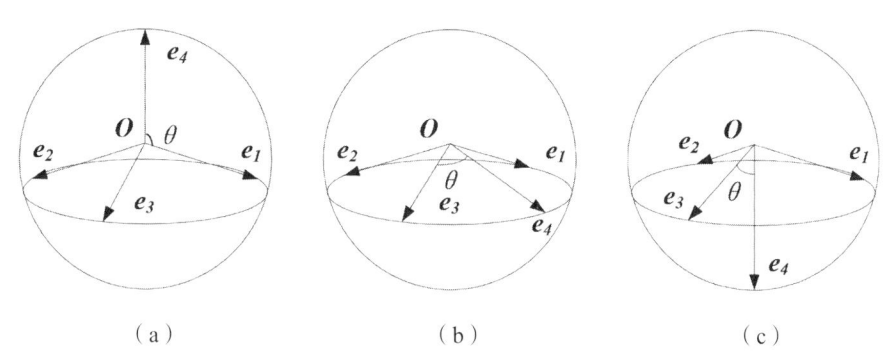

图1-5 四路激光跟踪三维坐标测量系统的最佳测量布局

2005年，Defen Zhang、Stephen Rolt等人[62]在张国雄对布局设计分析的基础上，采用计算机仿真的方法对4～6个测站组成的特定布局进行了分析，量化了测站数目增大和精度改善程度的关系系数。2014年，合肥工业大学的胡进忠等人[63]通过寻找测量模型系数矩阵的条件数取得最小值时得到系统的最佳布局方式。2017年，西南交通大学的王金栋[64]对激光跟踪多站分时测量基站布局进行了研究。2019年，天津大学的任瑜[65]对激光多边测量网布局优化进行了研究，在遗传算法基础上，提出基于网格的布局优化方法。以覆盖能力、测量精度及总体成本作为多目标评价函数，利用全局网格和局部网格对布局区域进行划分，将全局搜索和局部搜索相配合，无须初始布局即可全局寻优。2023年，计量大学的梁楚彦等人[66]从坐标解算公式推导出测距误差的传递模型，分析了模型中与误差放大因子及测站布局参数相关的数学公式，从该公式得出，在一定范围内增大两个关键布局参数可改善系统测量精度，并通过仿真及实验进行了验证。

在对激光跟踪干涉测量系统的网络优化研究中，优化目标和手段主要是以空间整体坐标测量不确定度为目标，对方程组的雅可比矩阵进行分析求解误差传递因子的极值。也有少数学者研究遗传算法对多目标评价函数的优化。

1.2.4 移动空间坐标测量系统

移动空间坐标测量系统（mobile space coordinate measurement system，MScMS）是意大利都灵理工大学工业测量与质量工程实验室在实验的基础上发展起来的无线传感器网络，该系统基于超声波测距以及多站距离交会原理实现大尺寸空间三维坐标的测量[67]。

MScMS由三个基本部分组成：无线传感器网络、矢量棒和用于存储及计算数据的PC机[68]。无线传感器网络节点由超声波收发器和RF射频收发器组成，由美国麻省理工研制，工作频段在433MHz（射频）和40kHz（超声），尺寸小，方便移动，价格便宜（每片10～20英镑）。超声波收发器的作用是发送和接收超声波信号，根据到达时间差（time difference of arrival，TDoA）计算相互之间的距离。RF射频收发器的作用是接收和传输节点之间的距离信息及发送或回复查询信息等。矢量棒则通过蓝牙将测量的距离信息传输给PC机。在使用过程中，矢量棒的尖端指向待测关键点，通过触发开关进入测量模式，矢量棒将测量数据发送给PC机进行处理。在大多数应用场合都是将传感器网络布置于测量区域的正上方，与 GPS 一样，MScMS 定位至少需要 4 个传感器节点的距离信息。图 1-6 所示为 MScMS 工作原理图。

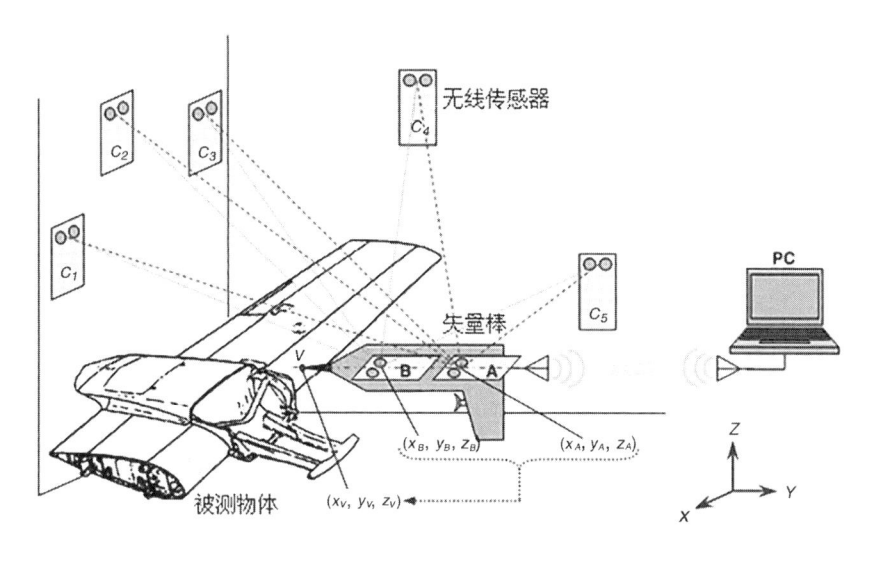

图 1-6　MScMS 工作原理图

影响 MScMS 测量不确定度的因素有很多，如超声波收发器的使用、温度、湿度、空气扰动，传感器带宽以及超声波信号检测精度等[69]。此外，超声波信号在传播过程中由于障碍物的存在易发生折射或衍射现象。超声波传感器的使用限制了该系统所能达到的精度，Fiorenzo Franceschini 在 6m 范围内对 MScMS 样机进行测试，其单点重复性精度为 11mm，通过对空间 3m 长标准杆距离进行测量，其距离比对精度为 8mm[70]。

由于射频信号发射是全向的，距离可达 25m，而每个传感器节点的超声波通信范围由以发射源为顶点、锥角为170°、锥体高为 6m 的圆锥视角确定，在圆锥视角以外，信号的强度将降低为最大值的1%，因此恰当地摆放传感器相对于测量区域的位姿，以使得所有传感器对被测区域进行全方位的覆盖，实现对被测空间所有点的连续测量是 MScMS 在使用过程中需要解决的重要问题。

Fiorenzo Franceschini、Maurizio Galetto 等人[71]提出了基于网格和遗传算法的 MScMS 传感器网络模块化布局方法。首先，建立了系统通信模型，定义了工作空间的几何和物理约束。在通信模型中，假设发射节点和接收节点位于两个相距一定距离的平行平面，工作空间分为布站区域、测量区域以及障碍区域，不同区域的几何定义将作为算法的输入参数。其次，对优化目标进行了定义，在基于网格策略的算法中，重点考虑的是在已知测站节点数目的情况下，对最大覆盖度的优化；在基于遗传算法的网络部署策略中，综合考虑了系统的覆盖度、测量精度以及成本，遗传算法中，对于测量区域内某点定义的适应度函数为

$$FF = K_1 O_1 + K_2 O_2 + K_3 O_3 \quad (1-1)$$

式中，$O_1 = 1 - \dfrac{n_{\text{act}}}{n_{\text{max}}}(O_1 \in [0,1])$；

$$O_2 = \begin{cases} 1, & \min(n_{\text{cov}\,j.A}, n_{\text{cov}\,j.B}) \geq n_{\min} \\ \dfrac{\min(n_{\text{cov}\,j.A}, n_{\text{cov}\,j.B})}{n_{\min}}, & \text{其他} \end{cases} ;$$

$$O_3 = \begin{cases} 1 - \dfrac{\max(\text{PDOP}_{k,A}, \text{PDOP}_{k,B})}{\text{PDOP}_{\lim}}, & \max(\text{PDOP}_{k,A}, \text{PDOP}_{k,B}) \leq \text{PDOP}_{\lim} \\ 0, & \text{其他} \end{cases} ;$$

K_1、K_2、K_3 是每个目标的权重系数；n_{act} 是实际使用的传感器数目；$n_{\max}$ 是可使用的传感器数目；$n_{\text{cov}\,j.A}$、$n_{\text{cov}\,j.B}$ 表示覆盖矢量棒两端 A、B 点所需要的测站数；$n_{\min}$ 表示实际使用中所需的最少测站数。O_1 是对成本的数字描述，O_1 越大，成本越低。O_2 是对测量区域测站覆盖度的数学描述，O_2 越大，覆盖能力越强。$\text{PDOP}_{\lim}$ 是用户提出的测量精度要求；$\text{PDOP}_{k,A}$、$\text{PDOP}_{k,B}$ 是矢量棒两端 A、B 点所测的精度。O_3 越大，越能满足用户的测量要求，是对测量性能的数学描述。

结果显示，利用遗传算法的效果比基于网格算法的效果好，其更加综合地对系统多目标进行了优化。由于在基于网格的算法中不能很好地考虑物理障碍的存在，因此在使用投影效应时无法得到预期结果。在对传感器网络优化前，有两项工作非常重要：一是建立系统通信模型；二是估计系统测量不确定度。

1.2.5　wMPS

随着大型装备制造技术和工艺向着数字化方向的发展，应用于大尺度空间的测量设备或技术也在朝着大量程、高精度、高效率的方向发展，同时设备便携性及友好的用户应用软件也成为设备性能评价的重要指标。

国外最早对该系统进行研究的是美国 Arcsecond 公司（已并入 Nikon）[72]，称为室内 GPS 或 iGPS，其组成如图 1-7 所示。iGPS 主要包括发射器、接收探测器、比例尺、无线接收电子元器件及计算机控制中心[73]。

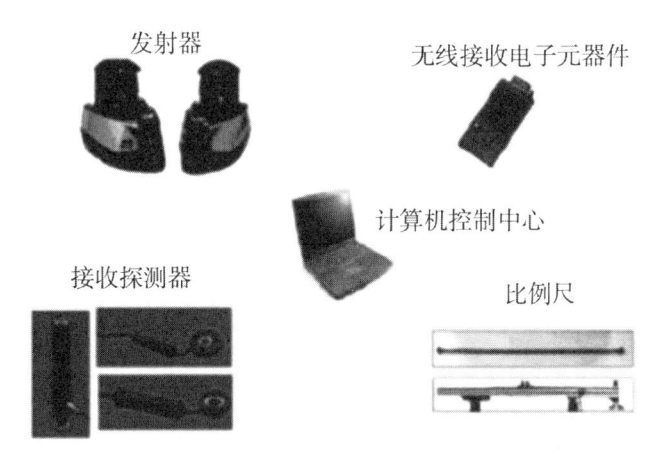

图 1-7　iGPS 的组成

20 世纪 90 年代，iGPS 已经成功应用于波音公司 747 到 F/A18 飞机整机的装配线中[74]。此外，该系统在造船厂及干船坞的水准测量、船体装配和校准等方面也为韩国主要造船商提供了新的解决方案[75]。英国 Bath 大学对 iGPS 进行了大量的性能评估实验[76-81]，Muelaner 等人对单站角度测量不确定度进行了研究，利用标准圆柱体、千分表和高精密旋转平台对水平测角的不确定度进行了检定，所得不确定度和发射站内参标定不确定度一致[82]。Carlo Ferri 等人采用统计模型定量分析了系统定向过程对最终测量结果的影响，指出平差算法中定向点的个数是主要影响因素[83]。Muelaner 等人还提出了一种利用激光跟踪测量系统对系统三维坐标误差进行直接溯源的方法,在 $10\text{m} \times 10\text{m} \times 1.5\text{m}$ 测量空间内测量不确定度（95% 置信概率）为 1mm[84]。

国内部分高校和研究机构也对该系统进行了大量的理论研究和样机实验,如西安交通大学申请的发明专利[85-86]中公开的基于双旋转激光平面发射机网络空间定位系统。该系统由三个或以上的转台发射机组成,在转台发射机上装有两个线性激光器向四周空间持续发射激光信号,实验结果表明,该系统 X、Y、Z 三个方向误差的综合标准差为 0.26mm。王玉振等人[87]介绍了国外 iGPS 的组成、测量原理,并对系统精度进行了初步的分析。吴晓峰等人[88]对 iGPS 在飞机装配中的应用进行了研究。此外,国内航空制造业也正在积极探索其具体应用模式[89-91]。

本书研究的 wMPS 是在实验室样机研制基础上发展起来的。2009 年,杨凌辉等人[92-94]研究了系统坐标测量原理,推导了单站角度及坐标测量公式,对系统主要误差来源及影响进行了详细分析,研究了系统校准算法,并在此基础上完成了第一代样机的研制,对测量系统进行了验证。在 $5\text{m} \times 5\text{m} \times 2\text{m}$ 的空间,大型精密航空夹具平台分别大致沿 X、Y、Z 轴方向以约 100mm 为步进距离共移动了 15 次,将 wMPS 的测量结果和激光跟踪仪测量结果进行比对,结果表明研制的样机系统已经具备现场测量能力,坐标比对精度达到 0.1mm。

2010 年,劳达宝等人[95-98]对发射站轴系进行了转子动力学理论分析,通过有限元分析仿真比较了各参数改变时轴系的动力学性能,为设计轴系时选择参数提供了理论基础;对系统校准算法进行了改进,研究了分步式系统校准算法,该算法精度更高,更适宜工业现场应用。在对样机系统持续改进的基础上,同时还进行了系统空间的误差分析和性能评估研究。耿磊等人[99-101]建立了系统单站测角误差模型,对测角误差源进行了评定,并研究了发射站校准方法。端木琼等人[102-104]研究了运动物体坐标跟踪测量方法,将卡尔曼滤波与最小二乘法相结合，减小了运动带来的误差，利用同步脉冲实现了多个传感器之间的时间同步，为实现同步测量和姿态测量创造了条件。

图 1-8 所示为 wMPS 样机硬件配置。其中，手持式全向矢量棒是为了实现全方位地接收空间测量信号而设计的。该矢量棒的上下两端各装有一圈由若干个 PIN 光电二极管环绕而成的全向感光单元，实现对空间的轴向 360°全方位接收，其姿态由两端全向感光单元的圆心确定，矢量棒的末端为被测点，通过被测点和全向感光单元的圆心之间的固定关系，即可间接计算被测点的位置。

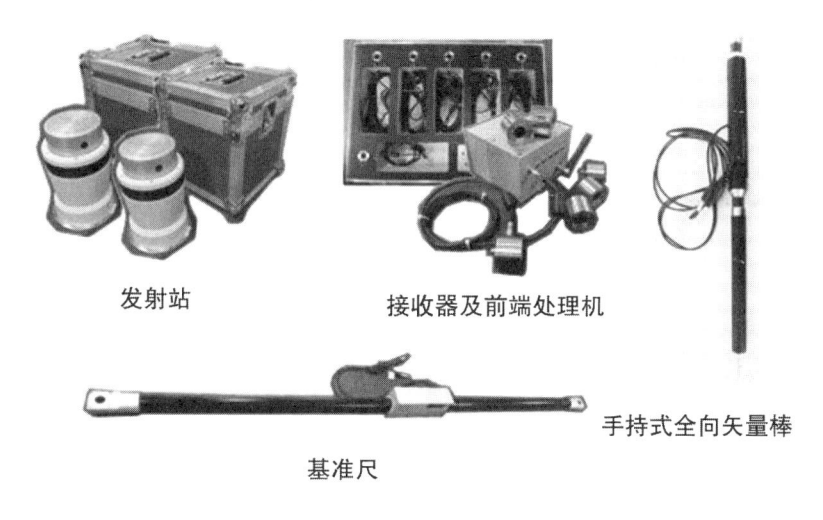

图 1-8 wMPS 样机硬件配置

德国卡尔斯鲁尔理工学院的 Claudia Depenthal 等人[105]对 iGPS 的 4 个发射站组成的布局进行了研究。图 1-9 所示为实验中采取的两种布局：Box 型布局和标准 C 型布局。实验中设计了 17 个标准点，并和 API 激光跟踪仪的测量结果进行比对。Box 型布局误差分布如图 1-9(a)所示，在 2m×2m 区域中心，平均误差为 0.05mm，边缘误差在 0.1mm 左右，其中最大误差为 0.18mm，可能的原因是被测点和发射站的距离小于所要求的距离（3m）。标准 C 型布局误差分布如图 1-9(b)所示，较小误差集中在标准 C 型布局的圆心处，约为 0.08mm。与 Box 型布局相比，标准 C 型布局的误差分布更不均匀。

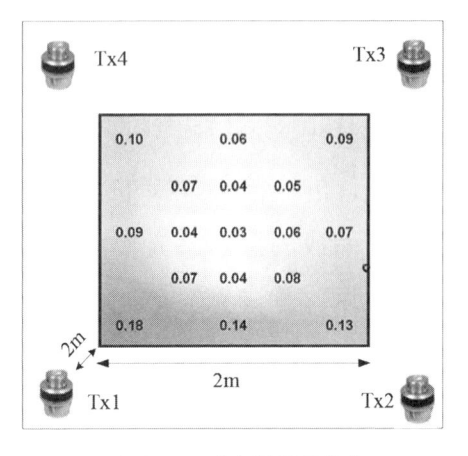

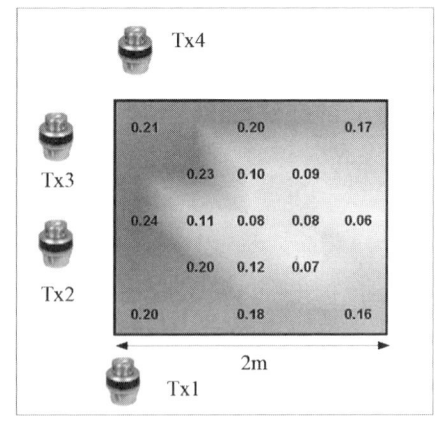

(a) Box 型布局误差分布　　　　　　（b) 标准 C 型布局误差分布

图 1-9　实测 4 个 iGPS 发射站的不同布局误差分布

如图 1-10 所示，德国亚琛工业大学机床与制造工程研究所的 Robert Schmitt[106] 和 Nikon Metrology（原 Metris）公司的 Demeester 等人对 iGPS 在机器人定位跟踪时的性能进行研究时采用了 4 种参考布局。

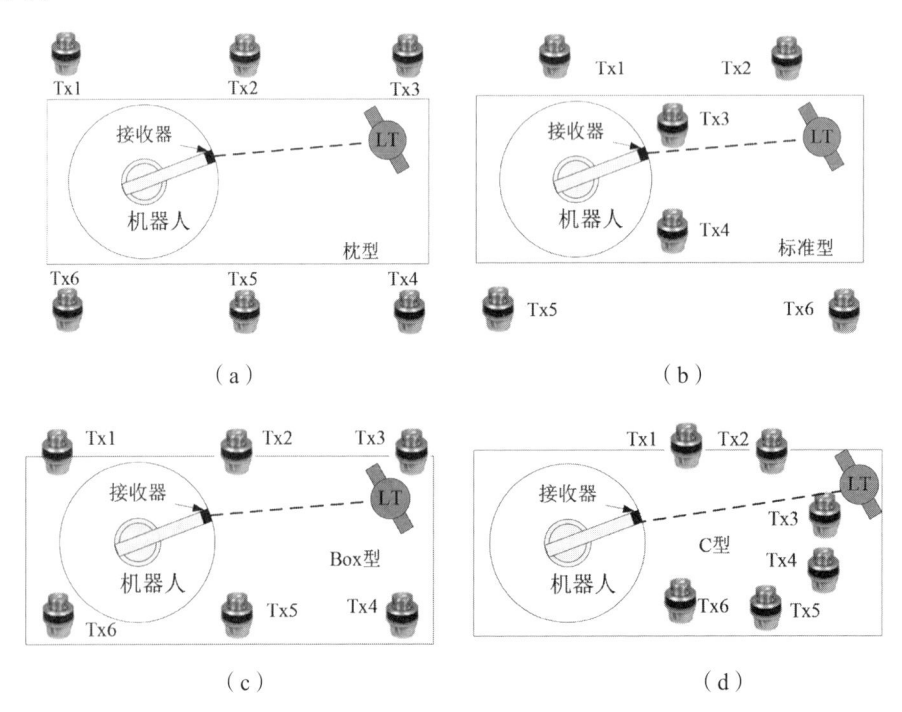

(a)　　　　　　　　　　　　　　　(b)

(c)　　　　　　　　　　　　　　　(d)

图 1-10　iGPS 在机器人定位跟踪中的 4 种参考布局

图 1-10 中采用的布局分别为枕型、标准型、Box 型和标准 C 型，是 Nikon 公司提供的参考布局。文中采用蒙特卡罗（Monte Carlo，MC）方法对每种布局的定位误差进行了仿真，主要考虑了时间 t 的测量误差（10ns 的正态分布）和 0.1mm 的发射站位置标定误差（系统误差），并在实验中与激光跟踪仪的测量结果进行比对，实验结果表明，标准型的测量性能最好。

2015 年，郑迎亚等人[107]从系统测量方程入手，提出了测量矩阵的条件数是衡量多平面交会优劣的量化指标，并建立数学模型，以此为优化目标，采用遗传算法作为优化工具，实现了 wMPS 指定测量空间下的最优网络布局。2015 年，薛彬等人[108]采用粒子群算法求解测量空间内的最佳测量点。2021 年，马慧宇等人[109]对因遮挡物、测量对象、任务需求不断变化而产生的分布式网络结构重构问题进行了研究，采用基于快速碰撞检测的光路遮挡判定方法，解决了测量盲点判断问题，提出基于下一最佳观测方位思想的测量网络重构算法，并利用改进的灰狼算法作为最优位置搜索算法，重新规划了网络中的节点数量和位置以实现高效组网，提升了大尺寸分布式测量网络的重构精度。

1.3 布局优化问题描述

分布式测量网络的布局优化问题是指在可布站空间对被测量区域的某些特征进行测量时，为满足测量要求对测站节点实施何种部署的研究。测站的部署已被广泛定义为这样一类问题：通过对测站节点位置及方向的描述实现对系统网络结构的设计。

测量网络布局优化问题因具体定位技术、测量任务、测量要求、环境因素的不同而呈现不同的解决方法或手段。根据测站节点组合性质的不同可将分布式测量网络系统分为移动式测量网络、固定式测量网络及混合型测量网络。移动式测量网络[110-111]是指测站节点位置为可变的测量系统，在该类型测量网络中，测站节点的位置相对于初始化配置位置会发生变化，测站的定位成为后期部署问题或者在测量网络工作时进行，外界未知环境对系统布局设计影响较大。固定式测量网络的测站节点在工作过程中则是固定不变的，通常在实施测量前通过全局定向得到测站的位置和姿态，相对于移动式测量网络，其灵活性较低，测站的位姿不随时间变化且不受外界环境的影响。混合型测量网络则介于移动式测量网络和固定式测量网络之间[112]。

由于室内分布式大尺寸三维坐标测量系统通常面对的被测对象是尺寸庞大的大型装备的静态测量，以及在已知可控的工作环境中预先定义好的测量任务，因此固定式测量网络受到越来越多的关注，对该问题的研究有助于在实际测量任务前，为具体的测量方案提供理论性指导。下面从约束分析、优化目标定义以及优化手段选择几个方面对固定式测量网络布局优化问题进行阐述。

1.3.1 约束分析

约束的来源主要包括两部分：第一部分是由于系统自身特性带来的约束，称为内部约束；第二部分则是外界环境带来的物理约束，如阻挡区域的存在以及工作空间的大小限制等，称为外界约束。

1. 内部约束

分布式测量系统定位原理通常包括空间多角度交会原理和空间多距离交会原理。无论是对于角度测量还是距离测量，建立精确可靠的测站传感器探测模型是十分必要的，传感器探测模型可以理解为在理想的外界环境下测站可探测区域范围或性质的定义。图 1-11 所示为常见的基于距离交会的传感器探测模型。

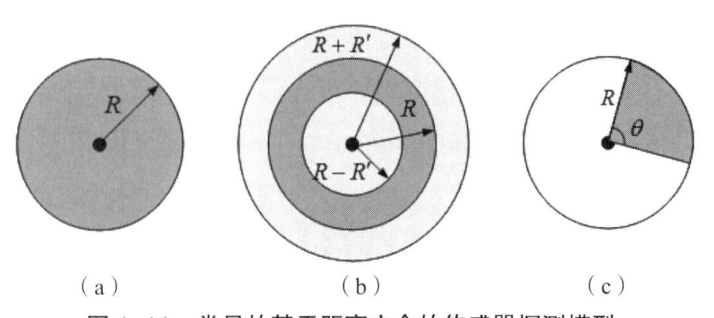

图 1-11 常见的基于距离交会的传感器探测模型

2002年，Megerian等人[113]提出了图1-11（a）所示的最简单的二进制磁盘模型（binary disk model），该模型所表述的是测站的有效测量范围在以R为半径的圆盘内。在距离大于R处，测站传感器无法完成对被测对象的探测。若用P表示传感器的探测能力，则该模型对应的数学描述为

$$P\begin{cases}1, & 0<r\leqslant R\\0, & R<r\end{cases} \quad (1-2)$$

在该模型中，在距离R范围内，测站传感器的探测性能一致是一种理想的假设，因此不能对现实情况进行完整表达。2002年，Dhillon等人[114]提出图1-11（b）所示的感知概率模型（probabilistic sensing model），该模型在二进制磁盘模型的基础上引入了与目标位置相关的探测灵敏度。在标称感应范围内，探测性能呈现一定的概率分布。2008年，Ghosh等人[115]提出了指数模型，即传感器探测能力随着距离的增加呈指数倍的衰减。该模型对应的数学描述为

$$P=\begin{cases}1, & 0<r\leqslant R-R'\\e^{-\alpha r}, & R-R'<r\leqslant R+R'\\0, & R+R'<r\end{cases} \quad (1-3)$$

式中，r表示测站传感器和被测目标之间的距离；R为标称测量范围；R'为测量范围不确定度；α表示随着距离增大探测能力下降的速率指数。

从式（1-3）中可以看出，在该模型下，理想的测量范围是$(0, R-R']$，大于$R+R'$的区域为不可探测区域。

2006年，Ai和Abouzeid等人[116]提出图1-11（c）所示的模型。该模型和实际情况更为贴切，不仅考虑了探测的范围，同时考虑了探测的方向，因此圆形磁盘区域减小为扇形区域。

同理，可建立基于角度交会的传感器探测模型，如图1-12所示。

（a） （b）

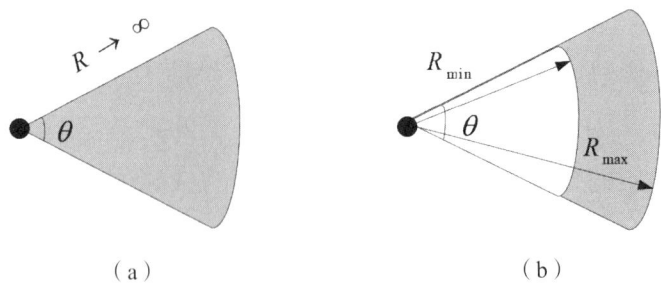

图 1-12 基于角度交会的传感器探测模型

图 1-12（a）所示的模型假设在能测量的方位角范围内探测性能是一致的，属于较理想的模型。图 1-12（b）所示的模型考虑了实际探测距离对探测性能的影响，在 $[R_{\min}, R_{\max}]$ 内，探测概率为 1；在此范围外探测概率为 0。该模型对应的数学描述为

$$P\begin{cases} 1 & , R_{\min} \leqslant r \leqslant R_{\max}, \psi \in \theta \\ 0 & , 其他 \end{cases} \quad (1-4)$$

式中，θ 表示可探测的角度范围；ψ 表示实际探测角度。

上述两种模型均属于较简单的模型，根据传感器的实际工作特性和测量原理在其基础上可做进一步完善。

2. 外界约束

大尺寸测量设备在现场的部署通常是给定工作空间的一个子集，作为测站节点摆放的区域，通过对测站节点摆放位置的优化使得在满足用户测量精度的条件下，用最少的测站数目覆盖最大的测量区域。图 1-13 所示为空间约束示意图，整个工作空间分为布站区域、测量区域和阻挡区域[117]。

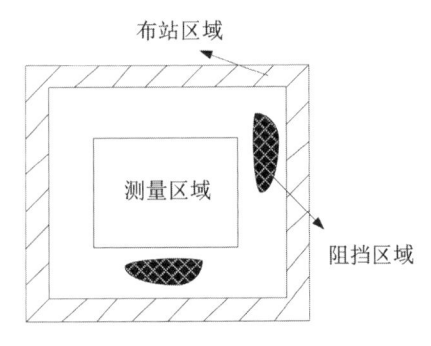

图 1-13 空间约束示意图

这里用$D(x,y,z)$表示布站区域，$M(x,y,z)$表示测量区域，$B(x,y,z)$表示阻挡区域。布站区域一般是在车间或厂房内，围绕被测部件周边的连通域。假设测量区域M通过阻挡区域投影在布站区域的空间集合为$M\_B(x,y,z)$，则发射站的摆放位置T满足的约束条件为$T\in D(x,y,z)$且$T\notin M\_B(x,y,z)$，同时T分布下能实现对$M(x,y,z)$区域的全部覆盖。

1.3.2 优化目标

测量网络布局优化的过程是对多测站的位置进行合理布局，在其形成的测量网络能对被测区域实现百分百覆盖的情况下，花费尽可能低的成本满足测量要求。因此，覆盖范围、测量数据质量和成本常作为网络布局优化的目标。

（1）覆盖范围：是指多个测站传感器测量范围的交集，需要对内部约束和外界约束进行充分分析，是布站过程首要考虑的条件。

（2）测量数据质量：是指对测量数据进行分析后，对测量数据是否满足用户要求作出的评价。用户要求通常是指对测量精度的要求。

（3）成本：是指某种方案下，所使用设备的总成本。在分布式测量系统中，可以用测站数目对其进行近似量化。

1.3.3 优化手段

简而言之，布站组网过程是测站的布置过程，而网络布局优化过程是选择一定的测站数及布置方式以满足测量要求的过程，优化手段则是为达到此目的采用的方法。按照对求解方案搜索途径的不同，优化手段可分为以下几类，如图1-14所示。

在图1-14中，列举法又称枚举法，是最简单的搜索技术。该方法先将问题的所有解决方案一一列举，再比较优劣，适用于小型搜索空间问题或问题所有解决方案容易得到的情况。对于较大搜索空间，由于问题的计算复杂性，该方法不再适用[118]。

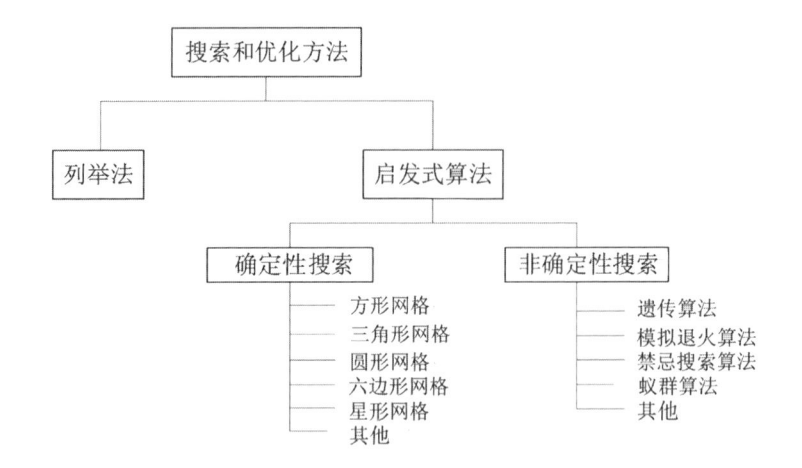

图 1-14 搜索和优化方法分类

启发式算法不同于列举法，问题的所有解决方案是无法预知的，其可行性解的搜索又分为确定性搜索（又称规则网格搜索）和非确定性搜索两类。在确定性搜索中，由于搜索的网格结构已知，因此搜索过程是确定的。常用的规则网格有方形网格、三角形网格、圆形网格、六边形网格、星形网格等[119]，如图 1-15 所示。确定性搜索技术适用于低维度、非多目标优化问题的连续空间可行性解搜索。

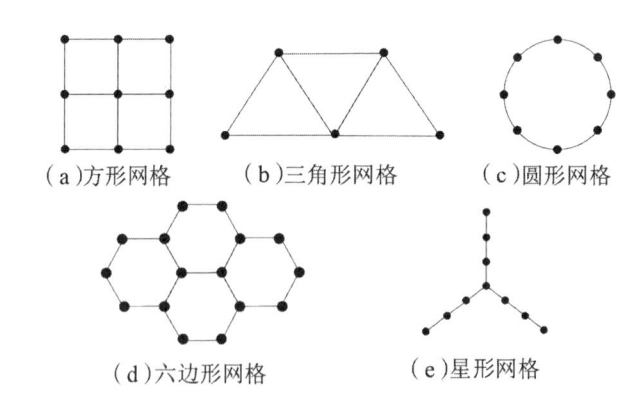

图 1-15 确定性搜索技术中的常见规则网格

启发式算法的另一种搜索技术是非确定性搜索，又称随机搜索，"优胜劣汰"是该算法搜索的核心，主要通过选择和变异来实现。选择是优化的基本思想，变异是随机搜索的基本思想。根据"优胜劣汰"策略的不同，可以获得不同的启发式算法。该类算法主要包括遗传算法、模拟退火算法、禁忌搜索算法、蚁群算法以及其他基于这些算法的改进算法[120]。

遗传算法是模拟生物演化过程中基因染色体的选择、交叉和变异得到的算法，在演化过程中，较好的个体有较大的生存概率。模拟退火算法是模拟统计物理中固体物质的结晶过程，在退火的过程中，如果搜索到好的解，则接受；否则就以一定的概率接受不好的解（即实现多样化或变异的思想），达到跳出局部最优解的目的。禁忌搜索算法是模拟人的经验，通过禁忌表记忆最近搜索过程中的历史信息，禁忌某些解，以避免走回头路。蚁群算法是模拟蚂蚁的行为，拟人拟物，向蚂蚁的协作方式学习。

启发式算法是解决室内环境中测站节点部署问题的主要手段。基于常规网格的确定性搜索技术适用于可控的室内环境以及障碍物较少的情况，由于其简单性和易扩展性在大尺寸空间测量中得到越来越广泛的应用，但不适用于高维度、多目标优化问题带来的离散空间求解以及 NP（non-deterministic polynomial，多项式复杂程度的非确定性）问题。非确定性搜索经常应用于工作环境障碍物较多、测站成本较低的密集型测站部署问题，关于该类问题的研究侧重于不同密度分布的节点对网络覆盖能力和容错能力的影响。确定性搜索和非确定性搜索技术各有千秋，在障碍物多且不可预知的情况下，确定性搜索得不到较理想的结果，而如何克服局部最优点以及提高算法收敛速度等也是非确定性搜索面临的问题。在实际工程中，应根据测量系统特征、工作环境性质以及优化目标对优化手段进行折中选择，或者结合各自优点对实际问题的解决方案进行求解。

1.4 智能优化算法在网络布局优化中的应用

网络布局设计是对测量网络中测量单元的数目、类型、位置及姿态等的综合规划，以测量精度为主要依据，并且需要兼顾适应性、成本及效率等多个因素。鉴于分布式测量网络中多样化的测量单元及复杂的数据融合模型，单纯依靠解析方法寻找网络最优布局已不可能完成，而且不规则的测量空间及障碍物遮挡，使得基于典型布局的网络设计方法难以直接应用于现场测量任务中[121]。基于最优化的布局搜索法可以借助最优化算法并根据给定的评价函数自动搜索最优布局，因此其是目前网络化测量系统布局研究的热点。

都灵理工大学 DISPEA 实验室（Industrial Metrology and Quality Laboratory of Politecnico di Torino）采用遗传算法对其 MScMS-I 系统的布局设计进行了研究[122]，NPL 实验室则采用模式搜索法研究了其多边定位（multilateration）模型的布局设计，均得到了理想的效果[123]。但搜索最优布局建立在准确而全面的评价模型的基础上，这要求评价函数不仅能够准确表达精度、成本等测量需求，还要描述测量单元性质及测量环境约束等。此外，搜索法容易产生优化不收敛或收敛于局部极值的问题，这主要依赖于初始布局及搜索策略的选取。

在自然选择与遗传类算法方面，姜涛等人[27]提出了将遗传算法应用于光电经纬仪布局的优化方法，首先建立了光电经纬仪交会测量定位优化布站数学模型，然后针对该优化问题用遗传算法进行了设计，最后运用该算法对三台光电经纬仪布站几何进行了优化布站仿真计算，得到了三台光电经纬仪经布站优化后的站点坐标，仿真结果表明，该方法能够明显提高对被测目标的定位精度。同时，王君等人[50]开发了视觉测量仿真系统，并且利用遗传算法提高了搜索过程中的稳定性，并根据个体的适应度为其指定了不同的遗传准则，确保"适者生存，优胜劣汰"，实现了视觉仿真系统的最优布局。而潘烨炀等人[124]提出了一种基于自适应遗传算法的最优布局方案，该方案引入的自适应优化准则实现了地面基站的最优布局，能有效提高高速飞行目标的定位精度。郭丽华[125]提出了根据布站几何与定位精度的精确关系建立布站优化模型，以及用小生境遗传算法求解的方法。首先分析了光电经纬仪布站几何与定位精度的关系，构造了布站优化的目标函数，然后全面考虑了实际工程应用的约束条件：光测设备性能约束、光测设备与太阳夹角的约束、布站区域约束；在此基础上，用小生境遗传算法对光电经纬仪的布站优化模型进行求解。

在群智能优化算法方面，朱喜华等人[126]利用改进的离散粒子群算法对传感器进行了布局优化，将惯性权重进行自适应调整，对粒子位置的更新方式进行了调整，为复杂系统的传感器布局提供了一条新的可行途径。而王允良等人[127]则在粒子群算法中引入了Pareto过滤算子、小生境技术，建立了全新的多目标粒子群算法，并利用该算法求解再入式高超声速飞行器的气动布局，得出该方法能够更加有效地求解复杂的多目标优化问题，为多目标优化提供了有力的支持。宗立成等人[128]将人工鱼群算法引入求解深潜器舱室的人员优化问题中，并且验证了利用人工鱼群算法深潜器舱室布局进行优化设计方法的有效性。

岳翀等人[129]提出了一种模拟退火 – 粒子群算法的wMPS测站部署方法，以系统定位精度、覆盖度和使用成本作为多目标优化函数；运用粒子群算法及模拟退火算法进行协同搜索，并建立模拟退火 – 粒子群算法的测站布局优化流程，对 2～4 个测站进行仿真优化分析。仿真结果表明，该方法能快速收敛于最优解并获得一种较优的测站布局。

群智能优化算法的优点在于其粒子具有记忆性，好的优化粒子都会被保存，这样会使算法的收敛速度很快，但不足之处在于各个粒子之间是单向信息交流，这就使算法易落入局部最优。而在自然选择与遗传式算法中，每个染色体之间会相互交流信息，因此种群会渐渐向最优区域移动，能够进行全局搜索，但个体没有记忆性，从而造成算法的收敛速度过慢。

在对wMPS网络优化的研究中，主要研究的是静态测量精度，优化目标主要为单约束优化目标，优化手段有遗传算法、粒子群算法和灰太狼算法等。以多约束函数为优化目标、对动/静态下的组网布局进行优化仍是wMPS需要深入研究的方面，也是本书最重要的贡献。

第 2 章 wMPS 测量原理及测角精度分析

2.1 wMPS 测量原理

wMPS 为实现大尺寸范围内高精密、高效率测量提供了另一种技术支持。该系统基于角度交会原理实现空间坐标测量。图 2-1 所示为 wMPS 工作示意图。其主要由三部分组成：发射站、接收器和 PC 机（任务计算机）。发射站发射旋转激光平面，接收器将激光平面产生的光脉冲转化为对应的时间信号，并通过一定方式发送给 PC 机。PC 机接收到多个测站的时间信息后便可以进行坐标解算。PC 机的解算需要建立在全局定向的基础上。

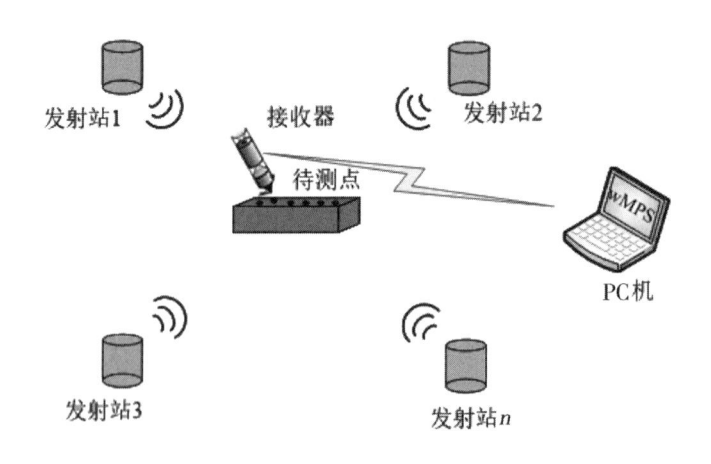

图 2-1 wMPS 工作示意图

wMPS 中的发射站和接收器之间形成单向通信。系统计时零位以发射站固定部位的同步光脉冲发出时刻为基准，位于发射站旋转头的两个扇形激光平面在测量空间实现扫描，如图2-2（a）所示。当激光平面扫描至接收器时，触发接收器产生一系列光脉冲，信号处理器将光脉冲转化为时间信息，如图2-2（b）所示。

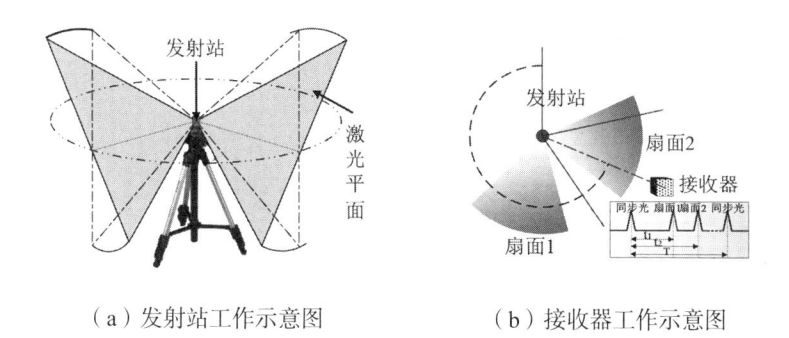

（a）发射站工作示意图　　　　（b）接收器工作示意图

图2-2　发射站和接收器的工作原理图

根据接收到的两个扇面时间信息，便可以确定接收器相对于发射站的方位，因此wMPS的单个发射站可以看作角度测量设备，如图2-3所示。

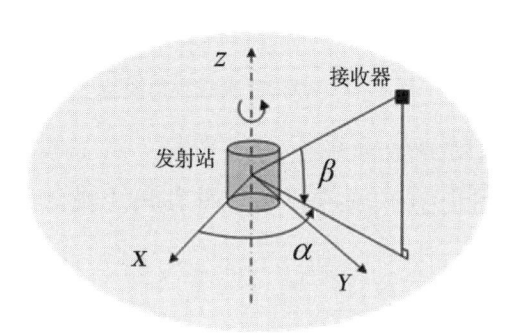

图2-3　发射站角度测量示意图

为了更好地理解wMPS单站测角原理，将发射站抽象为绕着旋转轴旋转的两个光平面，光平面相对于旋转轴具有一定的倾角。将接收器抽象为一个质点，建立如下数学模型。如图2-4所示，$OXYZ$为发射站局部坐标系，定义旋转轴为Z轴，平面1和旋转轴的交点为原点，平面1上过原点且与旋转轴垂直的直线为X轴，根据右手定则确定Y轴。设平面1和Z轴的倾角为ϕ_1，平面2和Z轴的倾角为ϕ_2，两平面在水平面上的夹角为θ_{off}，发射站逆时针旋转，转速为ω（rad/s）。将发射站视为静止参考物，发射站顺时针转动时，被测点绕旋转轴逆时针旋转。设P为被测点初始位置，$P1$为被测点转至第一个光平面所在位置，水平旋转角为θ_1，$P2$为被测点转至第二个光平面所在位置，水平旋转角为θ_2。

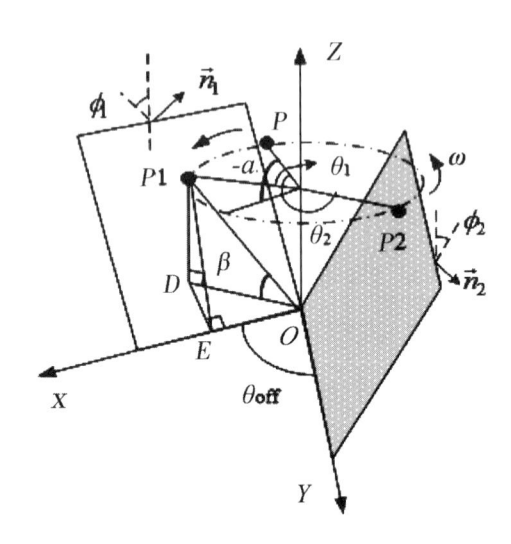

图 2-4 wMPS 单站测角模型

定义被测点在局部坐标系下的水平角（水平投影顺时针旋转至X轴正向的角度，范围为$[0,2\pi)$）为α，垂直角（被测点方向矢量和水平面的夹角，范围为$\left(-\dfrac{\pi}{2},\dfrac{\pi}{2}\right)$）为$\beta$。通过发射站和接收器的单向通信，发射站可以确定接收器所在发射站局部坐标系的水平角α和垂直角β。要获得这些角度信息，需要先对发射站激光平面参数进行标定，这一过程称为内参标定。当空间有两个或以上发射站时，便可以通过多角度交会实现三维坐标测量，如图 2-5 所示。其定位原理用公式可描述为

$$\begin{cases} \dfrac{R_{xi}P + T_{xi}}{R_{yi}P + T_{yi}} = \tan\alpha_i \\ R_{zi}P + T_{zi} = L_i \times \tan\beta_i \end{cases} \quad (2\text{-}1)$$

式中，$L_i = \sqrt{(R_{xi}P + T_{xi})^2 + (R_{yi}P + T_{yi})^2}$；$P$为待测点坐标；$\alpha_i$和$\beta_i$是待测点

在第 i 个发射站局部坐标系下测得的水平角和垂直角；$R = [R_{xi}\ R_{yi}\ R_{zi}]'$ 表示各个发射站坐标系之间的旋转矩阵；$T = [T_{xi}\ T_{yi}\ T_{zi}]'$ 表示各个发射站坐标系之间的平移矩阵，确定 R 和 T 的过程称为全局定向。综上所述，wMPS 在内参标定、全局定向的基础上结合时间测量信息完成坐标的解算。

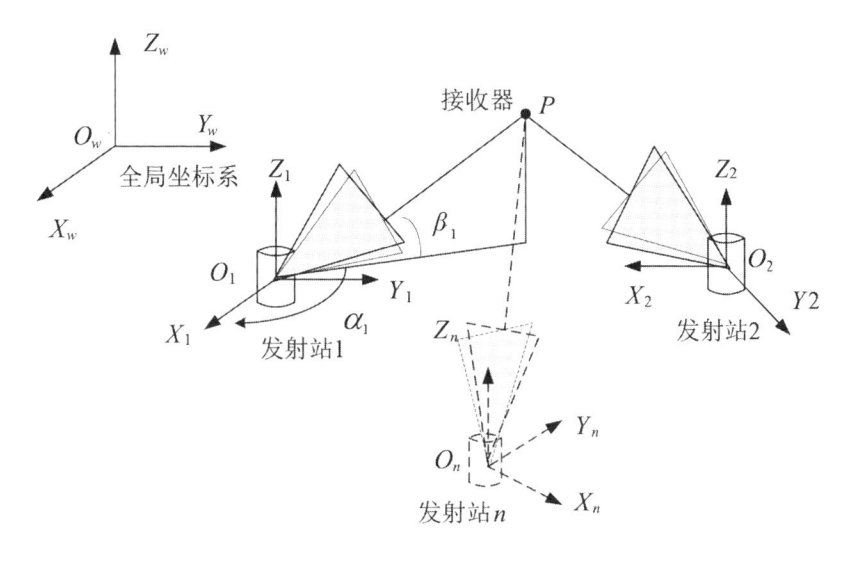

图 2-5　wMPS 组网测量模型

2.2　结构参数的定义

2.2.1　结构参数的选择及优化

发射站激光平面扫过接收器时，发射站与接收器的连线位于激光平面上，已知一个激光平面的法矢量（法向量）与位于该平面上任意矢量的点积为 0，因此从发射站到接收器的矢量与此时激光平面法向量的点积为 0，则有

$$N(x,y,z)_i^{1\times 3} \cdot [R(x,y,z)^{3\times 1} - T(x,y,z)^{3\times 1}] = 0 \quad (2\text{-}2)$$

式中，i 是发射站序号；$N(x,y,z)_i^{1\times 3}$ 是第 i 个平面经过基站时的法向量；

$R(x,y,z)^{3\times 1}$ 是接收器的位置；$T(x,y,z)^{3\times 1}$ 是发射站在空间坐标系中的位置，可以通过标定得出。

在几何模型中，扇面 1 的倾角 θ_1 和扇面 2 的倾角 θ_2 决定了垂直角的扫描范围，但水平角不受倾角的影响。两个扇面的水平角夹角 θ_{off} 和发射站旋转头的旋转速度 ω 影响接收器的时间（t_1 和 t_2）。假定发射站发出的同步信号在 t_0 时刻发出，扇面 1 此时与水平面的交线为 X 轴，并且扇面 1 的法向量为 n_1，与此对应，扇面 2 的法向量为 n_2。当在 t_1 时刻扇面 1 扫描过接收器时，扇面 1 绕 Z 轴旋转过的角度为

$$\alpha_1 = (t_1 - t_0)\omega \qquad (2\text{-}3)$$

此时，扇面 1 的法向量也绕 Z 轴旋转过 α_1：

$$n_{1\alpha} = \begin{pmatrix} \cos\alpha_1 & -\sin\alpha_1 & 0 \\ \sin\alpha_1 & \cos\alpha_1 & 0 \\ 0 & 0 & 1 \end{pmatrix} \times n_1 \qquad (2\text{-}4)$$

当接收器在 t_2 时刻收到扇面 2 的信号时，扇面 2 绕 Z 轴旋转过的角度为

$$\alpha_2 = (t_2 - t_0)\omega \qquad (2\text{-}5)$$

扇面 2 的法向量 n_2 变为

$$n_{2\alpha} = \begin{pmatrix} \cos\alpha_2 & -\sin\alpha_2 & 0 \\ \sin\alpha_2 & \cos\alpha_2 & 0 \\ 0 & 0 & 1 \end{pmatrix} \times n_2 \qquad (2\text{-}6)$$

发射站与接收器连线的向量与两平面的法向量为正交的，即

$$\begin{bmatrix} x_1 & x_2 & x_3 \end{bmatrix}^T = n_{1\alpha} \times n_{2\alpha} \qquad (2\text{-}7)$$

因此水平角和垂直角可以计算出：

$$r = \sqrt{x_1^2 + x_2^2} \qquad (2\text{-}8)$$

$$\phi = \arctan(\frac{x_3}{r}) \qquad (2\text{-}9)$$

$$\theta = -\arctan(\frac{x_2}{x_1}) \quad (2-10)$$

根据时间间隔t_3，旋转速度ω为

$$\omega = \frac{\alpha_3}{t_3} \quad (2-11)$$

式中，α_3是旋转头的角度间隔；t_3是时间间隔。

式（2-11）可以对ω关于α_3和t_3用一阶泰勒级数展开：

$$\sigma(\omega) = \frac{\omega}{\alpha_3}\left(\sigma(\alpha_3)^2 + \omega^2 \times \sigma(t_3)^2\right)^{1/2} \quad (2-12)$$

式中，$\sigma(\omega)$、$\sigma(\alpha_3)$、$\sigma(t_3)$分别是ω、α_3及t_3的不确定度。

水平角和垂直角的不确定度可以用蒙特卡罗仿真方法通过以上的模型进行传播[130-131]。数学模型中的变量见表2-1。

表2-1 数学模型中的变量

变量	值	标准差	单位	说明
t_0	0	10	ns	接收器收到同步信号的时间
t_1	—	10	ns	接收器收到扇面1的时间
t_2	—	10	ns	接收器收到扇面2的时间
t_3	$t_3 = \alpha_3/\omega$	10	ns	旋转α_3的时间
θ_{off}	$0 \sim \pi/2$	317×10^{-9}	rad	两个扇面的水平夹角
θ_1	$0 \sim \pi/4$	317×10^{-9}	rad	扇面1的倾角
θ_2	$-\pi/4 \sim 0$	317×10^{-9}	rad	扇面2的倾角
α_3	2π	317×10^{-9}	rad	记录旋转头旋转的时间间隔
ω	$52 \sim 314$	式（2-11）	rad/s	旋转头的旋转速度（500~3000 r/min）

为了评估测角的不确定度，接收器被固定在微动平台上平移，通过记录时间信息，接收器可以计算出每步所在位置相对的水平角和垂直角，同时经纬仪系统测量这些点。第一个作为参考点，角度测量的重复性精度低于3.5″，如图2-6所示。从测角误差和旋转误差传播到测时的误差小于317ns，旋转速度为500～3000 r/min。接收器定时器的

分辨率为 10ns。

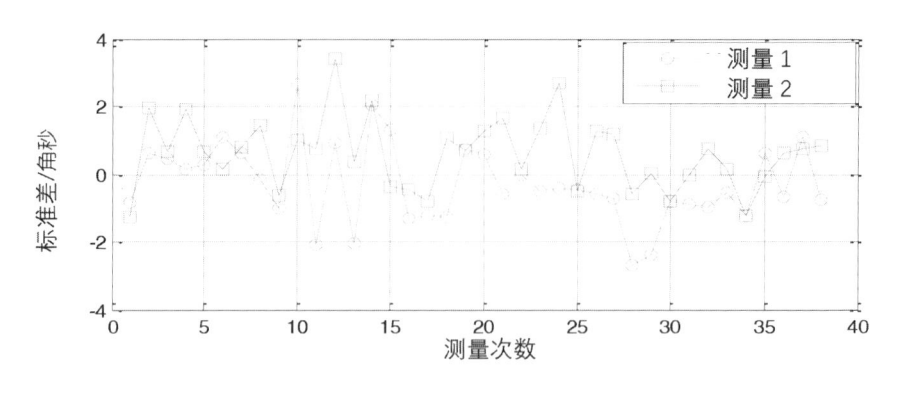

图 2-6 测角重复性误差

2.2.2 蒙特卡罗仿真分析

蒙特卡罗仿真方法是一种通过大量的计算机模拟来检验系统的动态特性并归纳出统计结果的随机分析方法。使用蒙特卡罗仿真方法可以获得水平角误差及垂直角误差与扇面参数、旋转头的旋转速度及接收器测时的关系。蒙特卡罗仿真方法的收敛速度比较快，根据 wMPS 测量原理建立的蒙特卡罗仿真模型进行 10000 次迭代可以保证收敛，如图 2-7 所示。

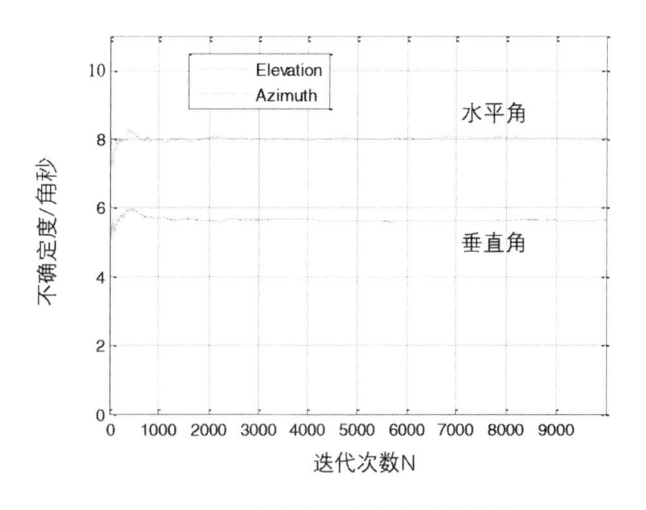

图 2-7 蒙特卡罗仿真方法的收敛

水平角和垂直角依赖于扇面的角度，旋转头的旋转速度及测时。为了寻找发射站和接收器内参与测角的关系，设计了基于不同内参仿真实验进行观察。

（1）垂直角的测量范围为-30°~30°，水平角为0°~360°。

（2）发射站两扇面之间的水平夹角为0°~360°。

（3）扇面1的倾角（θ_1）的范围为-90°~90°，扇面2的倾角（θ_2）的范围为-θ_1。

（4）旋转头的旋转速度为 500 ~ 3000 r/min。

（5）接收器收到的计时脉冲范围为 0.1 ~ 10000ns。

以上参数的仿真实验表明诸多因素会影响测量结果。

（1）扇面倾角：在扇面1的变化范围为-90°~90°且扇面2的变化范围为90°~-90°时，仿真结果（图2-8）表明，只有在倾角为-20°~20°时，垂直角的不确定度大于1″。水平角除了在±90°和0°外，基本保持恒定。这意味着垂直角的不确定度易受发射站扇面倾角的影响，而水平角基本不受影响。因为垂直角的测量范围受到倾角θ_1和θ_2的限制，所以需要在测量精度和测量范围之间取平衡值。

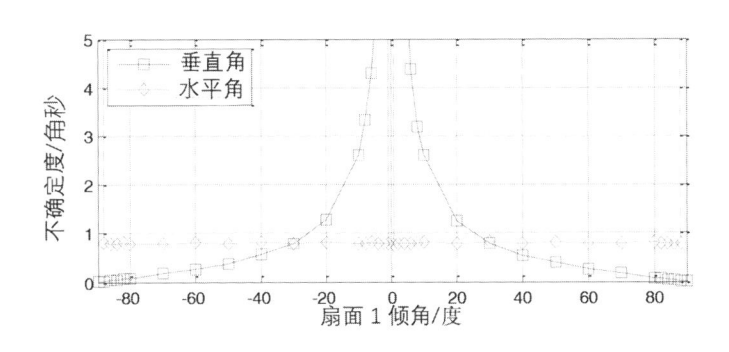

图 2-8　测角不确定度与扇面倾角的关系

（2）扇面的水平夹角：当扇面的水平夹角由0°变化到360°时，接收器的水平角不确定度集中在0.7″~0.9″，同时垂直角的不确定度小于0.8″，如图2-9所示。从图2-9中很难看出规律，但是可以看出角度不确定性的分布范围：水平角的不确定度为0.7″~1.4″，而垂直角的不确定度为0″~0.9″。

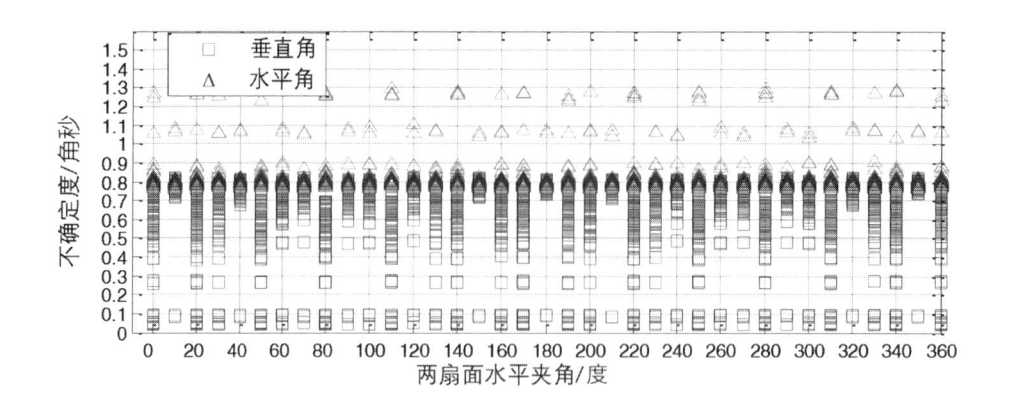

图 2-9 测角不确定度与两扇面水平夹角的关系

（3）旋转头的旋转速度：由于接收器在测量空间内接收到很多激光信号，而发射站旋转头的旋转速度是这些信号的唯一线索，因此需要把各个发射站旋转头的旋转速度分布开，假定发射站旋转头的旋转速度为 500 ~ 3000 r/min。仿真结果显示，随着发射站旋转头的旋转速度的增加，测角不确定度会有近似线性的增加，如图 2-10 所示。这可以用测时的不确定性随着旋转速度的增加被传递到更大的角度来解释。

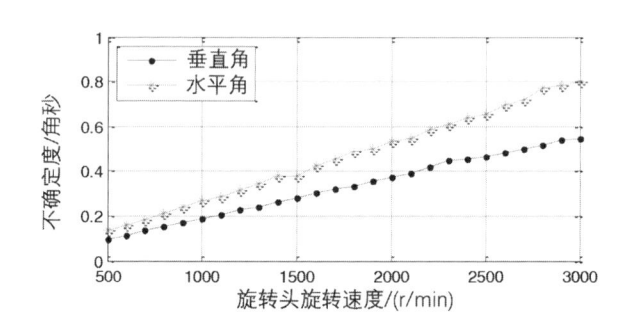

图 2-10 测角不确定度与发射站旋转头的旋转速度的关系

（4）测时：接收器测时信号主要受到两个方面的影响。一个是定时器分辨率（10ns），另一个是传感器的饱和时间。当传感器进入深度饱和时，信号不确定度会显著增加，因此需要避免传感器进入深度饱和。图 2-11 所示为定时器的不确定度增加 1ns，测角的不确定度会有级数增加。当定时器的不确定度小于 1ns 时，定时的影响几乎可以忽略。

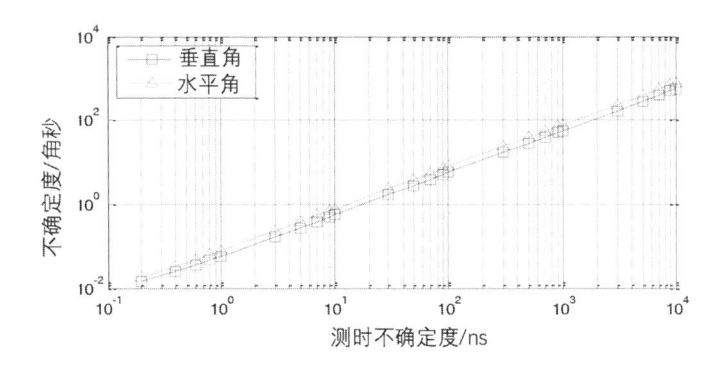

图 2-11 测角不确定度与测时不确定度的关系

通过以上仿真可以得到以下结论。

（1）垂直角易受扇面倾角影响，而水平角不受扇面倾角影响。

（2）垂直角及水平角与扇面夹角之间没有明显的关系，但水平角的不确定度为 $0.7''\sim1.4''$，而垂直角的不确定度为 $0''\sim0.9''$。

（3）发射站旋转头的旋转速度的不确定度与测角之间存在线性关系，随着旋转速度不确定度的增加，测角的不确定度线性增加。

（4）当测时不确定度大于 1ns 时，测时不确定度与测角不确定度之间存在指数增长关系。

2.3 角度测量精度分析

2.3.1 角度测量误差源

wMPS 的误差会受到发射站、接收器及环境因素的影响。在目前的测量设备条件下，为了研究 wMPS 发射站在空间中任意点的角度测量误差分布情况，并分析单项误差对测角误差的影响，本小节对标定方法和测量模型中影响测量结果的因素（表 2-2）进行了分析。由于使用 Leica AT901 激光跟踪仪对激光平面参数进行标定，标定过程中仪器设备及操作人员对发射站参数标定的结果会有一定的影响，因此需要多次测量激光平面并统计获取平面参数误差。

表 2-2 误差项

列表	ID	变量	标准差	单位	说明
发射站	1-1	Omega	0.2	rmp	转速
	1-2	Phi1	0.58	arc second	扇面 1 的倾角
		Phi2	0.68	arc second	扇面 2 的倾角
	1-3	ThetaOff	0.93	arc second	扇面的水平夹角
	1-4	D	0.01	mm	扇面截距
	1-5	ThetaD	1.5	mrad	激光面发散角
	1-6	Eta（η）	0.03	mm/10m	激光面曲率
	1-7	RotAxis	1.27	arc second	旋转轴
接收器	2-1	Kappa（k）	20	ns	采样时间
	2-2	Tau	0.77	arc second	测时综合误差

（1）旋转噪声（Omega）：旋转误差因电机调速精度和外界干扰导致旋转头不能完全匀速旋转而产生。它可以利用精确的电机速度控制算法多次平均来减小。其误差通过统计电机转速到达稳定状态时跟理论转速的偏差及在此偏差上的波动而获得。

（2）激光跟踪仪：利用激光跟踪仪测量多点并拟合两激光平面方程，可获得光平面倾角（Phi）、夹角（ThetaOff）及光平面截距（D），对多次测量的结果利用高斯分布拟合，并以此统计其均值和方差。

（3）旋转轴（RotAxis）：在发射站旋转头安装旋转轴标定附件，旋转发射站旋转头，并利用激光跟踪仪测量附件上的坐标点，通过拟合高低不同的多个圆获得圆心连线作为旋转轴。将多次标定统计旋转轴偏离 Z 轴的角度作为旋转轴误差。

（4）发散角（ThetaD）：根据激光器出口处光平面厚度与距离出口 L（mm）处厚度，利用三角关系获得，该参数由激光器固有参数决定。

（5）接收器因素：接收器的采样时钟为 10ns，不考虑其他因素，由采样时钟造成测时误差为 10ns，该误差为采样时钟误差。放大器会造成触发脉冲的扭曲变形，导致测时误差的产生；接收器敏感元件的形状也会导致测时的误差,本书把这两项误差归为测时综合误差。

（6）环境因素：发射头的光学系统会随温度的变化出现轻微的漂移,造成光束漂移误差,恒温的测量环境中可忽略这个误差。

（7）其他如光束的温度漂移、旋转头的摆动、光束的对称性等在一定程度上都会影响测角结果,但难以用测量工具获得,本书的仿真和实验均未考虑这些误差源。

2.3.2 测角误差模型

发射站扇面的定义如图 2-12 所示。其中,定义激光发射站的旋转轴为其坐标系 Z 轴；X 轴为发射站初始时刻（即转台转至固定位置,发射站发射脉冲光时）激光器 1 光轴所在的位置；Y 轴符合右手法则。当激光发射站完成整平操作时,其转轴会垂直于水平面,通过计算可得接收器在被测点处的方位角 α 及俯仰角 β。在此有三个结构参数用于描述扫描激光平面的空间位置,分别为图 2-12 中的 θ_{off}、φ_1、φ_2。其中,θ_{off} 为两激光平面在旋转方向上的夹角；φ_1 和 φ_2 分别为平面 1 和平面 2 相对于旋转轴的倾角。旋转激光平面的位置可由 θ_{off}、φ_1、φ_2 三个结构参数及旋转平台转速 ω 和时间值 t 描述。

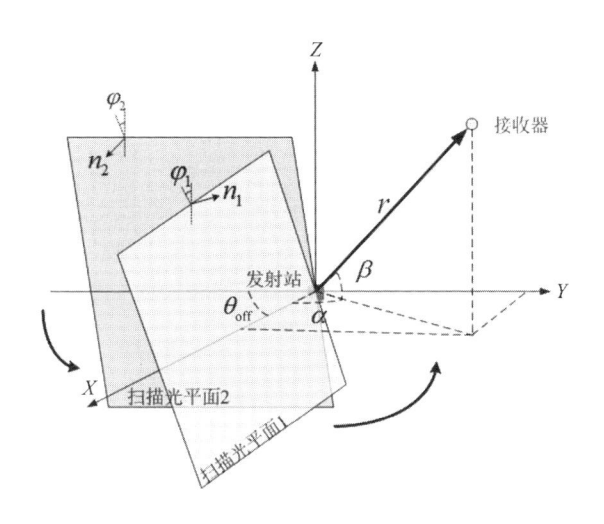

图 2-12 发射站扇面的定义

扇面旋转经过接收器点 A 时，扫描光平面方程 1 的几何解释如图 2-13 所示。根据扇面几何关系可得[132]：

$$\begin{cases} \sin(\theta_1 - \alpha) = \tan\varphi_1 \tan\beta \\ \sin(\theta_2 - \theta_{\text{off}} - \alpha) = \tan\varphi_2 \tan\beta \end{cases} \quad (2\text{-}13)$$

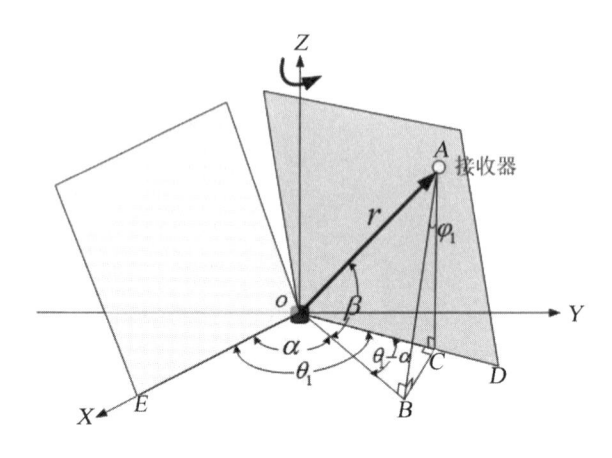

图 2-13 扫描光平面方程 1 的几何解释

由于装配因素，发射站的两个扫描光平面不会严格与转轴交会于发射站原点 O，而是与转轴相交于两个不同位置：O 和 O_1，即两个光平面虽然绕同一转轴旋转但旋转中心不同，如图 2-14 所示。

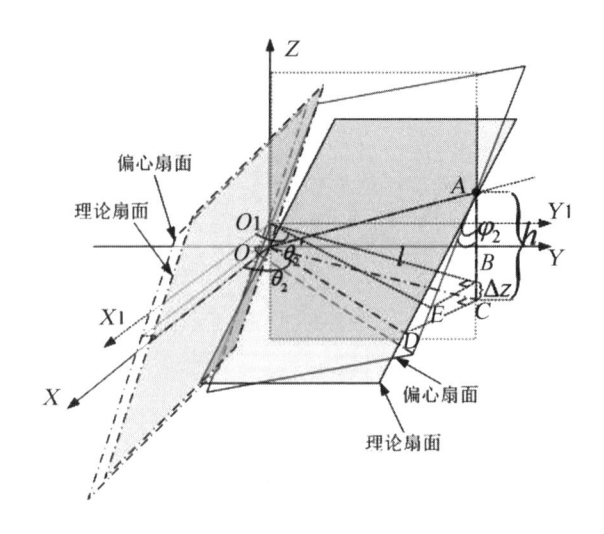

图 2-14 偏心测角模型

设扇面 1 过局部坐标系的原点，扇面 2 与 Z 轴的交点偏离原点 Δz，扇面在旋转过程中，经过接收器时，偏心扇面与理论扇面会在不同时刻扫描过接收器点 A，如果不考虑扇面偏心，光平面 2 的扫描角测量会产生误差。平面有偏心时，计算出的旋转角度对应于以实际交点作为圆心旋转的角度，此时角度计算模型需要考虑扇面 2 的偏心距离。

假设没有偏心误差的理想光平面到达接收器时扫描角为 θ_2，而带有偏心误差的光平面扫描角为 θ_2'，则由图 2-14 中的几何关系得到：

$$\begin{cases} \sin(\theta_1 - \alpha) = \tan\varphi_1 \tan\beta \\ \sin(\theta_2' - \theta_{\text{off}} - \alpha) = \dfrac{BE}{BO_1} = \dfrac{(h-\Delta z)\tan\varphi_2}{l} \end{cases} \quad (2\text{-}14)$$

可得其解为

$$\begin{cases} \alpha = \theta_1 - \arcsin(\tan\varphi_1 \tan\beta) \\ \beta = \arctan(\sin(\theta_1 - \theta_2' - \theta_{\text{off}} - \arcsin(\dfrac{(h-\Delta z)\tan\varphi_2}{l}))\arctan\varphi_1) \end{cases} \quad (2\text{-}15)$$

此方程可以克服由于两扇面与旋转轴不交于一点造成的偏心误差。以此为基础，可计算空间任意点 (h,l) 的扫描角。

2.3.3 测角误差仿真分析

蒙特卡罗仿真方法用统计方法把模型的数字特征估计出来[133-136]。本小节利用蒙特卡罗仿真方法估计角度不确定性与发射站参数及接收器参数之间的关系，从而建立测量空间内任意点的角度误差估计方法，并进一步分析任意点的坐标测量误差。利用式（2-14）的测量模型，由误差参数（表 2-2）产生随机变量作为仿真模型的输入，统计出任意点（给定深度和高度）的角度误差，包括水平角和垂直角。通过对不同位置点 (h,l) 的仿真可以得出 wMPS 发射站的测角误差分布。

图 2-15 和图 2-16 所示为测角误差分布图。其中，图 2-15 所示为固定高度为 5000mm，x 与 y 变化（-10000 ～ 10000mm）的测角误差分布全景图；图 2-16 所示为固定高度为 x=5000mm，y=5000mm，z 变化（-10000 ～ 10000mm）的测角误差分布图。

垂直角误差　　　　　　　　水平角误差

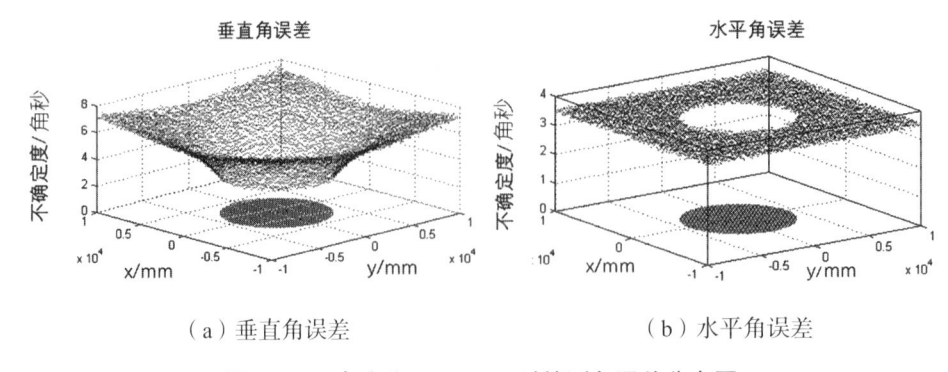

（a）垂直角误差　　　　　　（b）水平角误差

图 2-15　高度为 5000mm 时的测角误差分布图

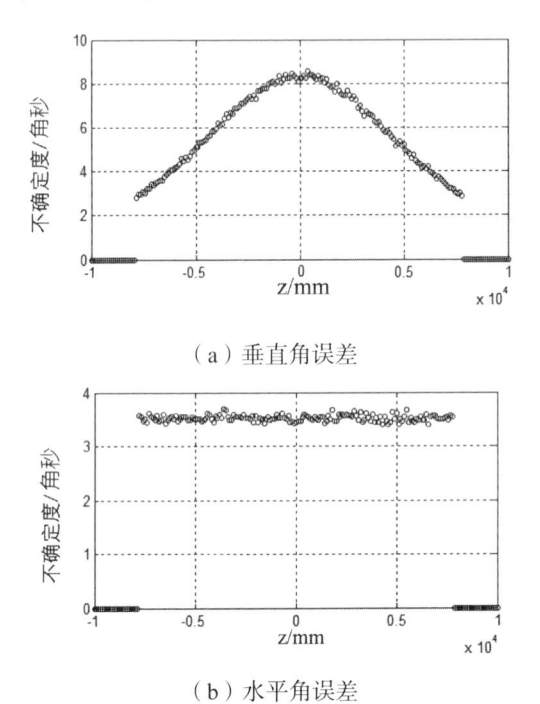

（a）垂直角误差

（b）水平角误差

图 2-16　测角误差分布图（$x=5000$mm, $y=5000$mm）

由仿真结果可以得到以下结论。

（1）在图 2-15（a）中，在给定的高度（$z=5000$mm），随着深度方向增加（远离旋转轴方向），垂直角误差变大，并在深度超过一定距离后变化趋势会变平坦，深度对其影响变小。中间为扫描盲区，盲区的存在是由于两个扇面有一定的倾斜角，导致了在空间的某些区域两个扇面不能同时扫描到。

（2）在图 2-15（b）中，水平角的误差跟距离关系不大，距离变化时，误差基本保持不变。对比水平角和垂直角误差的变化趋势可以看出，垂直角的变化幅度更大，形状更陡。为了保证垂直角的测量精度，垂直角不宜过大，尽量保持在±45°范围内。

（3）在图 2-16（a）中，垂直角误差在 $z=0$mm 处最大，随着 z 向两侧增加而减小，最后到扫描盲区。在图 2-16（b）中，随着高度的增加，水平角误差基本保持固定，并一直到扫描盲区。

2.4 本章小结

本章分析了发射站结构参数对测角的影响，建立 wMPS 发射站的测角模型，针对测角模型利用蒙特卡罗仿真方法获取了角度误差的空间分布。分析单项误差对测角误差的影响，通过实验获得了部分标定方法和测量模型中影响测量结果的参数值，并基于这些参数，通过仿真获得了单站测角误差的分布。

第 3 章 单站测角误差的检定及补偿技术

3.1 测角仪器检定方法概述

3.1.1 经纬仪角度检定装置

经纬仪角度检定装置的结构形式比较多,其中主要有两种[137]:一种为多目标式检定装置,以 4～9 只平行光管作为无穷远目标,在水平和竖直方向上组成常角;另一种为多齿分度台与一个平行光管组成的检定装置,用来检定或校准经纬仪一测回方向的标准偏差、测角准确度以及三轴几何关系的正确性等项目。随着技术发展,运用 CCD 高精度测角、图像动态识别等先进技术,杨必武等人提出了全自动综合计量检定系统[138]。检定装置原理图如图 3-1 和图 3-2 所示。

（a）三维图　　　　　　（b）示意图

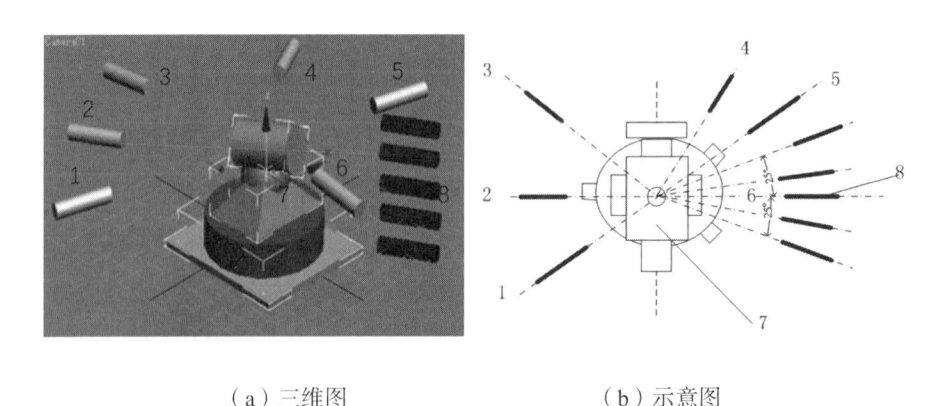

图 3-1　多目标式检定装置（1~6 为平行光管；7 为经纬仪；8 为垂直角标准装置）

（a）三维图　　　　　　　　（b）示意图

图 3-2　多齿分度台式检定装置（1 为多齿分度台；2 为经纬仪；3 为垂直角标准装置）

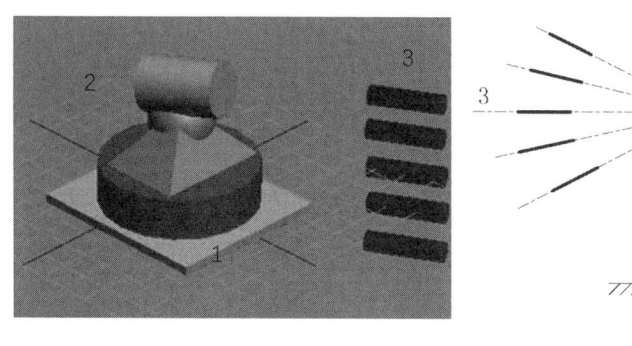

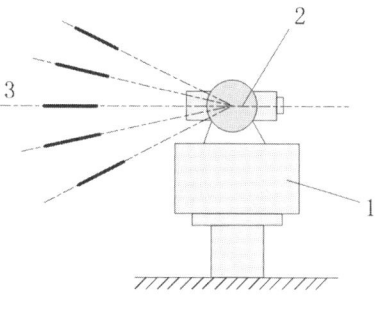

3.1.2　经纬仪水平角检定

基于一测回水平方向标准偏差的检定方法有两种：一种是平行光管在全圆范围内随机分布组成常角的装置，其检定原理为测站平差[139]；另一种是以多齿分度台加平行光管组成的装置，由多齿分度台和平行光管作为角度标准器，其检定原理为直接比对[140-141]。

按照 JJG414-2003 光学经纬仪（以下简称经纬仪）检定规程规定[142]，经纬仪一测回水平方向标准偏差的多齿分度台检定法是以平行光管为目标，以多齿分度台分度值为标准值，按 n 个受检点位置，进行 m 次测回的检定。一次往测和一次返测为一测回，先进行往测，将多齿分度台归零，经纬仪处于盘左位置，度盘置于零位并照准目标中心，读数两次求平均值 $a_{i0左}$；逆时针转动多齿分度台至第 2 测量位置，旋转经纬仪照准部位，用望远镜瞄准目标，以盘左读数两次求平均值 $a_{ij左}$；依次测量第 $3,\cdots,n$ 点位置，最后回到零位。往测完成后，按上述方法以相反的旋转方向进行返测。张卫东提出的多齿分度台检定光学经纬仪一测回水平方向标准偏差的测量不确定度评定方法如下[143]。

1. 数学模型

根据 n 个受检点位置，进行 m 次测回的检定过程可得：

$$X_{ij} = \alpha_{ij} - \alpha_{i0} = \frac{\alpha_{ij左} + \alpha_{ij右}}{2} - \frac{\alpha_{i0左} + \alpha_{i0右}}{2} \quad (3-1)$$

式中，$\alpha_{i0左}$、$\alpha_{i0右}$ 为零位第 i 测回盘左、盘右的读数；$\alpha_{ij左}$、$\alpha_{ij右}$ 为第 j 位置第 i 测回盘左、盘右的读数；X_{ij} 为第 i 测回第 j 位置对零位的夹角值。

第 i 测回第 j 位置的分度误差 φ_{ij} 为

$$\varphi_{ij} = X_{ij} - \alpha_{j标} \quad (3-2)$$

$$\phi_{ij} = \varphi_{ij} - \frac{1}{n}\sum_{j=1}^{n}\varphi_{ij} \quad (3-3)$$

式中，ϕ_{ij} 为第 i 测回第 j 位置对零位的方向误差；$\alpha_{j标}$ 为多齿分度台的第 j 位置标准角值；n 为目标数目。

经纬仪一测回水平方向的标准偏差为

$$\mu_H = \sqrt{\sum_{i=1}^{m}\sum_{j=1}^{n}\phi_{ij}^2 / [m(n-1)]} \quad (3-4)$$

式中，n 为目标数目；m 为测回数。

由式（3-1）~式（3-3）可得：

$$\phi_{ij} = \varphi_{ij} - \frac{1}{n}(\varphi_{i1} + \cdots + \varphi_{i(j-1)} + \varphi_{i(j+1)} + \varphi_{in}) = \alpha_{ij} - \alpha_{ij标} - \frac{1}{n}\sum_{j=1}^{n}(\alpha_{ij} - \alpha_{ij标}) \quad (3-5)$$

从而可得：

$$\phi_{ij}^2 = (\alpha_{ij} - \alpha_{ij标})^2 - \frac{2}{n}(\alpha_{ij} - \alpha_{ij标})\sum_{j=1}^{n}(\alpha_{ij} - \alpha_{ij标}) + \frac{1}{n^2}\left[\sum_{j=1}^{n}(\alpha_{ij} - \alpha_{ij标})\right]^2 \quad (3-6)$$

$$\mu_H = \sqrt{\frac{\sum_{i=1}^{m}\left\{\sum_{j=1}^{n}(\alpha_{ij} - \alpha_{ij标})^2 - \frac{2}{n}\sum_{j=1}^{n}(\alpha_{ij} - \alpha_{ij标})\sum_{j=1}^{n}(\alpha_{ij} - \alpha_{ij标}) + \frac{n}{n^2}\left[\sum_{j=1}^{n}(\alpha_{ij} - \alpha_{ij标})\right]^2\right\}}{m(n-1)}}$$

$$(3-7)$$

$$\mu_H = \sqrt{\frac{\sum_{i=1}^{m}\sum_{j=1}^{n}(\alpha_{ij}-\alpha_{ij\text{标}})^2 - \frac{1}{n}\sum_{i=1}^{m}\left[\sum_{j=1}^{n}(\alpha_{ij}-\alpha_{ij\text{标}})\right]}{m(n-1)}} \qquad (3-8)$$

2. 方差和传播系数

建立好以上的数学模型后,可以建立方差传递公式。已知:

$$u_c^2(y) = \sum_{i=1}^{n}(\frac{\partial f}{\partial x_i})^2 u^2(x_i) \qquad (3-9)$$

由测量方法可知,α_{ij}为等精度测量,设$\alpha_{ij\text{标}}$也是等精度测量,因此结合式(3-8)和式(3-9)可得:

$$u^2(\mu_H) = \sum_{j=1}^{n}\sum_{i=1}^{m}(\frac{\partial \mu}{\partial \alpha_{ij}})^2 u^2(\alpha) + \sum_{j=1}^{n}\sum_{i=1}^{m}(\frac{\partial \mu}{\partial \alpha_{ij\text{标}}})^2 u^2(\alpha_{\text{标}}) \qquad (3-10)$$

令 $c_\alpha^2 = \sum_{j=1}^{n}\sum_{i=1}^{m}(\frac{\partial \mu}{\partial \alpha_{ij}})^2$,$c_{\alpha\text{标}}^2 = \sum_{j=1}^{n}\sum_{i=1}^{m}(\frac{\partial \mu}{\partial \alpha_{ij\text{标}}})^2$

则

$$u^2(\mu_H) = c_\alpha^2 u^2(\alpha) + c_{\alpha\text{标}}^2 u^2(\alpha_{\text{标}}) \qquad (3-11)$$

以α_{ij}为变量对μ_H求偏微分,可得

$$\frac{\partial \mu_H}{\partial \alpha_{11}} = [(\alpha_{11}-\alpha_{11\text{标}}) - \frac{1}{n}\sum_{j=1}^{n}(\alpha_{1j}-\alpha_{1j\text{标}})]/[m(n-1)\mu_H] \qquad (3-12)$$

$$\left(\frac{\partial \mu_H}{\partial \alpha_{11}}\right)^2 = \frac{(\alpha_{11}-\alpha_{11\text{标}})^2 - \frac{2}{n}(\alpha_{11}-\alpha_{11\text{标}})\sum_{j=1}^{n}(\alpha_{1j}-\alpha_{1j\text{标}}) + \frac{1}{n^2}[\sum_{j=1}^{n}(\alpha_{1j}-\alpha_{1j\text{标}})]^2}{[m(n-1)\mu_H]^2}$$

$$(3-13)$$

同理可得:

$$\left(\frac{\partial \mu_H}{\partial \alpha_{mn}}\right)^2 = \frac{(\alpha_{mn}-\alpha_{mn\text{标}})^2 - \frac{2}{n}(\alpha_{mn}-\alpha_{mn\text{标}})\sum_{j=1}^{n}(\alpha_{mj}-\alpha_{mj\text{标}}) + \frac{1}{n^2}[\sum_{j=1}^{n}(\alpha_{mj}-\alpha_{mj\text{标}})]^2}{[m(n-1)\mu_H]^2}$$

$$(3-14)$$

求和可得$u^2(\alpha)$的传播系数c_α：

$$c_\alpha^2 = \frac{1}{m(n-1)} \quad （3-15）$$

由于不同测回相应位置的标准角是相同的，因此，当$m=1$时，以$\alpha_{j标}$为变量对μ_H求偏微分，可得：

$$\left(\frac{\partial \mu_H}{\partial \alpha_{1标}}\right)^2 = \frac{\frac{2}{n}\sum_{j=1}^{n}(\alpha_j - \alpha_{j标}) - (\alpha_1 - \alpha_{1标})}{2(n-1)\mu_H} = \frac{\frac{1}{n}\sum_{j=1}^{n}(\alpha_j - \alpha_{j标}) - (\alpha_1 - \alpha_{1标})}{(n-1)\mu_H}$$

$$（3-16）$$

$$\left(\frac{\partial \mu_H}{\partial \alpha_{1标}}\right)^2 = \frac{(\alpha_1 - \alpha_{1标})^2 - \frac{2}{n}(\alpha_1 - \alpha_{1标})\sum_{j=1}^{n}(\alpha_j - \alpha_{j标}) + \frac{1}{n_2}[\sum_{j=1}^{n}(\alpha_j - \alpha_{j标})]^2}{[(n-1)\mu_H]^2}$$

$$（3-17）$$

同理可得：

$$\left(\frac{\partial \mu_H}{\partial \alpha_{n标}}\right)^2 = \frac{(\alpha_n - \alpha_{n标})^2 - \frac{2}{n}(\alpha_n - \alpha_{n标})\sum_{j=1}^{n}(\alpha_j - \alpha_{j标}) + \frac{1}{n_2}[\sum_{j=1}^{n}(\alpha_j - \alpha_{j标})]^2}{[(n-1)\mu_H]^2}$$

$$（3-18）$$

对各项求和，可得：

$$c_{\alpha标}^2 = \frac{1}{n-1} \quad （3-19）$$

当测回数$m=1$时，

$$u^2(\mu_H) = \frac{1}{n-1}[u^2(\alpha) + u^2(\alpha_{标})] \quad （3-20）$$

当测回数$m=2$时，

$$u^2(\mu_H) = \frac{1}{2(n-1)}u^2(\alpha) + \frac{1}{n-1}u^2(\alpha_{标}) \quad （3-21）$$

对于DJ_2级光学经纬仪，$m=1$，$n=23$，故其方差传递公式为

$$u_c^2 = u^2(\mu_H) = \frac{1}{22}u^2(\alpha) + \frac{1}{22}u^2(\alpha_{标}) \qquad (3-22)$$

3. 分量标准不确定度

（1）经纬仪检定装置标准值引入的不确定度分量$u(\alpha_{标})$。根据 JJG949—2011《经纬仪检定装置》规定[137]，如果没有修订参与经纬仪检定结果处理的标准角值，多齿分度台最大间隔分度误差小于0.3″，按照均匀分布，$k=\sqrt{3}$，因此$u(\alpha_{标})=0.3/\sqrt{3}=0.17″$。估算其相对不确定度为10%，则$v_1=50$。

（2）读数引入的不确定度分量。

1）经纬仪和多齿分度台整平不精确引入的不确定度分量$u(\alpha_1)$。根据 JJG414—2011《光学经纬仪》要求[142]，检定时，允许因经纬仪调整和多齿分度台整平不精确导致不水平的最大误差为20″，在水平方向测量误差的计算公式为

$$\Delta\alpha = \frac{(1-\cos\theta)\times\tan\alpha}{\cos\theta+\tan\alpha}\times\rho \qquad (3-23)$$

式中，θ为测量平面与水平面的夹角；α为以水平面与测量面交线为0的方向，在水平面上测得某方向的夹角；$\Delta\alpha$为在水平面上和测量面上两相同方向测得角之差；ρ为常数，取$180\times60\times60/\mathrm{pi}=206265$。

经求导及求极值得$\tan\alpha=\sqrt{\cos\theta}$时$\Delta\alpha$取得最大值，将$\theta=20″$代入式（3-23）可得：

$$\Delta\alpha_{\max}=0.00048″ \qquad (3-24)$$

$\Delta\alpha$为半宽为$\Delta\alpha_{\max}$的区间均匀分布，故：

$$u(\alpha_1)=0.00048\times1/\sqrt{3}=0.0003″ \qquad (3-25)$$

其相对不确定度估计为25%，则$v_1(\alpha_1)=8$。

2）目标读数测量重复性引入的不确定度分量$u(\alpha_2)$。目标读数测量重复性主要由多齿分度台测量重复性、读数的估读误差、望远镜十字丝照准误差和读数显微镜对径瞄准误差的影响等组成。

3.1.3　经纬仪垂直角检定

根据 JJG414—2011《光学经纬仪》，一测回垂直角标准偏差用垂直角检定装置进行检定，该装置在±30°范围内布置不少于 5 个方向值为非整度数的目标，它们与水平方向的夹角作为标准垂直角 $\alpha_{i标}$（图 3-2）。检定经纬仪时，将其安置在检定台上并精确调平，然后瞄准各目标观测盘左和盘右数值，得观测值 L_{ij} 和 R_{ij}。在每个位置观测时，读数两次取平均值[142]。

竖直度盘指标差 I_{ij} 可按照式（3-26）或式（3-27）计算：

$$I = \frac{(L+R) - 360°}{2} \quad (3-26)$$

$$I = (L+R) - 180° \quad (3-27)$$

由此可求出各目标观 1 测值 α_{ij}：

$$\alpha_{ij} = L_{ij} - I_{ij} \quad (3-28)$$

上述操作作为一测回，共进行 2～4 测回。

竖直度盘各点的分度误差 φ_{ij} 按下式求得：

$$\varphi_{ij} = \alpha_{ij} - \alpha_{i0} - \alpha_{标} \quad (3-29)$$

式中，α_{ij} 为各测回目标观测值；α_{i0} 为各测回水平方向观测值；$\alpha_{标}$ 为各目标水平方向夹角标准值。

竖直度盘各点的方向误差为

$$\phi_{ij} = \varphi_{ij} - \frac{1}{n}\sum_{j=1}^{n}\varphi_{ij} \quad (3-30)$$

一测回竖直角标准差按下式求得：

$$\mu_v = \sqrt{\frac{\sum_{i=1}^{n}\sum_{i=1}^{n}\phi_{ij}^2}{m(n-1)}} \quad (3-31)$$

式中，m 为测回数；n 为受检目标数。

取φ_{ij}中最大值和最小值之差为测角示值误差：

$$\Delta = \varphi_{max} - \varphi_{min} \tag{3-32}$$

一测回垂直角标准偏差作为判定经纬仪是否合格的主要指标。

3.2 发射站检定装置

1. 多齿分度台

多齿分度台是检测角度的精密仪器，一般用作角度基准或作为精密加工中的分度装置。它与电子自准直仪（平行光管）一起配合，可检测基数为$360°/n$（n为齿数）的高精度角度器件，如角度块规、光学棱镜和多面棱体等。多齿分度台分为卧式（图3-3）、立式（图3-4）及立卧两用式和细分多齿分度台。

图3-3　卧式多齿分度台　　　图3-4　立式多齿分度台

立卧两用式多齿分度台安放比较灵活，在台面水平、垂直或倾斜状态下均可使用，其他多齿分度台必须安放到水平台面上方可使用。细分多齿分度台是在720齿立式多齿分度台的基础上，加上细分机构而成的。

2. 电子自准直仪/平行光管

本书使用的TRIOPTICS公司电子自准直仪，主要用于检测和测量小角度偏移量，主要部件为高分辨率的CCD传感器和配套的物镜管[143]。

物镜管搭配不同焦距的镜头，扩大了仪器的测量范围，并且可以满足不同测量精度的要求，如图 3-5 所示。

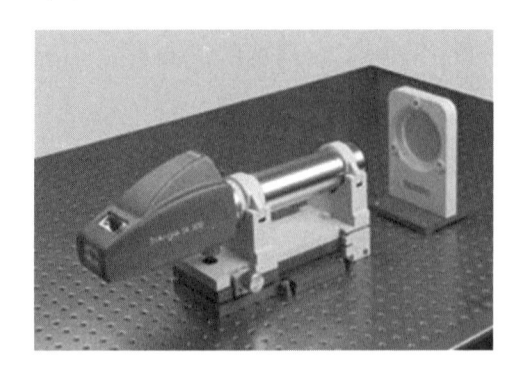

图 3-5　配有反射镜、固定在双轴调节支架上的 TriAngle®TA 300

3. 多面棱体

多面棱体主要用于圆分度仪器的分度误差检定，或在高精度机械加工、测量中作为角度定位基准。工作角为整度数的偶数面多面棱体，主要用于检定圆分度器具轴系的大周期误差，工作角为非整度数的奇数面多面棱体，除了可以检定圆分度器具轴系的大周期误差外，还可以检定测微器的小周期误差，如图 3-6 所示。

图 3-6　多面棱体

4. 调平底座和同心底座

调平底座如图 3-7 所示。其中，上表面周围 8 个螺纹孔用来调整发射站的旋转轴与上表面垂直；下表面周围 4 个通孔用来大致定位调平底座和同心底座的相对位置；下表面拉伸体用来承受调同轴度时顶丝从周围对调平底座的压力。

同心底座如图3-8所示。其中,通过6个沉头螺纹孔在分度台上固定同心底座;周围4个通孔用来大致定位调平底座和同心底座的相对位置;周围4个拉伸体用来大致定位调平底座的位置,并且配有顶丝的螺纹孔,从4个方向调整同心。调平底座和同心底座装配体如图3-9所示。

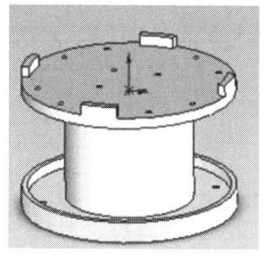

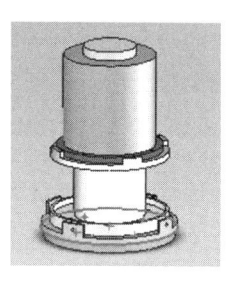

图3-7 调平底座　　图3-8 同心底座　　图3-9 调平底座和同心底座装配体

5. 发射站旋转头调整装置

由于四面棱体安装在发射站旋转头上,在调同轴的过程中,需要调整四面棱体与平行光管的位置关系,这要求发射站旋转头旋转一定的角度,并可以微调使得平行光管光线经四面棱体反射后落入视场内。为此设计了旋转微调机构,它可以根据刻度完成发射站旋转头的大尺度旋转,并可以利用微调螺钮调整微小角度,调整后可固定旋转头,如图3-10所示。调整结构侧视图如图3-11所示。

图3-10 调整结构局部图　　图3-11 调整结构侧视图

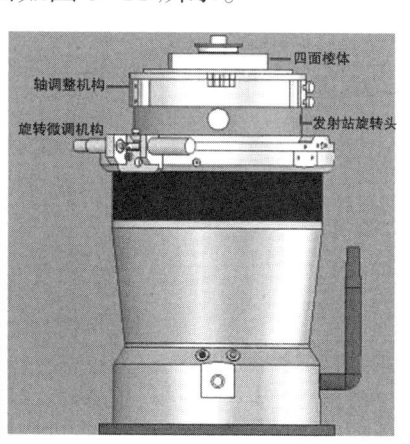

3.3 发射站水平角检定

发射站两扇面由于装配原因不能过旋转轴的同一点，因此有必要分析此种情况对检定的影响，根据式（2-12）和式（2-13）有：

$$\theta_2' = \theta_2 + \Delta\theta_2 \qquad (3\text{-}33)$$

在接收器与发射站、分度台调水平后，俯仰角 β 是固定的，方位角为

$$\alpha = \theta_1 - \arcsin(\tan\varphi_1 \tan\beta) \qquad (3\text{-}34)$$

从而两点间的差为

$$\alpha_i - \alpha_{i-1} = \theta_{1i} - \theta_{1(i-1)} \qquad (3\text{-}35)$$

式（3-35）说明在同一高度的两点间的方位角差与两扇面不同心无关。从而证明在该模型下，方位角的误差可以不考虑两扇面不同心的影响。因此重点关注检定装置的调整误差。

3.3.1 调整误差

调整误差主要包括偏心误差和倾斜误差。偏心误差是检定装置在调整发射站旋转头旋转轴与分度台旋转轴同轴的过程中未能严格调整到位，而造成的两轴在与旋转轴垂直的平面上的偏差。而倾斜误差是指两轴未能调整到平行而造成两轴有一定的夹角。

1. 偏心误差

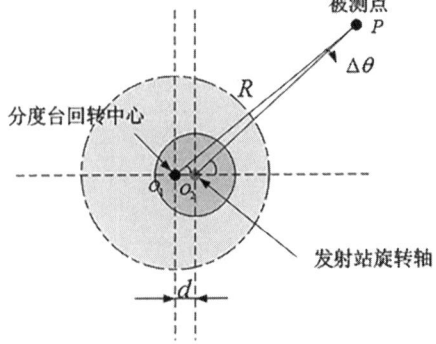

如果发射站旋转头的旋转轴与分度台的旋转轴未能同轴，如图3-12所示[144]。

图 3-12 偏心误差示意图

设被测点（接收器）离分度台回转中心的距离为R，分度台转轴和发射站旋转轴的偏心距为d，分度台对应的被测点的水平角为θ，则分度台回转中心到被测点的向量为$\overrightarrow{O_1P}=[R\cos\theta \quad R\sin\theta]$；发射站旋转中心到被测点的向量为$\overrightarrow{O_2P}=[R\cos\theta-d \quad R\sin\theta]$。因此，发射站测量值和分度台标准值之差为

$$\Delta\theta = a\cos(\frac{\overrightarrow{O_1P}\cdot\overrightarrow{O_2P_t}}{|\overrightarrow{O_1P}||\overrightarrow{O_2P_t}|}) = a\cos(\frac{R-d\cos\theta}{\sqrt{R^2-2Rd\cos\theta+d^2}}) \quad (3-36)$$

令$d/R=K$，则

$$\Delta\theta = a\cos(\frac{1-K\cos\theta}{\sqrt{1-2K\cos\theta+K^2}}) \quad (3-37)$$

在实验中，接收器放置在距离分度台10m远的地方，若偏心距d=0.1mm，则由于偏心距带来的误差最大为$\Delta\theta = a\cos(\frac{1}{\sqrt{1+K^2}})=2''$。

2. 倾斜误差

当发射站轴线和分度台轴线未完全平行时，分度台旋转的标准角对发射站而言是有偏差的，如图3-13所示。

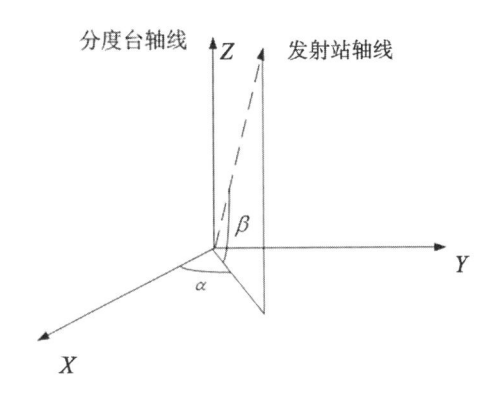

图3-13 轴线倾斜示意图

设分度台坐标系为基准坐标系，其旋转矩阵$\boldsymbol{R}0 = \begin{bmatrix} 1 & 0 & 0 \\ 0 & 1 & 0 \\ 0 & 0 & 1 \end{bmatrix}$，α、β为发射站轴线在基准坐标系中的水平角和垂直角，则发射站坐标系的

旋转矩阵为

$$RT = \begin{bmatrix} Rx \\ Ry \\ Rz \end{bmatrix} = \begin{bmatrix} -\sin\alpha & \cos\alpha & 0 \\ -\cos\alpha\sin\beta & -\sin\alpha\sin\beta & \cos\beta \\ \cos\alpha\cos\beta & \sin\alpha\cos\beta & \sin\beta \end{bmatrix} \quad (3\text{-}38)$$

设接收器在基准坐标系下的位置 $P = [X,Y,Z]$，则该点在发射站坐标系下的值为 $PT = RT \times P$，零位时，$\alpha = 0$：

$$PT2 = \begin{bmatrix} -\sin\theta & \cos\theta & 0 \\ -\sin\beta\cos\theta & \sin\beta\sin\theta & \cos\beta \\ \cos\beta\cos\theta & \cos\beta\sin\theta & \sin\beta \end{bmatrix} \begin{bmatrix} X \\ Y \\ Z \end{bmatrix} \quad (3\text{-}39)$$

对位于 10m 远的被测点，在不同高度时，轴线倾斜对实验结果的影响进行了仿真，当倾角 $\beta=10''$ 时，仿真结果如图 3-14 所示。

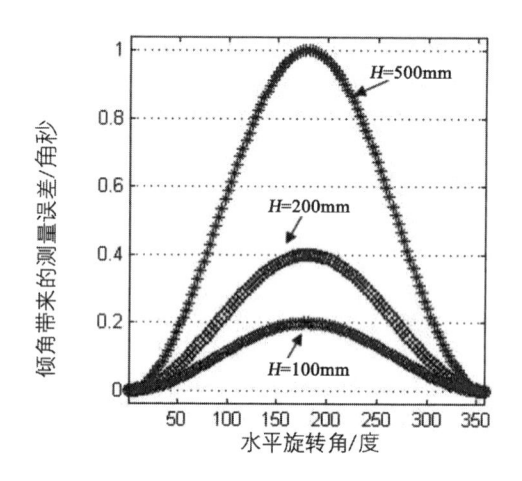

图 3-14 轴线倾斜随高度不同对实验结果的影响

从图 3-14 中可以看出，轴线倾斜的影响对被测点高度的变化很敏感，当高度为 100mm 时，由于倾斜带来的比对误差最大值为 0.2″。因此，将接收器放置在近似水平面的位置可忽略由于轴线倾斜带来的误差。

从以上分析可以看出，轴线倾斜对实验结果影响很小，而偏心的影响较为显著。因此，在调整环节中应尽量保证两轴心的距离在 0.05mm 以内。

3.3.2 水平角检定方法

参考经纬仪检定方法，结合发射站调整装置及调整方法，对发射站水平角采用一测回水平方向标准偏差的检定方法。往测时多齿分度台逆时针旋转，返测时多齿分度台顺时针旋转，往返测为一个测回。其具体方法如下：多齿分度台置于零位，读取此时接收器的水平角α_0，顺时针旋转分度台，按照预先布点再次读取接收器的水平角α_1，在分度台检定位置（N个）依次读取水平角：$\alpha_1, \alpha_2, \cdots, \alpha_N$，最后回到零位。

同样，多齿分度台逆时针旋转检定各个位置并回到零位。分别求出往测、返测各受检点读数α_{ij}，对零位读数α_{i0}以及对齿盘标准角值$\alpha_{标}$的差值φ_{ij}。各受检点的分度误差α_{ij}按式（3-29）求得。

取往测α_{ij}和返测α_{ij}中最大值与最小值之差为测角总不确定度，见式（3-32）。同一测回竖直角标准差一样，一测回水平方向标准偏差按下式求得：

$$\mu = \pm \sqrt{\sum_{i=1}^{m}\sum_{j=1}^{n} \phi_{ij}^2 \Big/ m(n-1)} \qquad (3-40)$$

式中，ϕ_{ij}为各受检点方向的误差，按式（3-30）计算；n为受检点数；m为测回数。

3.4 发射站垂直角检定

对于垂直角的检定，因为缺少立式分度台，所以不能通过检定平台直接观测垂直角不确定度，但水平角误差和垂直角误差之间存在关联，由式（2-13）可得：

$$\beta = \arctan \frac{\sin(\theta_1 - \alpha)}{\tan \phi_1} \qquad (3-41)$$

对式（3-41）微分可得：

$$d\beta = \frac{\cos(\theta_1-\alpha)\tan\phi_1 d\theta_1 - \cos(\theta_1-\alpha)\tan\phi_1 d\alpha - \sin(\theta_1-\alpha)(\sec\phi_1)^2 d\phi_1}{(\tan\phi_1)^2 + \sin(\theta_1-\alpha)^2}$$

（3-42）

在水平角检定完毕后，由于整个检定过程中发射站的内部参数是不变的，因此式（3-42）变为

$$d\beta = \frac{-\cos(\theta_1-\alpha)\tan\phi_1 d\alpha}{(\tan\phi_1)^2 + \sin(\theta_1-\alpha)^2} \quad (3-43)$$

垂直角的不确定度可以用式(3-43)根据水平角检定结果间接求得。

3.5 发射站检定实验

实验环境布置如图 3-15 所示。其中的各个测量仪器放置于大理石精密隔振平台上。接收器固定于三脚架上并放置在距离发射站约 10m 的位置。发射站通过同心底座和调平底座安置在多齿分度台（测角精度为0.6″）上，通过同心底座可平移发射站调整两轴的径向偏差，通过调平底座可调整两轴平行；发射站旋转头上安装调整装置，四面棱体固定在该调整装置上，调整平行光管（测角精度为0.2″）对准四面棱体，旋转发射站旋转头，并根据平行光管的读数精密调整发射站的微调机构，使得四面棱体的四个平面读数相等，此时发射站旋转轴与平行光管的光轴垂直。

图 3-15 实验环境布置

同理，调整分度台上支撑发射站的微调机构，使得分度台旋转轴

与平行光管的光轴垂直。利用千分尺使发射站旋转轴与多齿分度台回转中心同轴,其差值小于 0.1mm。经过多次调整后,发射站旋转轴与分度台的旋转轴同轴(两轴偏心 40 μm,夹角小于 2″)。

取步长 20°,距离 10m,发射站与接收器基本水平,各受检点的分度误差如图 3-16 所示。实验数据(表 3-1)表明,最大偏差 φ_{max} = 2.6″,最小偏差 φ_{min} = -6.7″,测角总不确定度 Δ = 9.3″,标准偏差 μ = ±2.2″。水平角标准偏差可作为判定发射站误差的指标。如果按每步增量的差值作比较,即计算测点的水平角与分度台参考角的偏差。偏差分布如图 3-17 所示。从图 3-17 中可以看出,除去第 5 点的偏差为 5″之外,各测点的偏差均在 3″以内,增量的偏差比零点偏差要稳定且随机跳动。接收器距离发射站 5m 处不同高度及在 10m 处不同高度的实验数据,也表明水平角误差与图 3-16 和图 3-17 所示基本一致,这反映了搭建的水平角误差分析平台的稳定性很好。

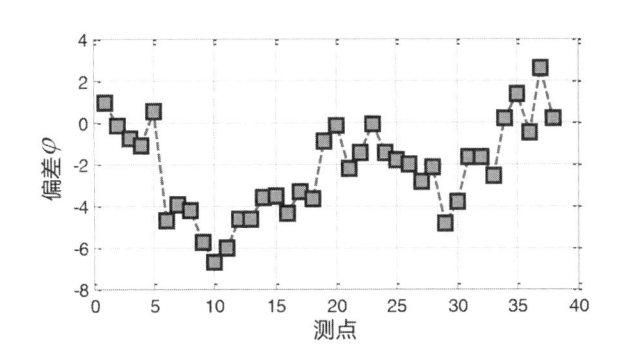

图 3-16 受检点分度误差

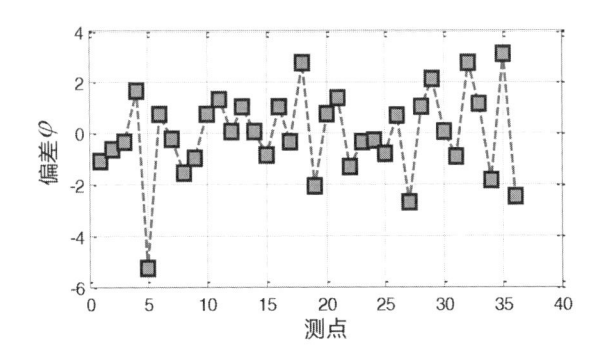

图 3-17 wMPS 水平角与分度台增量参考角偏差

为了从整体上观察误差的变化，进行了以下实验：取步长5°，分度台旋转两周测量数据。零点差（被测点数据跟零点数据比较）的分布如图 3-18 所示。

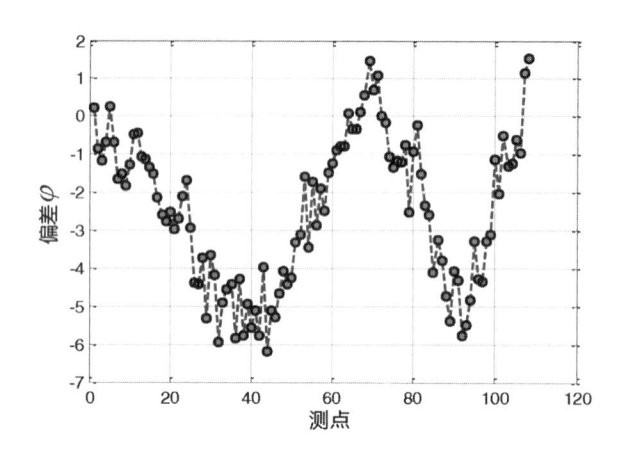

图 3-18　两周数据的零点差

从图 3-18 中可以看出，其偏差有明显的波动性，原因是发射站旋转轴和分度台的旋转轴未能严格调同轴。从图 3-19 中可以看出，相邻差（相邻被测点数据比较）的稳定性比零点差的稳定性更好，具有较强的随机性，并且偏差基本保持在2″以内。

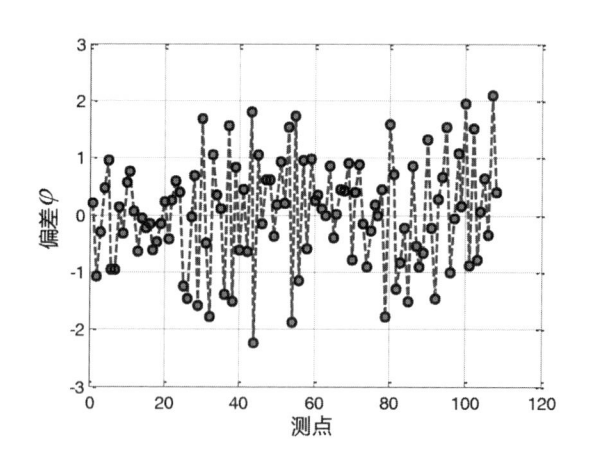

图 3-19　两周数据的相邻差

根据标定数据，在 $\theta_1 - \alpha \in [0°, 360°]$、$\phi_1 = 30°$、$d\alpha < 2''$ 的情况下，根据式（3-43），计算可得垂直角的误差分布，如图 3-20 所示。由图 3-20

可以看出，垂直角的最大误差小于4″。

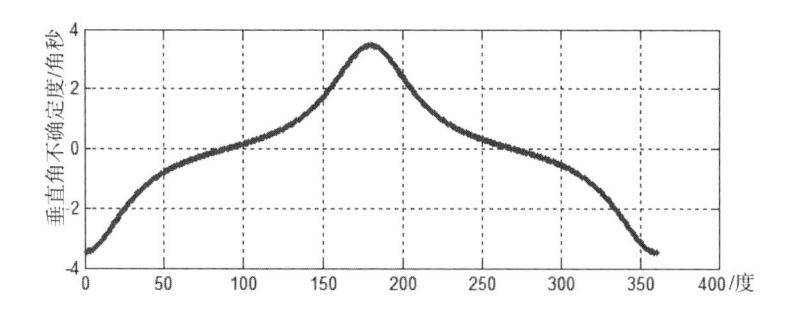

图 3-20 垂直角的误差分布

表 3-1 一测回水平角标准偏差及测角示值误差

测回	目标	标准角 度	标准角 分	标准角 秒	wMPS 读数 度	误差大小（ϕ_i） 角秒
往测	1	0	0	0	84.6246190	−0.98
	2	20	0	0	104.6244263	−1.68
	3	40	0	0	124.6241975	−2.50
	4	60	0	0	144.6245011	−1.41
	5	80	0	0	164.6242034	−2.48
	6	100	0	0	184.6239173	−3.51
	7	120	0	0	204.6241468	−2.68
	8	140	0	0	224.6235811	−4.72
	9	160	0	0	244.6229704	−6.92
	10	180	0	0	264.6229988	−6.82
	11	200	0	0	284.6230724	−6.55
	12	220	0	0	304.6229022	−7.16
	13	240	0	0	324.6234913	−5.04
	14	260	0	0	344.6237539	−4.10
	15	280	0	0	4.6238274	−3.83
	16	300	0	0	24.6242745	−2.22
	17	320	0	0	44.6246389	−0.91
	18	340	0	0	64.6247751	−0.42
	19	360	0	0	84.6251678	0.98
返测	1	360	0	0	84.6251678	0.98
	2	340	0	0	64.6249006	−1.83
	3	320	0	0	44.6248201	−1.94
	4	300	0	0	24.6250235	−1.51
	5	280	0	0	4.6248497	−1.69
	6	260	0	0	344.6242611	−2.29

续表

测回	目标	标准角 度	标准角 分	标准角 秒	wMPS 读数 度	误差大小（ϕ_i） 角秒
返测	7	240	0	0	324.6239775	−3.37
	8	220	0	0	304.6238289	−4.02
	9	200	0	0	284.6235631	−5.49
	10	180	0	0	264.6240387	−4.83
	11	160	0	0	244.6238559	−6.55
	12	140	0	0	224.6242640	−5.59
	13	120	0	0	204.6244456	−5.05
	14	100	0	0	184.6247453	−4.03
	15	80	0	0	164.6249118	−1.91
	16	60	0	0	144.6249622	−1.29
	17	40	0	0	124.6248440	−2.02
	18	20	0	0	104.6248744	−1.73
	19	0	0	0	84.62559800	0.77

3.6 检定误差补偿方法

检定误差是指在检定过程中因为调整不到位造成的误差。例如，分度台旋转轴与发射站旋转头的旋转轴未能严格调同轴，该误差具有一定的规律性，从第3章的分析看，该误差主要由偏心误差造成。分析部分检定平台采集的数据，计算每个观测数据与分度台标准值的差，如图3-21所示。从图3-21中可以看出，图形是三角函数的组合。

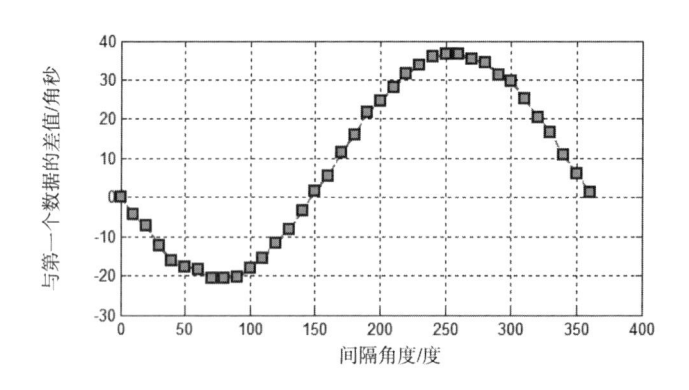

图3-21 观测数据与分度台标准值的差

图 3-21 中对应的检定平台的观测数据见表 3-2。其中观测值 1 用来拟合曲线，然后利用拟合出的曲线对观测值 2 进行补偿。本节将利用最小二乘法建立合适的数学模型，以寻找三角函数组合建立误差补偿方程。

表 3-2 观测数据

序号	间隔10°观测值1/度	间隔10°观测值2/度	间隔10°观测值1与分度台标准值差/度	间隔10°观测值2与分度台标准值差/度
1	85.29659	90.29602	85.29659	85.29602
2	95.29534	100.2948	85.29534	85.29477
3	105.2946	110.294	85.29457	85.29403
4	115.2931	120.2924	85.29314	85.29241
5	125.2921	130.2919	85.29214	85.29194
6	135.2917	140.2914	85.29166	85.29136
7	145.2914	150.291	85.29145	85.29098
8	155.2909	160.291	85.29087	85.29104
9	165.2909	170.2911	85.29088	85.29115
10	175.2909	180.2912	85.29092	85.29118
11	185.2915	190.2919	85.29155	85.29191
12	195.2923	200.2931	85.29231	85.29307
13	205.2933	210.294	85.29332	85.294
14	215.2943	220.2951	85.29431	85.29509
15	225.2956	230.2965	85.29564	85.29653
16	235.2971	240.2974	85.29709	85.29744
17	245.2981	250.2988	85.2981	85.29881
18	255.2998	260.3002	85.29976	85.30021
19	265.301	270.3018	85.30104	85.3018
20	275.3027	280.3032	85.30266	85.30316
21	285.3034	290.3042	85.30344	85.30417
22	295.3043	300.3048	85.30435	85.30483
23	305.3054	310.3059	85.30539	85.30594
24	315.306	320.3064	85.306	85.30645
25	325.3066	330.3067	85.30661	85.30674

续表

序号	间隔10°观测值1/度	间隔10°观测值2/度	间隔10°观测值1与分度台标准值差/度	间隔10°观测值2与分度台标准值差/度
26	335.3067	340.3067	85.30674	85.30665
27	345.3068	350.307	85.30681	85.30698
28	355.3065	0.306212	85.30646	85.30621
29	5.306137	10.30586	85.30614	85.30586
30	15.30528	20.30521	85.30528	85.30521
31	25.30485	30.30448	85.30485	85.30448
32	35.30355	40.30312	85.30355	85.30312
33	45.30231	50.30186	85.30231	85.30186
34	55.30125	60.30022	85.30125	85.30022
35	65.29961	70.29907	85.29961	85.29907
36	75.29833	80.29761	85.29833	85.29761

3.6.1 最小二乘法

最小二乘法的一般定义：对给定的一组数据$(x_i, y_i)(i=0,1,\ldots,m)$，要求在函数类$\varphi = (\varphi_0, \varphi_1, \cdots, \varphi_n)$中寻找一个函数$y = S^*(x)$，使误差平方和最小，即

$$\|\delta\|_2^2 = \sum_{i=0}^{n} \delta_i^2 = \sum_{i=0}^{m} [S^*(x_i) - y_i]^2 = \min_{S(x) \in \varphi} \sum_{i=1}^{m} [S(x_i) - y_i]^2 \quad (3-44)$$

式中，

$$S(x) = a_0 \varphi_0(x) + a_1 \varphi_1(x) + \cdots + a_n \varphi_n(x) \quad (n < m) \quad (3-45)$$

带权的最小二乘法：

$$\|\delta\|_2^2 = \sum_{i=0}^{m} \omega(x_i)[S(x_i) - f(x_i)]^2 \quad (3-46)$$

式中，$\omega(x) \geq 0$是$[a,b]$上的权函数。

用最小二乘法求曲线拟合的问题，就是在$S(x)$中求一函数$y = S^*(x)$，使得$\|\delta\|_2^2$取得最小。它转化为求式（3-44）多元函数的极小问题。

$$I(a_0,a_1,\cdots,a_n) = \sum_{i=0}^{m}\omega(x_i)[\sum_{j=0}^{n}a_j\varphi_j(x_i)-f(x_i)]^2 \qquad (3\text{-}47)$$

由求多元函数极值的必要条件，有：

$$\frac{\partial I}{\partial a_k} = 2\sum_{i=0}^{m}\omega(x_i)[\sum_{j=0}^{n}a_j\varphi_j(x_i)-f(x_i)]\varphi_k(x_i) = 0 \quad (k=0,1,\cdots,n) \qquad (3\text{-}48)$$

若记：

$$(\varphi_j,\varphi_k) = \sum_{i=0}^{m}\omega(x_i)\varphi_j(x_i)\varphi_k(x_i) \qquad (3\text{-}49)$$

$$(f,\varphi_k) = \sum_{i=0}^{m}\omega(x_i)f_j(x_i)\varphi_k(x_i) \equiv d_k \quad (k=0,1,\cdots,n) \qquad (3\text{-}50)$$

则式（3-50）可写为

$$\sum_{j=0}^{m}(\varphi_k,\varphi_j)a_j = d_k \quad (k=0,1,\cdots,n) \qquad (3\text{-}51)$$

该方程称为法方程，矩阵形式为

$$\boldsymbol{Ga} = \boldsymbol{d} \qquad (3\text{-}52)$$

式中，$\boldsymbol{a}=(a_0,a_1,\cdots,a_n)^{\mathrm{T}}$；$\boldsymbol{d}=(d_0,d_1,\cdots,d_n)^{\mathrm{T}}$；

$$\boldsymbol{G} = \begin{pmatrix} (\varphi_0,\varphi_0) & (\varphi_0,\varphi_1) & \cdots & (\varphi_0,\varphi_n) \\ (\varphi_1,\varphi_0) & (\varphi_1,\varphi_1) & \cdots & (\varphi_1,\varphi_n) \\ \cdots & \cdots & & \cdots \\ (\varphi_n,\varphi_0) & (\varphi_n,\varphi_1) & \cdots & (\varphi_n,\varphi_n) \end{pmatrix}$$

由于$\varphi_0,\varphi_1,\cdots,\varphi_n$线性无关，因此$|\boldsymbol{G}|\neq 0$，方程组存在唯一解

$$a_k = a_k^* \quad (k=0,1,\cdots,n) \qquad (3\text{-}53)$$

从而得到方程$f(x)$的最小二乘解为

$$S^*(x) = a_0^*\varphi_0(x) + a_1^*\varphi_1(x) + \cdots + a_n^*\varphi_n(x) \qquad (3\text{-}54)$$

可以证明

$$\sum_{i=0}^{m}\omega(x_i)[S^*(x_i)-f(x_i)]^2 \leqslant \sum_{i=0}^{m}\omega(x_i)[S(x_i)-f(x_i)]^2 \qquad (3\text{-}55)$$

故 $S^*(x_i)$ 是所求最小二乘解。

3.6.2 拟合结果

根据对图 3-21 和表 3-2 中数据的分析，以式（3-56）为拟合曲线函数对表 3-2 中的观测数据 1 进行拟合。

$$f(x) = a_1 \sin(b_1 x + c_1) + a_2 \sin(b_2 x + c_2) \quad （3-56）$$

数据拟合结果如图 3-22 所示。拟合多项式系数见表 3-3。其中，误差平方和（sum of squared error，SSE）为 11.03；方程的确定系数（R-square）为 0.9993；校正过的方程确定系数（adjusted R-square）为 0.9991，均方根误差（root mean square error，RMSE）为 0.5964。误差方程为

$$f(x) = 28.41 \times \sin(0.01747x - 2.878) + 12.83 \times \sin(0.0003714x + 0.6397)$$

$$（3-57）$$

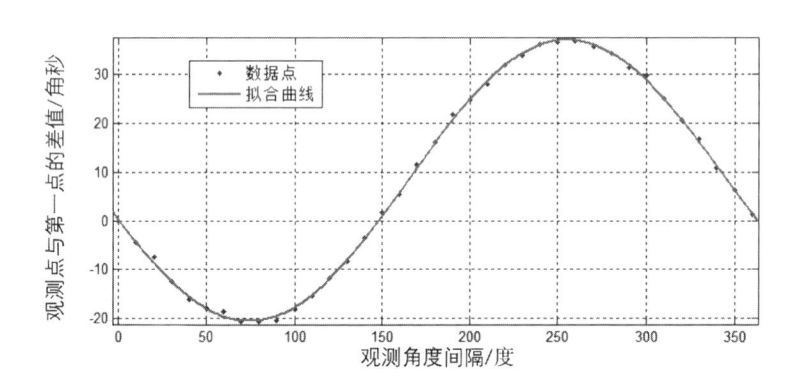

图 3-22　数据拟合结果

表 3-3　拟合多项式系数（95% 置信区间）

系数	系数值	下边界	上边界
a_1	28.41	26.19	30.62
b_1	0.01747	-3.023	0.01818
c_1	-2.878	-2.958	-2.733

续表

系数	系数值	下边界	上边界
a_2	12.83	−530.9	556.6
b_2	0.0003714	−0.02834	0.02908
c_2	0.6397	−30.48	31.76

利用上面的补偿公式补偿的结果如图 3-23 和表 3-4 所示。从图 3-23 中可以看出，经过补偿后，周期性波动得到了明显改善，结果保持在3″以内。基本消除了因为检定过程中调整检定平台不到位造成的误差，使得检定调整过程简单化，调整难度降低，可以提高检定的效率，并且可以保证检定效果。

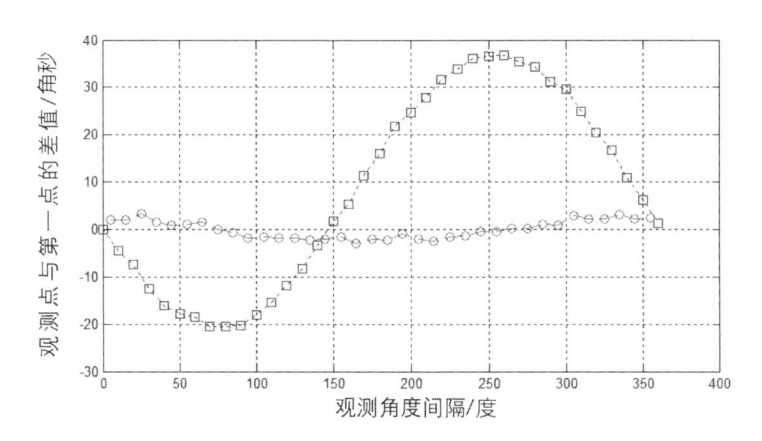

图 3-23　误差补偿结果

表 3-4　补偿结果

序号	观测值 2 与第一点的差值 / 角秒	观测值 2 的补偿结果 / 角秒
1	−4.50	2.09
2	−7.28	2.03
3	−12.41	3.27
4	−16.00	1.60
5	−17.76	0.81
6	−18.51	1.09
7	−20.59	1.58
8	−20.57	−0.12

续表

序号	观测值2与第一点的差值/角秒	观测值2的补偿结果/角秒
9	−20.41	−0.59
10	−18.16	−1.76
11	−15.42	−1.66
12	−11.77	−1.81
13	−8.21	−1.72
14	−3.42	−2.27
15	1.80	−2.01
16	5.43	−1.63
17	11.42	−2.97
18	16.04	−1.95
19	21.84	−2.16
20	24.68	−0.87
21	27.93	−2.12
22	31.67	−2.39
23	33.89	−1.51
24	36.08	−1.39
25	36.54	−0.49
26	36.78	−0.47
27	35.53	0.19
28	34.37	0.23
29	31.29	1.16
30	29.73	0.92
31	25.05	2.85
32	20.58	2.21
33	16.76	2.22
34	10.86	3.16
35	6.256	2.17
36	1.25	2.46

3.7 标定误差补偿方法

3.7.1 数学模型

根据对发射站几何模型的分析，可以看出发射站与接收器连线的向量与两平面的法向量为正交。扇面的法向量可以这样得到：先选择一个参考平面，容易得到相应的参考法向量；参考平面经过变换，得到接收器收到同步光时的激光平面，初始参考法向量经过同样变换，变成该时刻激光平面的法向量；激光平面经过接收器时的法向量可通过计算同步光脉冲与相应脉冲的时间差得到。参考平面和法向量的变换过程如图 3-24 所示。

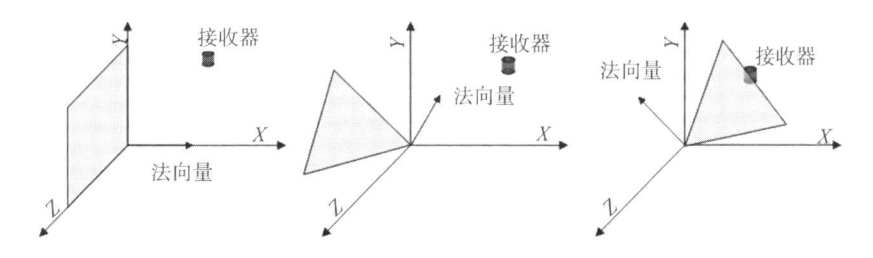

（a）参考平面法向量　　（b）初始平面法向量　　（c）平面扫描到接收器时的法向量

图 3-24　参考平面和法向量的变换过程

上述变换在发射站局部坐标系下进行，因此需要把在发射站坐标系下的法向量统一到全局坐标系，即

$$N(x,y,z)_{ij}^{1\times3} = [0,1,0] \cdot P(\theta,\theta_{\text{off}})_{ij}^{3\times3} \cdot M(\varphi)_{ij}^{3\times3} \cdot TR(x,y,z)_{i}^{3\times3} \quad (3\text{-}58)$$

式（3-58）选择 XZ 平面为参考平面，此时 Y 轴方向单位向量 [0,1,0] 为参考法向量；$P(\varphi,\theta_{\text{off}})_{ij}^{3\times3}$ 把参考法向量变换成同步光触发时激光平面所在的法向量；θ 为 ij 激光平面的倾斜角；θ_{off} 为 ij 激光平面的偏移角；φ 为同步光触发到 ij 激光平面扫到接收器时该平面旋转的角度；$TR(x,y,z)_{i}^{3\times3}$ 为第 i 个发射站到全局坐标系的旋转矩阵。

联合式（2-2）和式（3-58），即可解出接收器的坐标 $R(x,y,z)^{3\times1}$。

3.7.2 补偿模型

在上述的测量模型中，参数和变量可以分为系统参数和变量数据[145]。系统参数测量前事先标定，由于标定方法和仪器等会产生误差，造成标定误差代入系统误差，但有些在整个测量范围内是一个常量，它们可以在标定过程中通过一定的手段校准；有些由于制造加工引起，与测量过程相关，它们会代入系统测量误差。由变量数据引起的误差与水平角和垂直角的测量相关，也会代入系统测量误差。

能通过校准得到补偿的发射站误差包括激光平面倾斜角误差；两激光平面水平夹角 $\Delta\theta_{\text{off}}$；两激光平面与旋转轴实际交点与理想交点有所差异的偏心误差；而有些误差难以补偿，如光束的温度漂移、旋转头摆动、光束的对称性和旋转噪声。

除了上述四个误差，由发射站制造安装偏差造成的误差全部累积到两个激光平面的偏斜角和同心度上，引起的偏斜角误差和偏心误差可通过系统标定校准，不会对系统测量精度造成影响。

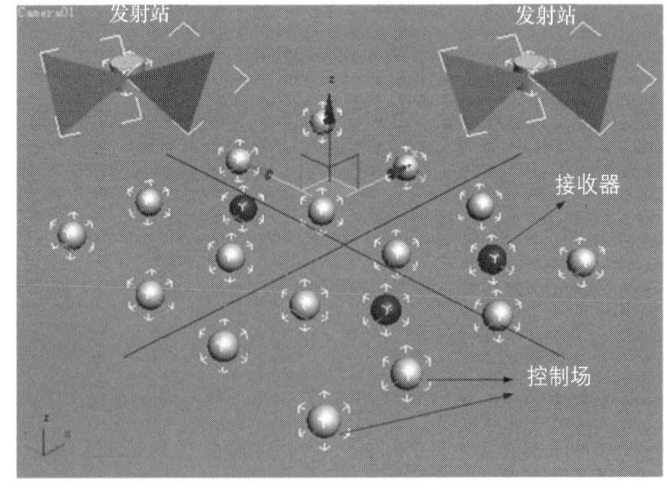

为了减小误差，设计了图 3-25 所示的控制场。控制点分布在整个测量空间，当测量点时，选择该点附近的至少 5 个控制点来补偿测量误差。

图 3-25 控制场

设标定的初始扇面法向量为 $N_0(x,y,z)_{ij}^{1\times 3}$，到接收器时旋转角度为 θ，

法向量为

$$N_{\theta ij} = \begin{pmatrix} \cos\theta & -\sin\theta & 0 \\ \sin\theta & \cos\theta & 0 \\ 0 & 0 & 1 \end{pmatrix} \times N_0 \qquad (3\text{-}59)$$

式（2-2）可以表示为

$$N_{\theta ij}^{1\times 3} \cdot [P(x,y,z)^{3\times 1} - T(x,y,z)_i^{3\times 1}] = 0 \qquad (3\text{-}60)$$

如果发射站的个数为 K，那么会有 $2K$ 个平面。假设第 k 个发射站的参数为

（1）N_{k1}, N_{k2}, $\boldsymbol{N} = \begin{bmatrix} x_N & y_N & z_N \end{bmatrix}^\mathrm{T}$ 是平面方程法向量。

（2）R_{k1}, R_{k2}, $\boldsymbol{R} = \begin{bmatrix} x_R & y_R & z_R \end{bmatrix}^\mathrm{T}$ 是旋转矩阵并且是 θ_{k1}、θ_{k2} 的函数。

（3）T_{k1}, T_{k2}, $\boldsymbol{T} = \begin{bmatrix} x_T & y_T & z_T \end{bmatrix}^\mathrm{T}$ 是发射站的坐标。

（4）$\hat{N}_i = \begin{bmatrix} \hat{x}_{Ni} & \hat{y}_{Ni} & \hat{z}_{Ni} \end{bmatrix}^\mathrm{T}$，$\hat{T}_i = \begin{bmatrix} \hat{x}_{Ti} & \hat{y}_{Ti} & \hat{z}_{Ti} \end{bmatrix}^\mathrm{T}$ 是标定的初始化法向量和发射站中心位置。

设测量误差为 $\Delta N_i = \begin{bmatrix} \Delta x_{Ni} & \Delta y_{Ni} & \Delta z_{Ni} \end{bmatrix}^\mathrm{T}$，$\Delta T_i = \begin{bmatrix} \Delta x_{Ti} & \Delta y_{Ti} & \Delta z_{Ti} \end{bmatrix}^\mathrm{T}$，那么 $N_i = \hat{N}_i + \Delta N_i$，$T_i = \hat{T}_i + \Delta T_i$。

因此式（3-60）可以表示为

$$R_i \cdot (\hat{N}_i + \Delta N_i) \cdot \left(P - (\hat{T}_i + \Delta T_i) \right) = 0 \qquad (3\text{-}61)$$

式（3-61）展开：

$$(R_i \hat{N}_i) \cdot P - (R_i \hat{N}_i) \cdot \hat{T}_i = (R_i \hat{N}_i) \cdot \Delta T_i - (R_i \Delta N_i) \cdot P \\ + (R_i \Delta N_i) \cdot \hat{T}_i + (R_i \Delta N_i) \cdot \Delta T_i \qquad (3\text{-}62)$$

假设一个已知点 A，其坐标为 $P_A(x_A, y_A, z_A)$，扇面 i 旋转 θ_A 角度后经过点 A，那么把点 A 的参数代入式（3-62）可得：

$$(R_A \hat{N}_i) \cdot P_A - (R_A \hat{N}_i) \cdot \hat{T}_i = (R_A \hat{N}_i) \cdot \Delta T_i - (R_A \Delta N_i) \cdot P_A \\ + (R_A \Delta N_i) \cdot \hat{T}_i + (R_A \Delta N_i) \cdot \Delta T_i \qquad (3\text{-}63)$$

从式（3-61）和式（3-62）可以看出，同一激光平面有相同的标定参数和标定误差，只是待测点坐标及转角不同。误差项 $(R_i \hat{N}_i) \cdot \Delta T_i$、$(R_i \Delta N_i) \cdot \hat{T}_i$、$(R_i \Delta N_i) \cdot \Delta T_i$ 可通过对系数矩阵 R_i 进行补偿消除。因此可以考

虑只对 $\cos\theta_i$、$\sin\theta_i$、1 这三项进行补偿。其中，$R_i = \begin{pmatrix} \cos\theta_i & -\sin\theta_i & 0 \\ \sin\theta_i & \cos\theta_i & 0 \\ 0 & 0 & 1 \end{pmatrix}$。

对于 $(R_i \Delta N_i) \cdot P$，展开可得：

$$(R_i \Delta N_i) \cdot P = (\cos\theta_i x + \sin\theta_i y)\Delta x_{Ni} + (\cos\theta_i y - \sin\theta_i x)\Delta y_{Ni} + z\Delta z_{Ni}$$

（3-64）

式（3-64）的补偿项为 $\cos\theta_i x + \sin\theta_i y$，$\cos\theta_i y - \sin\theta_i x$，$z$，所以最终需要补偿的项为 $\cos\theta_i$，$\sin\theta_i$，$\cos\theta_i x + \sin\theta_i y$，$\cos\theta_i y - \sin\theta_i x$，$z$。

取 5 个补偿点，组成补偿方程，求解补偿系数。设控制场补偿点为 $C_1(x_1, y_1, z_1, \theta_1)$，$C_2(x_2, y_2, z_2, \theta_2)$，$C_3(x_3, y_3, z_3, \theta_3)$，$C_4(x_4, y_4, z_4, \theta_4)$，$C_5(x_5, y_5, z_5, \theta_5)$

补偿系数方程组为

$$\begin{cases} \sum_{k=1}^{5} c_k \cos\theta_k = \cos\theta_{ij} \\ \sum_{k=1}^{5} c_k \sin\theta_k = \sin\theta_{ij} \\ \sum_{k=1}^{5} c_k (\cos\theta_k x_k + \sin\theta_k y_k) = \cos\theta_{ij} x + \sin\theta_{ij} y \\ \sum_{k=1}^{5} c_k (\cos\theta_k y_k - \sin\theta_k x_k) = \cos\theta_{ij} y - \sin\theta_{ij} x \\ \sum_{k=1}^{5} c_k z_k = z_{ij} \end{cases}$$

（3-65）

其中待定求解 $c_i (i=1,2,3,4,5)$ 为补偿系数。

$\sum_{k=1}^{5} c_k (R_{ck} \hat{N}_i) \cdot \Delta T_i$ 和 $(R_i \hat{N}_i) \cdot \Delta T$ 可以展开为

$$\sum_{k=1}^{5} c_k (R_{ck} \hat{N}_i) \cdot \Delta T_i = \sum_{k=1}^{5} c_k \begin{bmatrix} \cos\theta_{ck} x_{Ni} - \sin\theta_{ck} y_{Ni} \\ \sin\theta_{ck} x_{Ni} + \cos\theta_{ck} y_{Ni} \\ z_{Ni} \end{bmatrix} \cdot \Delta T_i$$

（3-66）

$$(R_i \hat{N}_i) \cdot \Delta T = \begin{bmatrix} \cos\theta_i x_{\hat{N}i} - \sin\theta_i y_{\hat{N}i} \\ \sin\theta_i x_{\hat{N}i} + \cos\theta_i y_{\hat{N}i} \\ \Delta z_{\hat{N}i} \end{bmatrix} \cdot T$$

（3-67）

可以推出：

$$\sum_{k=1}^{5} c_k (R_{ck}\hat{N}_i) \cdot \Delta T_i = (R_i \hat{N}_i) \cdot \Delta T_i \qquad (3\text{-}68)$$

同理可得：

$$\begin{cases} \sum_{k=1}^{5} c_k (R_{ck}\hat{N}_i) \cdot \Delta T_i = (R_i \hat{N}_i) \cdot \Delta T_i \\ -\sum_{k=1}^{5} c_k (R_{ck}\Delta \hat{N}_i) \cdot P_{ck} = -(R_i \Delta \hat{N}_i) \cdot P \\ \sum_{k=1}^{5} c_k (R_{ck}\Delta \hat{N}_i) \cdot \hat{T}_i = (R_i \Delta N_i) \cdot \hat{T}_i \\ \sum_{k=1}^{5} c_k (R_{ck}\Delta N_i) \cdot \Delta T_i = (R_i \Delta N_i) \cdot \Delta T_i \end{cases} \qquad (3\text{-}69)$$

对式（3-69）右边各项求和：

$$\begin{aligned}&(R_A\hat{N}_i)\cdot P_A - (R_A\hat{N}_i)\cdot\hat{T}_i \\ &= (R_A\hat{N}_i)\cdot\Delta T_i - (R_A\Delta N_i)\cdot P_A + (R_A\Delta N_i)\cdot\hat{T}_i + (R_A\Delta N_i)\cdot\Delta T_i \end{aligned} \qquad (3\text{-}70)$$

结合 $R_i \cdot (\hat{N}_i + \Delta N_i) \cdot (P - (\hat{T}_i + \Delta T_i)) = 0$，可得：

$$(R_i\hat{N}_i)\cdot P - (R_i\hat{N}_i)\cdot\hat{T}_i = \sum_{k=1}^{5} c_k ((R_{ck}\hat{N}_i)\cdot P_{ck} - (R_{ck}\hat{N}_i)\cdot\hat{T}_i) \qquad (3\text{-}71)$$

补偿过程见表 3-5。

表 3-5 补偿过程

步骤	补偿算法
Step1	根据平面交会测量模型，计算被测点空间坐标 $(x_0, y_0, z_0)^T$
Step2	根据被测点和控制点的测量结果，利用补偿系数方程组求解，得到激光平面的补偿系数 $c_i (i=1,2,3,4,5)$
Step3	测量方程补偿：利用补偿系数 $c_i(i=1,2,3,4,5)$ 和未补偿坐标，使用补偿方程组补偿每个激光平面方程，并利用补偿结果重新组成方程组
Step4	求解补偿后的方程组，得到补偿结果 $(x_1, y_1, z_1)^T$；用 $(x_1, y_1, z_1)^T$ 替换 $(x_0, y_0, z_0)^T$ 进行第二次迭代，循环至满足迭代终止条件，得到消除部分标定误差后的测量结果

3.7.3 仿真

图 3-26 所示为控制点补偿图。其中，两个已知参数的发射站和控制场在测量空间内，控制点和接收器距离发射器大于 10m。

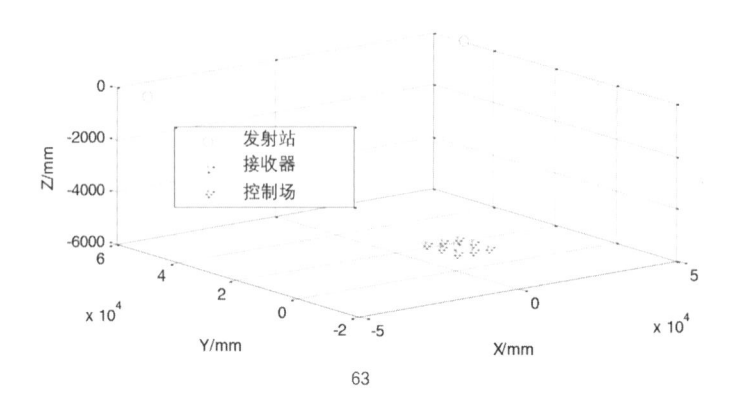

图 3-26 控制点补偿图

补偿方程中的关键参数的标称值和不确定度由表 2-1 中的变量描述。从测角误差和旋转误差传播到测时的误差小于 317ns，旋转速度为 500～3000 r/min。接收器定时器的分辨率为 10ns。

基于仿真参数，测点结果如图 3-27 所示。在未经补偿的情况下，平均误差为 0.17mm；在经过补偿的情况下，平均误差为 0.02mm。从仿真结果可以看出，基于迭代的标定误差补偿方法起到了明显的作用。需要注意的是，在补偿过程中，控制场的坐标假定为真实值，在实际操作中，由于控制场也需要根据 wMPS 自身或者更高测量精度的仪器辅助建立，因此控制场本身也具有一定的误差，这可能对误差的补偿效果造成一定的影响。

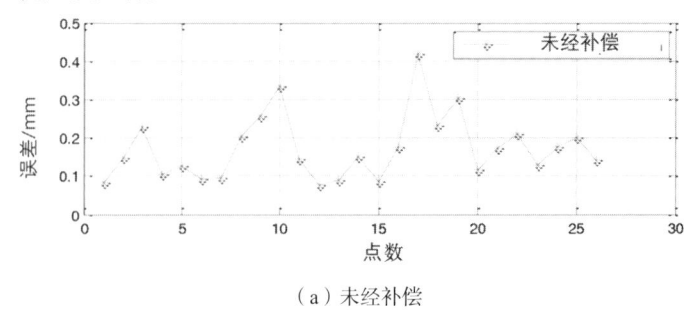

（a）未经补偿

图 3-27 未经补偿和经过补偿后的系统误差

（b）经过补偿后

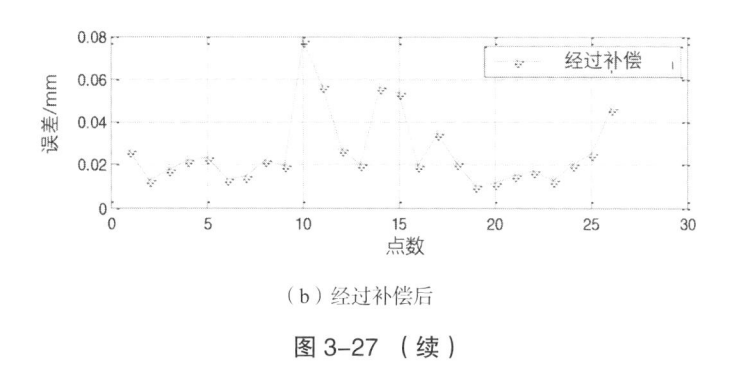

图 3-27 （续）

3.8 误差补偿实验

在空间布置标定精度较高的两台发射站，在距离发射站 5m 外布置 5 台接收器作为控制场，如图 3-28 所示。发射站和接收器在布置完后位置固定。

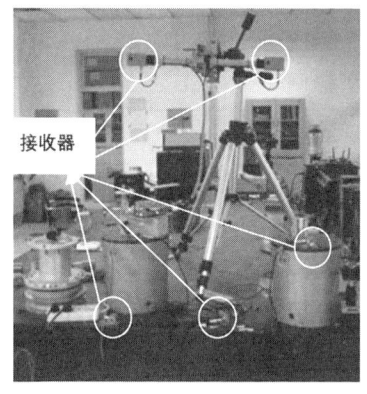

（a）发射站布局　　　　（b）接收器布局

图 3-28 实验布局

首先标定出发射站的内参和外参，见表 3-6 和表 3-7。根据发射站的内参和外参解算的控制场坐标见表 3-8。为了降低随机误差，接收器坐标采取 10 次求平均处理，这些点的信息假定为真值，在发射站不动的情况下，人为降低发射站精度，把用于动平衡的螺丝取下一个，前后测量数据偏差如图 3-29 所示。由图 3-29 可知，接收器因发射站动平衡破坏造成了 0.2～0.5mm 的偏差。

表 3-6 发射站的内参

内参	发射站 1			发射站 2		
转速/（r/min）	1800			1650		
扇面 1 的初始法向量	0.000000	0.734191	0.678943	0.000000	0.678852	0.7342275
扇面 2 的初始法向量	0.736464	0.002364	0.676472	0.582214	0.005122	0.813019

表 3-7 发射站的外参

外参	发射站 1			发射站 2		
旋转矩阵	−0.00000302	0.00836373	0.00043201	−0.00791124	−0.00550388	−2.95607333
平移矩阵	0.00010909	1.94569905	−13.94307734	−3394.29257284	1368.69626456	21.52075140

表 3-8 控制场坐标

接收器序号	控制场坐标 /mm			控制场坐标（破坏动平衡后）/mm		
	X	Y	Z	X	Y	Z
接收器 1	1214.408	5664.956	373.783	1214.480	5665.368	373.686
接收器 2	1684.769	5352.670	350.611	1684.851	5353.048	350.493
接收器 3	1000.955	5281.376	−514.574	1000.979	5281.581	−514.694
接收器 4	1336.457	5085.899	−510.007	1336.482	5086.071	−514.694
接收器 5	1119.900	5336.840	−252.299	1119.955	5337.136	−252.412

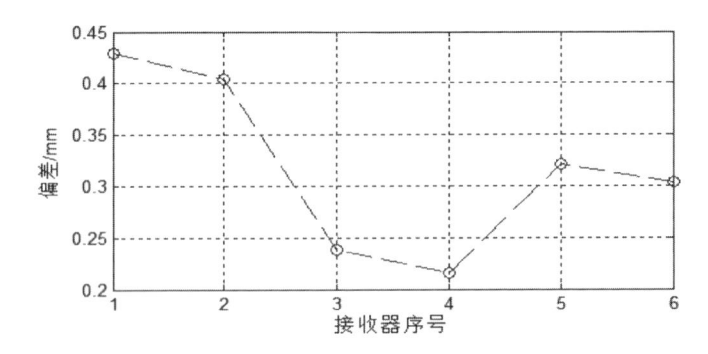

图 3-29 破坏动平衡前后坐标接收器的测量偏差

破坏动平衡的目标是人为破坏发射站旋转的稳定性，从而在一定程度上反映标定准确性降低。另外，当测试发射站受到外界干扰导致结构或旋转出现问题时，控制场需要能够检测出是哪个发射站出现问题，同时利用控制场实时补偿测量时的数据。

在控制场的 5 个点中间增加一个接收器，测量其坐标，把第一次测量的控制场 5 个点的数据作为补偿该接收器数据的依据，利用补偿算法补偿测量结果。同时可以根据控制场接收器收到时间的变化判断发射站是否故障。

根据补偿模型经过多次迭代后获取的数据见表 3-9。从表 3-9 中的数据可以看出，补偿结果没有明显的改善，只是在 Y 方向有改善，X 和 Z 方向没有改善。这与原始数据因为动平衡破坏造成的 Y 方向变化较大有关系。

表 3-9　补偿结果与原始数据对比

坐标类型	被测点 /mm		
正常测点坐标	1582.801	4937.290	-240.199
破坏动平衡后的测点坐标	1582.880	4937.559	-240.316
补偿后的坐标	1582.522	4937.3351	-240.059

根据对控制场测时的变化（表 3-10～表 3-12）可以看出，发射站 1 的时间变化较小，而发射站 2 的 T1 变化较小，T2 变化较大，由此可以判断是发射站 2 因为动平衡的破坏造成了测时的变化。这可以作为控制场监控发射站故障的一个重要依据。

表 3-10　控制场测时（未破坏动平衡）

接收器序号	发射站 1		发射站 2	
	T1	T2	T1	T2
接收器 1	0.7741682	0.0434875	0.3470211	0.6220850
接收器 2	0.7894735	0.0580159	0.3627061	0.6357908
接收器 3	0.7938558	0.0159987	0.3900214	0.6022195
接收器 4	0.7897219	0.0264129	0.3720982	0.6028346
接收器 5	0.8062885	0.0427414	0.3886488	0.6211878

表 3-11 控制场测时（破坏动平衡）

接收器 序号	发射站 1 T1	发射站 1 T2	发射站 2 T1	发射站 2 T2
接收器 1	0.7741691	0.0434858	0.3470189	0.6220705
接收器 2	0.7894738	0.0580136	0.3627050	0.6357757
接收器 3	0.7938553	0.0159985	0.3800671	0.5905562
接收器 4	0.8051883	0.0268287	0.3900243	0.6022074
接收器 5	0.7897219	0.0264127	0.3720981	0.6028215

表 3-12 控制场测时变化量

接收器 序号	发射站 1 T1	发射站 1 T2	发射站 2 T1	发射站 2 T2
接收器 1	−8.18e−007	1.69e−006	2.11e−006	1.45e−005
接收器 2	−2.83e−007	2.29e−006	1.12e−006	1.51e−005
接收器 3	4.66e−007	1.37e−007	−1.82e−006	1.23e−005
接收器 4	5.51e−007	3.10e−007	−2.97e−006	1.22e−005
接收器 5	1.79e−008	1.97e−007	1.67e−007	1.31e−005

对测时偏差和破坏动平衡后的测时进行拟合处理，拟合结果如图 3-30 所示。

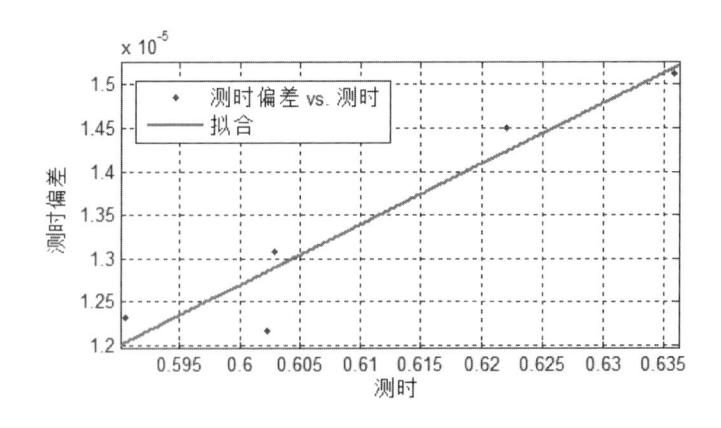

图 3-30 测时与偏差的拟合结果

因为控制场的 5 个点距离被测点很近，所以拟合结果近似为直线。使用的线性模型为

$$f(x) = ax + c \quad (3-72)$$

系数见表 3-13。其中，误差平方和为 6.503e-013；方程的确定系数为 0.9065；校正过的方程确定系数为 0.8753；均方根误差为 4.656e-007。

表 3-13 系数（95% 置信区间）

系数	系数值	下边界	上边界
a	6.97e-005	2.857e-005	0.0001108
c	-2.912e-005	-5.425e-005	-3.998e-006

经过拟合补偿后的测时结果为 0.6211889，补偿后坐标测量结果为 (1582.781,4937.241,-240.191)，见表 3-14。从表 3-14 中可以看出，X 方向的偏差为 0.02mm，Y 方向的偏差为 0.05mm，Z 方向的偏差为 0.008mm，比起未补偿前得到了很大的提高。

表 3-14 补偿结果与原始数据对比

坐标类型	被测点 /mm		
正常测点坐标	1582.801	4937.290	-240.199
破坏动平衡后的测点坐标	1582.880	4937.559	-240.316
补偿后的坐标	1582.781	4937.241	-240.191

3.9 本章小结

为了评价 wMPS 发射站的测角精度，建立了发射站角度测量模型，利用平行光管和多齿分度台作为角度基准设计了水平角检定平台，设计了发射站与分度台旋转轴同轴调整装置，研究了水平角和垂直角检定数据分析方法。实验证明了同轴调整装置易于使用并验证了水平角检定平台的有效性，最后利用该平台获取了 wMPS 发射站的水平角和垂直角不确定度。

在上述工作的基础上，进一步研究了检定误差和标定误差的补偿方法，根据检定平台获取的数据，从中发现数据的规律性，并据此寻找三角函数组合建立误差补偿方程，用最小二乘法拟合的结果获取了补偿方法系数，通过对检定数据的补偿，在一定程度上消除了因为检定平台调整导致的检定误差，提高了检定效率。此外分析了标定过程中的误差，建立了迭代的补偿方程，利用空间中分布的控制场，选择多个控制点补偿被测点，提高系统测量精度。

第 4 章　网络布局对定位误差的影响

网络布局是指各测站相对目标的几何关系。分布式测量系统的定位精度与测站布局关系密切相关，研究定位误差与测站布局之间的关系可以有效地使用定位系统进行精密定位[146-147]。

4.1　定位误差模型

在 wMPS 中，定位误差的主要误差源包括系统参数误差、全局定向误差以及直接观测量误差。其中，系统参数误差和全局定向误差属于系统误差，可以通过补偿的方式减小或消除。在全局定向过程中，全局定向主要受控制点的个数和位置的影响，布局的影响可忽略不计，因此可通过对控制点的选择提高全局定向的精度。在此假设全局定向的结果是精确无误的，即各发射站的位置是理想的，仅分析直接观测量误差在不同网络布局下对定位误差的影响。

对于 wMPS，直接观测量为光平面从零位扫描至被测点的时间。在发射站局部坐标系下，该时间信息和水平角及垂直角可建立一一对应的函数关系，因此在每个发射站局部坐标系下，将直接观测量时间转化为间接观测量方位角，如图 4-1 所示。其中，$T_n = (x_n, y_n, z_n)$，$(n=1,2,\cdots,N)$ 表示第 n 个发射站坐标系的原点坐标；$P = (x_T, y_T, z_T)$ 表示待测点坐标；R_n 是被测点在第 n 个发射站坐标系下的水平投影距离坐标原点的距离。

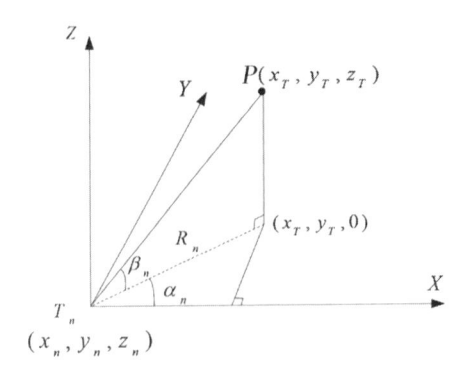

图 4-1 wMPS 单站观测模型

对于每个发射站的每次测量，均有下列式子成立：

$$\begin{cases} \alpha_n = \arctan(\dfrac{y_T - y_n}{x_T - x_n}) \\ \beta_n = \arctan(\dfrac{z_T - z_n}{R_n}) \\ R_n = \sqrt{(x_T - x_n)^2 + (y_T - y_n)^2} \end{cases} \quad (4-1)$$

若 m_{ni} 表示第 n 个发射站的第 i 次水平角和垂直角的测量，则有[148]：

$$m_i = f_i(T_1, T_2, \cdots, T_n, P) = m_{ni} + \varepsilon_{ni}, \quad n = 1, 2, \cdots, N \quad (4-2)$$

式中，m_{ni} 表示被测量的真值；ε_{ni} 表示测量误差。假定各测量值的测量误差 ε_i 独立同分布，它们的均值为 0，即 $E\{\varepsilon_i\} = 0$。用 $(\hat{x}_T, \hat{y}_T, \hat{z}_T)$ 表示被测目标真实位置 (x_T, y_T, z_T) 的估计，因此：

$$\begin{cases} x_T = \hat{x}_T + \delta_x \\ y_T = \hat{y}_T + \delta_y \\ z_T = \hat{z}_T + \delta_z \end{cases} \quad (4-3)$$

$f_i(\cdot)$ 函数在点 a 的泰勒级数展开式为[149]

$$f_i(x) = f_i(a) + (x-a)f_i'(a) + \dfrac{(x-a)^2}{2!}f_i''(a) + \cdots + \dfrac{(x-a)^n}{n!}f_i^n(a) + \cdots$$

$$(4-4)$$

式中，$f_i^n(a)$ 表示 $f_i(x)$ 在 a 点的 n 阶导数，在三维空间中该式变为

$$f_i(a+h,b+k,c+l) = f_i(a,b,c) + (h\frac{\partial}{\partial x} + k\frac{\partial}{\partial y} + l\frac{\partial}{\partial z})f_i(x,y,z)\Big|_{\substack{x=a\\y=b\\z=c}} + \cdots$$

$$+ \frac{1}{n!}(h\frac{\partial}{\partial x} + k\frac{\partial}{\partial y} + l\frac{\partial}{\partial z})^n f_i(x,y,z)\Big|_{\substack{x=a\\y=b\\z=c}} + \cdots$$

（4-5）

经泰勒级数展开并去掉所有非线性分量后：

$$\hat{f}_i + \frac{\partial f_i()}{\partial x}\Big|_{\substack{x=\hat{x}_T\\y=\hat{y}_T\\z=\hat{z}_T}} \delta_x + \frac{\partial f_i()}{\partial y}\Big|_{\substack{x=\hat{x}_T\\y=\hat{y}_T\\z=\hat{z}_T}} \delta_y + \frac{\partial f_i()}{\partial z}\Big|_{\substack{x=\hat{x}_T\\y=\hat{y}_T\\z=\hat{z}_T}} \delta_z \approx m_{ni} + \varepsilon_{ni} \quad (4-6)$$

式中，$\hat{f}_i = f_i(\hat{T}_1, \hat{T}_2, \cdots, \hat{T}_n, P)$，为了便于处理，将上述运算写成矩阵的形式，定义：

$$\boldsymbol{H} = \begin{bmatrix} \frac{\partial f_1()}{\partial x}\Big|_{\substack{x=\hat{x}_T\\y=\hat{y}_T\\z=\hat{z}_T}} & \frac{\partial f_1()}{\partial y}\Big|_{\substack{x=\hat{x}_T\\y=\hat{y}_T\\z=\hat{z}_T}} & \frac{\partial f_1()}{\partial z}\Big|_{\substack{x=\hat{x}_T\\y=\hat{y}_T\\z=\hat{z}_T}} \\ \frac{\partial f_2()}{\partial x}\Big|_{\substack{x=\hat{x}_T\\y=\hat{y}_T\\z=\hat{z}_T}} & \frac{\partial f_2()}{\partial y}\Big|_{\substack{x=\hat{x}_T\\y=\hat{y}_T\\z=\hat{z}_T}} & \frac{\partial f_2()}{\partial z}\Big|_{\substack{x=\hat{x}_T\\y=\hat{y}_T\\z=\hat{z}_T}} \\ \cdots & \cdots & \cdots \\ \frac{\partial f_N()}{\partial x}\Big|_{\substack{x=\hat{x}_T\\y=\hat{y}_T\\z=\hat{z}_T}} & \frac{\partial f_N()}{\partial y}\Big|_{\substack{x=\hat{x}_T\\y=\hat{y}_T\\z=\hat{z}_T}} & \frac{\partial f_N()}{\partial z}\Big|_{\substack{x=\hat{x}_T\\y=\hat{y}_T\\z=\hat{z}_T}} \end{bmatrix} \quad (4-7)$$

$$\boldsymbol{\delta} = \begin{bmatrix} \delta_x \\ \delta_y \\ \delta_z \end{bmatrix}, \Delta\boldsymbol{m} = \begin{bmatrix} m_{1i} - \hat{f}_1 \\ m_{2i} - \hat{f}_2 \\ \cdots \\ m_{Ni} - \hat{f}_N \end{bmatrix}, \boldsymbol{e} = \begin{bmatrix} \varepsilon_{1i} \\ \varepsilon_{2i} \\ \cdots \\ \varepsilon_{Ni} \end{bmatrix} \quad (4-8)$$

于是式（4-6）可写为

$$\boldsymbol{H\delta} \approx \Delta\boldsymbol{m} + \boldsymbol{e} \quad (4-9)$$

对式（4-1）进行泰勒级数展开，得方位角误差传播矩阵 $\boldsymbol{H}$ 为

$$H = \begin{bmatrix} [-\dfrac{(y_T - y_n)}{R_n^2} & \dfrac{(x_T - x_n)}{R_n^2} & 0]_{N\times 3} \\ [-\dfrac{(x_T - x_n)(z_T - z_n)}{R_n r_n^2} & -\dfrac{(y_T - y_n)(z_T - z_n)}{R_n r_n^2} & \dfrac{R_n}{r_n^2}]_{N\times 3} \end{bmatrix} \quad (4\text{-}10)$$

式中，$r_n = \sqrt{(x_T - x_n)^2 + (y_T - y_n)^2 + (z_T - z_n)^2}$ 为被测点到第 n 个发射站原点的距离；$R_n = \sqrt{(x_T - x_n)^2 + (y_T - y_n)^2}$ 为被测点水平投影到第 n 个发射站原点的距离。此时对应的测量误差协方差矩阵 Δm 为

$$\Delta m = \begin{bmatrix} \mathrm{diag}(\sigma_{\alpha n}^2)_{N\times N} & \\ & \mathrm{diag}(\sigma_{\beta n}^2)_{N\times N} \end{bmatrix} \quad (4\text{-}11)$$

式中，σ_α^2 和 σ_β^2 分别表示水平角和垂直角测量方差。根据协方差矩阵进行加权处理[150]，此时定位估计协方差矩阵 D 为

$$D = (H^T \Delta m^{-1} H)^{-1} \quad (4\text{-}12)$$

若测量为等精度测量，令 $D = (H^T H)^{-1} \sigma_0^2$，此时定位估计协方差矩阵 D 为

$$D = (H^T H)^{-1} \sigma_0^2 \quad (4\text{-}13)$$

若测量为不等精度测量，设水平角测量标准差为单位权的测得值标准差，则 N 个发射站的权矩阵 P 可表示为

$$P = \mathrm{diag}(P_{ii}), \quad P_{ii} = \dfrac{1/\sigma_{ii}^2}{\sum_{i=1}^{N} 1/\sigma_{ii}^2} \quad (4\text{-}14)$$

式中，$\sigma_0^2 = P_{ii}\sigma_{ii}^2$，$\sigma_{ii}^2 = \begin{cases} \sigma_{\alpha i}^2, & (i = 1, 2, \cdots, N) \\ \sigma_{\beta i}^2, & (i = N+1, N+2, \cdots, 2N) \end{cases}$，此时定位估计协方差矩阵 D 为

$$D = (H^T P H)^{-1} \sigma_0^2 \quad (4\text{-}15)$$

从协方差矩阵的组成看，矩阵 H 表示的是发射站位置和被测点之间的相互位置关系，矩阵 P 和 σ_0^2 综合表示了各测站测角精度。

4.2 空间定位误差表达

点位精度的表达方法主要有点位误差法、误差椭圆法及误差椭球法。点位误差是指待测点估计值位置和真实位置的距离 Δp。图 4-2 所示为二维空间点位误差示意图。从图 4-2 中可以得出：

$$\Delta p^2 = \Delta x^2 + \Delta y^2 \tag{4-16}$$

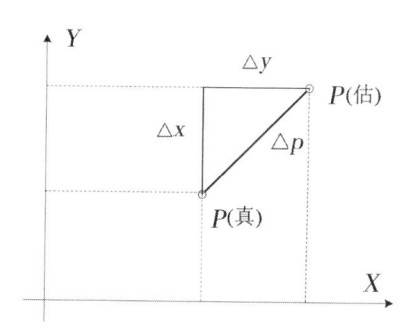

图 4-2 二维空间点位误差示意图

在平差计算中，根据点位误差的定义有：

$$E(\Delta p^2) = E(\Delta x^2) + E(\Delta y^2) \tag{4-17}$$

因此：

$$\sigma_p = \sqrt{\sigma_x^2 + \sigma_y^2} \tag{4-18}$$

延伸到三维空间则有：

$$\sigma_p = \sqrt{\sigma_x^2 + \sigma_y^2 + \sigma_z^2} \tag{4-19}$$

式中，σ_p 表示点位误差。虽然点位误差可以用来评定待测点的点位精度，但是不能代表该点在任意方向上的位差大小。在不同的坐标系中，点位误差分量大小也是不一样的。

在实际的测量中，除了对误差的大小有一定的限制外，在某些特定场合，也会要求横向或者纵向的误差能达到最小，此时需要对任意方向的位差进行表达。通常用误差椭圆和误差椭球分别表示平面空间和三维空间的点位不确定性[151-152]。对于误差椭圆，其任意方向φ的位差σ_φ为

$$\sigma_\varphi^2 = \sigma_0^2 (Q_{xx}\cos^2\varphi + Q_{yy}\sin^2\varphi + Q_{xy}\sin 2\varphi) \quad (4-20)$$

式中，σ_0表示单位权位差；$\begin{bmatrix} Q_{xx} & Q_{xy} \\ Q_{yx} & Q_{yy} \end{bmatrix}$表示待定点的协因数矩阵。从式（4-20）可以求出位差的极值方向，即椭圆的短轴和长轴方向。若使位差达到极值，则应使$\partial(\sigma_\varphi^2)/\partial\varphi = 0$，设$\varphi_0$为极值方向，对式（4-20）求导可得

$$\tan(2\varphi_0) = \frac{2Q_{xy}}{Q_{xx} - Q_{yy}} = \tan(2\varphi_0 + 180°) \quad (4-21)$$

将式（4-21）得到的两个极值方向值代入式（4-20）中，可以求得极值方向的极大值位差和极小值位差，从而根据极值方向和极值位差作出误差椭圆图。然而误差椭圆仅适用于平面空间待定点精度的表达，在三维空间则需要用误差椭球[153-156]。服从三维正态分布的联合分布密度函数为

$$\begin{cases} f(x,y,z) = \dfrac{1}{(2\pi)^{3/2}\sqrt{|\boldsymbol{D}|}} \exp\left\{-\dfrac{1}{2}\boldsymbol{A}\boldsymbol{D}^{-1}\boldsymbol{A}^{\mathrm{T}}\right\} \\ \boldsymbol{A} = \begin{bmatrix} x - u_x & y - u_y & z - u_z \end{bmatrix} \end{cases} \quad (4-22)$$

式中，(u_x, u_y, u_z)是待测点坐标的数学期望，为椭球中心。协方差矩阵$\boldsymbol{D} = \begin{bmatrix} \sigma_x^2 & \sigma_{xy}^2 & \sigma_{xz}^2 \\ \sigma_{yx}^2 & \sigma_y^2 & \sigma_{yz}^2 \\ \sigma_{zx}^2 & \sigma_{zy}^2 & \sigma_z^2 \end{bmatrix}$，$\sigma_i^2$为$i$方向的方差，$\sigma_{ij}^2$为$i$、$j$方向的协方差，则误差椭球方程为

$$\begin{bmatrix} x - u_x & y - u_y & z - u_z \end{bmatrix} \boldsymbol{D}^{-1} \begin{bmatrix} x - u_x & y - u_y & z - u_z \end{bmatrix}^{\mathrm{T}} = k^2 \quad (4-23)$$

式中，k值大小和置信区间的选择有关，若$k=1$，则表示置信区间为$\pm\sigma$。将协方差矩阵$\boldsymbol{D}$进行正交分解，求得矩阵$\boldsymbol{D}$的特征向量和特征值。特征值表示在各个特征向量上面的投影长度，而特征向量的方向则表示

椭球的长轴、中轴、短轴方向。根据特征值和特征向量的定义，设 $\boldsymbol{D}$ 对应的特征向量矩阵为 $\boldsymbol{v}$，特征值矩阵为 $\boldsymbol{\lambda} = \begin{bmatrix} \lambda_x & 0 & 0 \\ 0 & \lambda_y & 0 \\ 0 & 0 & \lambda_z \end{bmatrix}$，则

$$\boldsymbol{D} \times \boldsymbol{v} = \boldsymbol{v} \times \boldsymbol{\lambda} \tag{4-24}$$

因此：

$$\boldsymbol{D}^{-1} = (\boldsymbol{v}\boldsymbol{\lambda}\boldsymbol{v}^{-1})^{-1} = \boldsymbol{v}\boldsymbol{\lambda}^{-1}\boldsymbol{v}^{-1} = \boldsymbol{v}\boldsymbol{\lambda}^{-1}\boldsymbol{v}^{\mathrm{T}} \tag{4-25}$$

式（4-23）转化为

$$\begin{cases} \begin{bmatrix} \bar{x} & \bar{y} & \bar{z} \end{bmatrix} \begin{bmatrix} \lambda_x & 0 & 0 \\ 0 & \lambda_y & 0 \\ 0 & 0 & \lambda_z \end{bmatrix}^{-1} \begin{bmatrix} \bar{x} & \bar{y} & \bar{z} \end{bmatrix}^{\mathrm{T}} = k^2 \\ \begin{bmatrix} \bar{x} & \bar{y} & \bar{z} \end{bmatrix} = \begin{bmatrix} x - u_x & y - u_y & z - u_z \end{bmatrix} \times \boldsymbol{v} \end{cases} \tag{4-26}$$

得到标准椭球方程为

$$\frac{\bar{x}^2}{\lambda_x} + \frac{\bar{y}^2}{\lambda_y} + \frac{\bar{z}^2}{\lambda_z} = k^2 \tag{4-27}$$

式中，λ_x、λ_y、λ_z 分别表示各主轴 $\bar{x}$、$\bar{y}$、$\bar{z}$ 上半径的平方值。

设三维空间点到原点的向量与主轴 $\bar{x}$、$\bar{y}$、$\bar{z}$ 的正向夹角分别为 α、β、γ，则该点点位方差可表示为

$$\sigma^2_{p(\alpha,\beta,\gamma)} = \lambda_x \cos^2\alpha + \lambda_y \cos^2\beta + \lambda_z \cos^2\gamma \tag{4-28}$$

4.3 蒙特卡罗仿真方法

蒙特卡罗仿真方法也称为统计检验方法，是一种通过设定随机过程，反复生成抽样结果，根据抽样计算统计量或者参数的值，进而研究其分布特征的方法。随着模拟次数的增多，可以通过对各统计量或参数的估计值求平均的方法得到稳定的结论。随着计算机技术的快速

发展，蒙特卡罗仿真方法得到了广泛的应用。蒙特卡罗仿真方法的优点在于能用相对简单的方法传播复杂函数的不确定度，并且通过统计分析能给出随机变量的分布类型，是一种实用的数值仿真方法。

本节利用蒙特卡罗仿真方法基于 MATLAB 平台对 wMPS 坐标测量不确定度进行了仿真，主要分析了由于测角误差和布局不同带来的定位误差分布规律。首先，建立多站角度交会模型，即构造各发射站原点位置、待测点位置和方位角观测值之间的函数关系。其次，根据方位角的分布规律产生抽样随机数，对于每个特定的布局和方位角抽样随机数，由建立的交会模型输出待定点坐标，通过足够多次的抽样（1000 次），对输出坐标随机数进行统计分析，并用离散点云的方式对抽样结果进行三维显示。图 4-3 所示为当两个发射站的坐标为[5000,5000,0]、[−5000,5000,0]时，对位于[3000,3000,0]的单点进行仿真的误差点云分布图。

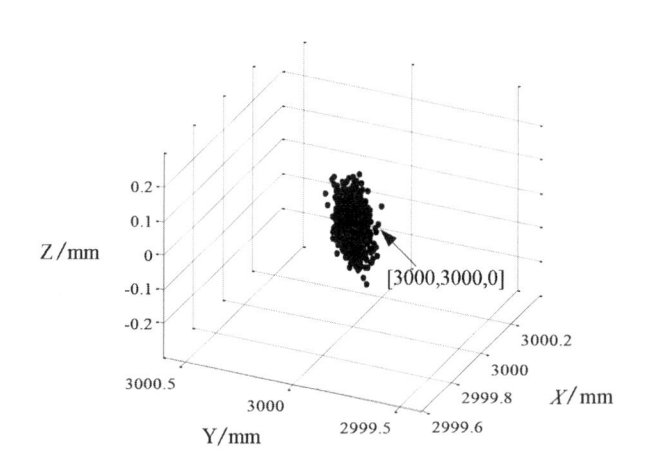

图 4-3　单点误差点云分布图

将图 4-3 中的三维点云在二维平面进行投影，分别得到 YZ 平面、XZ 平面和 XY 平面的投影，如图 4-4 所示。从图 4-4 中可以看出，Y-Z 投影和 X-Z 投影图形较相似，XY 方向的误差较 Z 方向误差要大且具有一定的方向性。

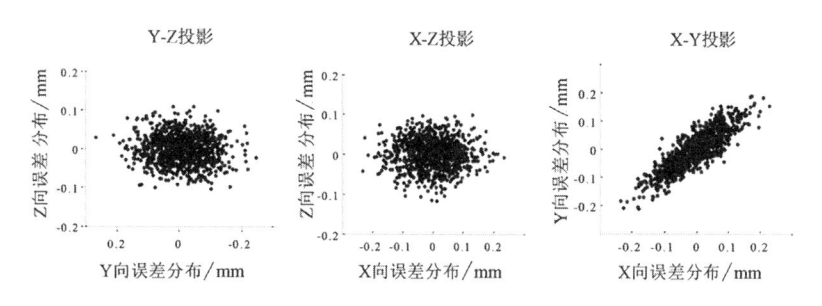

图 4-4 误差点云平面投影分布图

按照 4.1 节中的矩阵法求得该布局下的协方差矩阵 $\boldsymbol{D}$ 为

$$\boldsymbol{D} = \sigma_0^2 \times \begin{bmatrix} 0.849619388711632 & 0.657070978943812 & 0.000000076720528 \\ 0.657070978943812 & 0.705208026886535 & 0.000000069768786 \\ 0.000000076720528 & 0.000000069768786 & 0.042060571840892 \end{bmatrix}$$

(4-29)

式中，$\sigma_0^2 = 10^{-3}$，求解上述协方差矩阵的特征向量矩阵 $\boldsymbol{v}$ 和特征值矩阵 $\boldsymbol{\lambda}$ 为

$$\begin{cases} \boldsymbol{v}_2 = \begin{bmatrix} -0.000000048502368 & -0.667370710437203 & -0.744725677582384 \\ -0.000000057150619 & 0.744725677582386 & -0.667370710437200 \\ 0.999999999999997 & 0.000000010192473 & -0.000000074261608 \end{bmatrix} \\ \boldsymbol{\lambda}_2 = \begin{bmatrix} 0.000042060571841 & 0 & 0 \\ 0 & 0.000116387284934 & 0 \\ 0 & 0 & 0.001438440130664 \end{bmatrix} \end{cases}$$

(4-30)

从式（4-30）中的特征值的大小可以看出，点 $[3000,3000,0]$ 的长轴方向为 $\begin{bmatrix} -0.744725677582384 \\ -0.667370710437200 \\ -0.000000074261608 \end{bmatrix}$，中轴方向为 $\begin{bmatrix} -0.667370710437203 \\ 0.744725677582386 \\ 0.000000010192473 \end{bmatrix}$，短轴方向为 Z 轴，其长轴和中轴与 X 轴的夹角 ϑ 可根据下式计算：

$$\vartheta = \arccos(\upsilon_{\text{type}} \bullet \begin{bmatrix} 1 \\ 0 \\ 0 \end{bmatrix}) / |\upsilon_{\text{type}}|$$

(4-31)

根据式（4-31）计算 $[3000,3000,0]$ 长轴方向和 X 轴的夹角为 $42°$，中轴方向和长轴方向垂直，如图 4-5 所示。

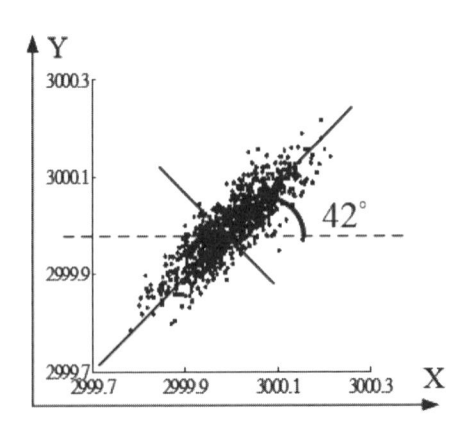

图 4-5 误差分布长轴方向

4.4 实验验证

由于实际测量的误差是系统误差和随机误差的综合，实际测量的误差点云的方向也会受到系统误差方向的影响，因此在实验中主要考虑的是单点重复性随机误差大小。图 4-6 所示为实验布局俯视图，在 $10m \times 6m \times 2m$ 的空间内布置发射站的位置，发射站大致处于同一水平面处。其中 3 号站为基准坐标系，下面所有站的信息排列顺序为 3-4-2-1。方位角测量标准差根据 3.5 节的方法求得。

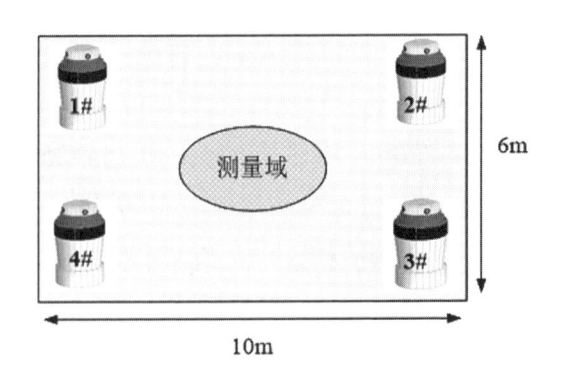

图 4-6 实验布局俯视图

测量前首先对 4 个发射站之间的相互位置关系进行了标定，得到其旋转矩阵和平移矩阵。其中平移矩阵 T 为

$$T = \begin{bmatrix} 0 & 0 & 0 \\ -10826.72383407867 & -3795.22022841401 & 90.82319443568 \\ -1806.22253030021 & 4797.45267920381 & -1.76504029780 \\ -12407.12974760822 & 804.24951578222 & 79.82183121459 \end{bmatrix}$$

（4-32）

对测量域中的若干点进行 100 次重复测量，根据测量结果统计其随机误差的分布，同时利用矩阵解析法和蒙特卡罗仿真方法进行分析，与实际的测量点云进行比对分析。在基准坐标系下，点坐标平均值作为被测点的理想值。

1. 两站系统

利用 2、3 号发射站的时间信息进行坐标求解，在该测量网下实时测量的 X、Y、Z 三个方向误差的合成标准差（定位误差）统计结果见表 4-1。

表 4-1 两站系统实测点云标准差与矩阵解析法和蒙特卡罗仿真方法分析结果比较（单位：mm）

点号	1	2	3	4	5	6
实测	0.134	0.130	0.155	0.133	0.140	0.132
解析	0.149	0.148	0.170	0.160	0.165	0.153
MC	0.149	0.148	0.168	0.162	0.162	0.156
点号	7	8	9	10	11	12
实测	0.122	0.119	0.127	0.125	0.111	0.114
解析	0.133	0.126	0.142	0.139	0.126	0.129
MC	0.137	0.127	0.144	0.140	0.126	0.126

两站系统实测点云定位误差与矩阵解析法和蒙特卡罗仿真方法分析结果比对图如图 4-7 所示。

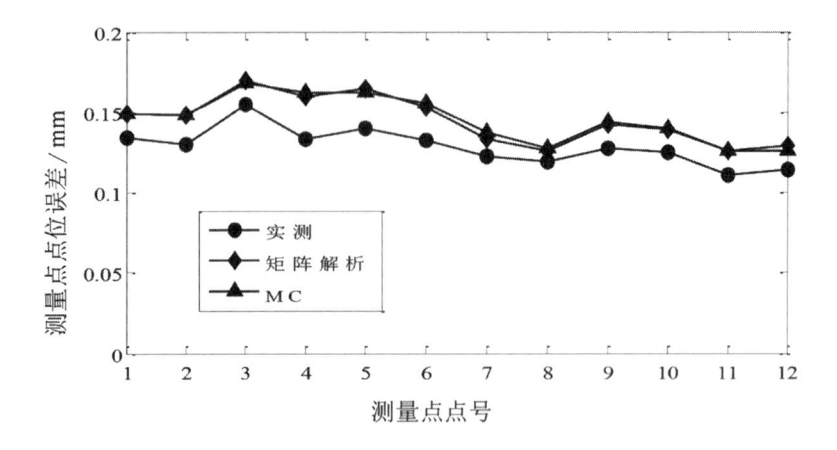

图 4-7　两站系统实测点云定位误差与矩阵解析法和蒙特卡罗仿真方法分析结果比对图

2. 三站系统

利用 1、2、3 号发射站的时间信息进行坐标求解，在该测量网下，实时测量的 X、Y、Z 三个方向误差的合成标准差（定位误差）统计结果见表 4-2。

表 4-2　三站系统实测点云定位误差与矩阵解析法和蒙特卡罗仿真方法分析结果比较（单位：mm）

点号	1	2	3	4	5	6
实测	0.079	0.079	0.121	0.091	0.112	0.100
解析	0.088	0.087	0.127	0.108	0.132	0.129
MC	0.089	0.090	0.147	0.117	0.153	0.149
点号	7	8	9	10	11	12
实测	0.080	0.071	0.083	0.079	0.066	0.069
解析	0.087	0.076	0.084	0.078	0.092	0.086
MC	0.094	0.078	0.096	0.090	0.099	0.099

三站系统实测点云定位误差与矩阵解析法和蒙特卡罗仿真方法分析结果比对图如图 4-8 所示。

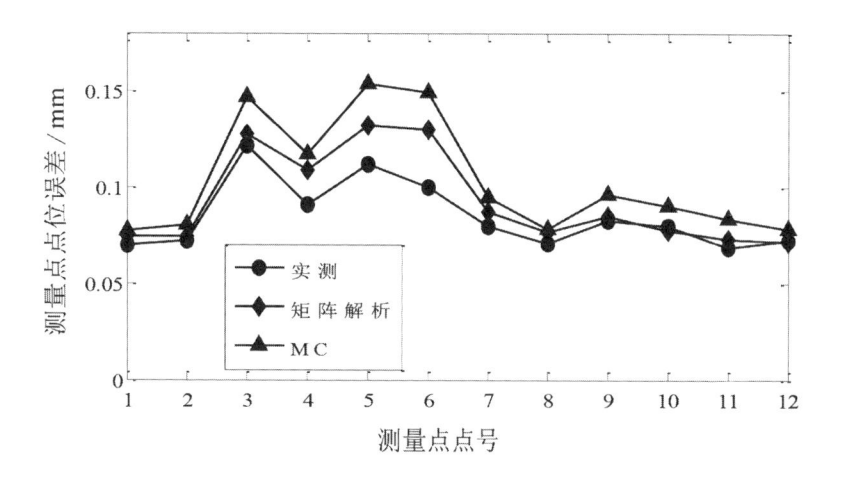

图 4-8　三站系统实测点云定位误差与矩阵解析法和蒙特卡罗仿真方法分析结果比对图

3. 四站系统

利用实验中所有发射站的时间信息进行坐标求解，在该测量网下，实时测量 X、Y、Z 三个方向误差的合成标准差（定位误差）统计结果见表 4-3。

表 4-3　四站系统实测点云定位误差与矩阵解析法和蒙特卡罗仿真方法分析结果比较（单位：mm）

点号	1	2	3	4	5	6
实测	0.070	0.072	0.115	0.082	0.097	0.087
解析	0.074	0.074	0.117	0.093	0.110	0.098
MC	0.077	0.080	0.10	0.101	0.112	0.104
点号	7	8	9	10	11	12
实测	0.074	0.068	0.073	0.070	0.068	0.072
解析	0.074	0.067	0.069	0.065	0.073	0.071
MC	0.080	0.075	0.079	0.079	0.083	0.078

四站系统实测点云定位误差矩阵解析法和蒙特卡罗仿真方法分析结果比对图如图 4-9 所示。

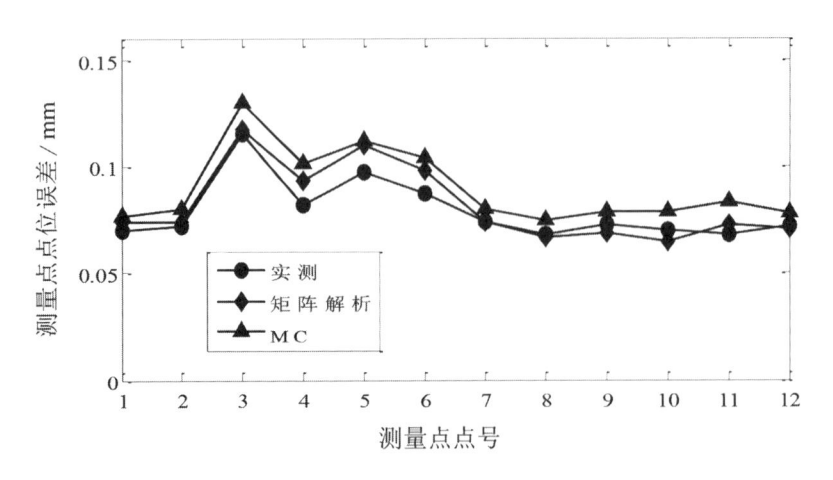

图 4-9 四站系统实测点云定位误差与矩阵解析法和蒙特卡罗仿真方法分析结果比对图

需要指出的是，由于各个发射站的运行状态不尽相同，因此每个发射站方位角测量不确定度各不相同，需要根据每个发射站水平旋转角的测量不确定度分别求出对应的方位角测量不确定度，且 wMPS 的水平角和垂直角也不是等精度测量，在用矩阵解析法进行分析时应该区别开。在确定测角不确定度时，由于垂直角的不确定度和被测点的位置有关系，在分析时采用最大垂直角不确定度估计作为整体垂直角不确定度，因此用矩阵解析法和蒙特卡罗仿真方法计算的定位误差比实际测量值要稍微偏大。由于解析时采用泰勒级数展开后略去了高次项，会损失部分舍去误差，因此利用蒙特卡罗仿真方法计算出来的误差一般略大于用矩阵解析法计算的结果，随着站数的增多，表现得更加明显。在四站系统中，该部分差异能控制在 0.02mm 以内；在两站系统中，该部分差异很小，几乎可忽略不计。从上述实验数据可以看出，蒙特卡罗仿真方法和矩阵解析法与实际测量的结果具有良好的吻合性，可选择任何一种方式对定位误差进行分析。

下面对测量结果进行分析，四站系统的整体平均定位误差为 0.079mm，最大定位误差为 0.115mm；三站系统的整体平均定位误差为 0.085mm，最大定位误差为 0.121mm；两站系统的整体平均定位误差为 0.128mm，最大定位误差为 0.155mm。四站系统和三站系统的定位精度明显高于两站系统，但是并非站数越多测量精度越高，而是取决于待测点和发射站相对位置形成的约束有效性的强弱，具体分析见后面章节。

4.5 本章小结

本章分析了 wMPS 测站网络布局对定位误差的影响，建立了定位误差模型，推导了定位估计协方差矩阵的求解公式，分析了主要影响因素和空间定位误差的三种主要形式，提出一种根据定位估计协方差矩阵求解误差椭球的解析方法。用蒙特卡罗仿真方法对 wMPS 坐标测量不确定度进行了仿真，在实验室硬件平台基础上设计了相应实验，对矩阵解析法和蒙特卡罗仿真方法进行了验证，实验结果表明，矩阵解析法和蒙特卡罗仿真方法是分析 wMPS 由于测量网布局引起的定位误差的有效方法。

第 5 章 典型网络布局及误差特性

测量系统的网络布局是指测站节点在测量区域的分布。第 4 章建立了测站网络布局和空间定位误差的关系解析模型，本章在上述理论分析的基础上，针对 wMPS，分析了 2～4 站小型网络的几种典型布局。

5.1 问题描述

测量网络的设计因工作区域的几何构造、操作环境、物理约束、测量程序、测量任务以及所采用的定位技术不同，对其研究所采用的方法和手段也不尽相同。因此在对网络布局进行优化前，需要明确外界空间几何约束（包括布站区域、测量区域以及可能对光线造成阻碍的区域等）、测量特征及要求以及所采用定位技术的系统特性等。

5.1.1 空间约束

为了简化模型，假设测量区域为处于某高度的平面，对非平面测量区域的研究则可分解为若干个不同高度的平面。空间约束说明图如图 5-1 所示。

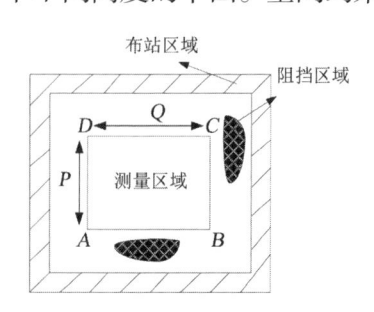

图 5-1 空间约束说明图

在图 5-1 中，设测量区域的外围边界为 $P \times Q$ 的矩形，以测量区域的左下角顶点为坐标原点建立局部坐标系 G_m，AB 连线方向为 X 轴正向，AD 连线方向为 Y 轴正向，则测量区域 $M(x,y,z)$ 在 G_m 坐标系下可表示为

$$M = \{(X,Y,Z) | X \in [0,Q], Y \in [0,P], Z = H\} \quad (5-1)$$

式中，H 为被测平面的高度，本节重点研究了方形平面测量区域的误差分布特点，用间距 d 表示被测区域的边长，因此 $M(x,y,z)$ 可表示为

$$M = \{(X,Y,Z) | X \in [0,d], Y \in [0,d], Z = H\} \quad (5-2)$$

根据对测量要求的不同，测量区域可分为若干个小子域 M_i：

$$M_i = \{M_i | \sum M_i = M\} \quad (5-3)$$

阻挡区域 $B(x,y,z)$ 的存在使得 wMPS 测站在布站区域布设时只能在有限空间范围内布设。对于测量子域 M_i，其禁止布站区域为 M_i 通过阻挡区域 B 在布站区域 D 的投影。对于小型网络典型布局的研究，重点在于分析某种网络布局下的误差分布规律，因此假设阻挡区域 $B(x,y,z) = \varnothing$，此时测量区域 $M(x,y,z)$ 为测站有效扫描空间的交集。

5.1.2 测量特征

根据不同的测量目的，对测量结果的处理形式也不相同，本小节研究的主要特征是关键点的控制精度，即单点坐标测量精度，包括精度大小及三维矢量分布。

根据第 2 章中的相关知识得知，当测量为不等精度测量时，假设每个发射站的测角性能相当，即每个发射站的水平角和垂直角测量精度分别相等。令水平角测量标准差为单位权的测得值标准差，则 N 个发射站的权矩阵可表示为如式（4-14）所示，令：

$$D = (H^T P H)^{-1} \sigma_0^2 = \boldsymbol{Q} \sigma_0^2 \quad (5-4)$$

式中，矩阵 $\boldsymbol{Q}$ 为角度观测量误差和定位估计误差之间的传递系数，它只与测站和被测点的相对几何位置有关，定义矩阵 $\boldsymbol{Q}$ 对角线元素之和

的平方根为几何精度衰减因子 GDOP：

$$\text{GDOP} = \sqrt{\text{trace}(\boldsymbol{Q})} \tag{5-5}$$

则定位估计误差大小可表示为

$$\sigma_p = \text{GDOP} \times \sigma_0 \tag{5-6}$$

这样系统测量布局优化问题就转化为求 GDOP 的最小值，GDOP 与被测点和测站的相对位置有关。在某种布局下，GDOP 取最小值，即可认为这种布局是最优的。然而在实际工程中，并不会过度地追求精度，而是对成本、量程和精度进行综合考虑。对精度的要求表现为达到指定的精度要求即可，因此重点是分析典型布局下误差的分布规律，为测站位置的摆放提供参考依据。除此之外，考虑到误差分布的方向性，对各个布局下的误差极轴方向进行了分析。

5.1.3 系统特性

1. 单向通信几何模型

在 wMPS 测量系统中，发射站和接收器的单向通信功能保证多个接收器能同时收到多个发射站的扫描光信息，是实现多任务并行测量的前提。

发射站的两个光平面倾角分别为 ϕ_1 和 ϕ_2，令 $\phi_{\max} = \max(\phi_1, \phi_2)$，则以 Z 轴为对称轴，锥角为 $2\phi_{\max}$ 的上下两个倒立圆锥为发射站激光平面的扫描盲区。接收器距离发射站远近不同，同步光脉冲和扫描光脉冲的脉宽会发生变化，为了正确识别和区分光脉冲信号，通常选择优化的脉宽阈值对光脉冲信号进行滤波，因此接收器将在一定的距离范围内工作。设接收器的有效工作距离范围为 $[LR_{\min}, LR_{\max}]$，单站有效扫描区域如图 5-2 中的阴影部分所示。该区域满足的约束条件有两个：一个是光平面的扫描区域；另一个是接收器的有效工作距离，如图 5-2 所示。

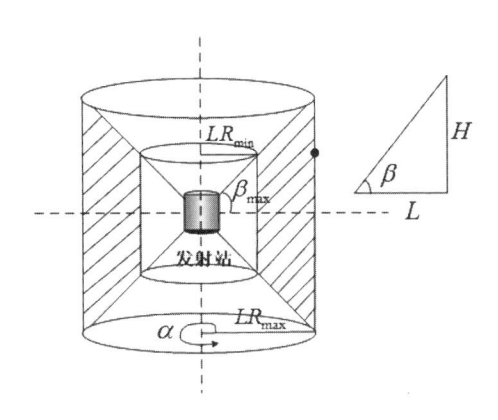

图 5-2　wMPS 单向通信模型约束

对于水平区域 $\beta \equiv 0$，始终处于光平面扫描区域内，因此只需径向距离 L 在 $[LR_{\min}, LR_{\max}]$ 之间即可。而对于有一定高度 H 的平面区域，发射站能测量的方位角范围以及被测点径向约束可表示为[157]

$$\begin{cases} \alpha \in [0, 2\pi] \\ \beta = \arctan(H/L) \in [-(\pi/2 - \phi_{\max}), (\pi/2 - \phi_{\max})] \\ L \in [LR_{\min}, LR_{\max}] \end{cases} \quad (5-7)$$

2. 测站数目对精度的改善

在分布式测量系统中，测站数目越多，其约束越多，对测量精度有一定的增强作用。如图 5-3 所示，在以半径为 d 的圆周上均匀分布 8 个发射站，将圆周上 1″ 对应的弧长误差作为基准误差，即 $\sigma_0 = d \times 1″$，中间的矩形区域为测量区域，N 个站的组合为 1～N 号发射站，分别对 2～8 个发射站组合进行了分析。

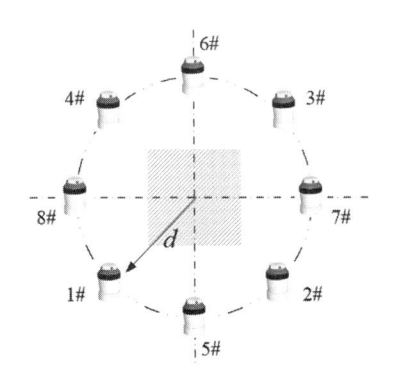

图 5-3　发射站绕被测区域均匀分布图

将测量区域中所有点定位误差的最大值作为布局的评价准测，得到 7 种组合对应的最大误差，如图 5-4 所示。

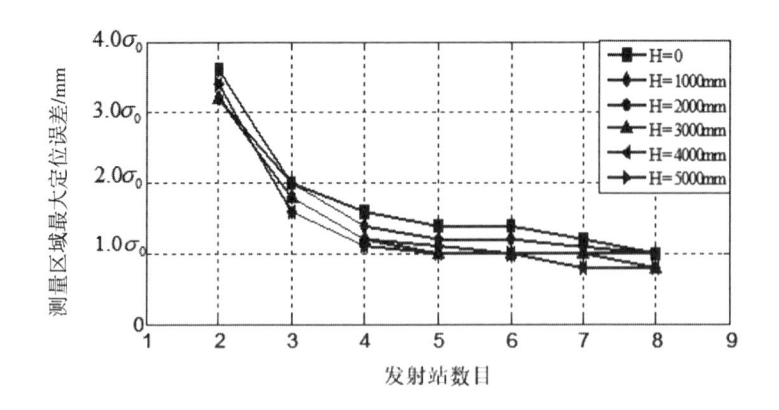

图 5-4 定位误差随测站数目增大的变化趋势

从图 5-4 中可以看出，发射站数从 2 增加到 3 时，精度提高幅度最大，为 44%；发射站从 3 增加到 4 时，精度提高了 20%；随着发射站数目的继续增加，对精度的改善作用越来越小，但增加了系统的成本。因此在典型布局的研究中，将由 2～4 个测站组成的小型网络作为研究对象。

5.2 两－四站典型网络

5.2.1 两站系统

两站系统是分布式角度交会测量系统的最小单元，布站结构相对简单，用两站间距即可描述其相对位置关系。如图 5-5 所示，在两站系统中建立全局坐标系，以第一个发射站的原点为全局坐标系原点，第一个发射站指向第二个发射站的方向为 X 轴正向，X 轴正向逆时针旋转 90° 为 Y 轴正向，Z 轴可由右手定则确定。因此，第一个发射站的原点坐标为 $(0,0,0)$，第二个发射站的原点坐标为 $(d,0,0)$。此时被测区域为两站正前方的 $d \times d$ 方形区域。

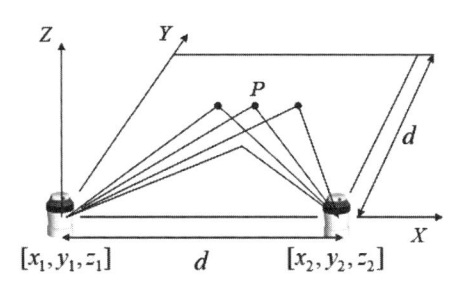

图 5-5 两站系统坐标系及测量区域定义

如图 5-6 所示，设被测点相对中垂线 X 方向的偏移量为 Δx（X 正向为正方向），距离发射站连线距离为 Δy。

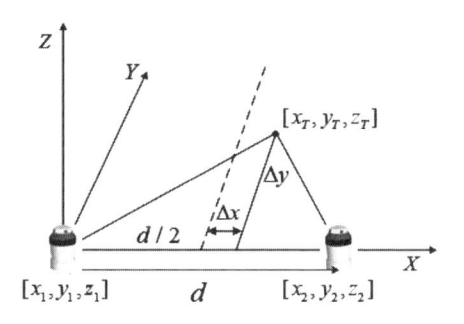

图 5-6 两站系统误差分析

由于发射站的水平角和垂直角属于非等精度测量，水平角的测量精度在测量平面内可认为是恒定的，设其标准差为 σ_α。垂直角测量精度和被测点垂直角大小相关，设其标准差为 σ_β。根据 4.1 节中的分析可确定非等精度的权矩阵 P 以及误差传播阵 H，令 $K = \sigma_\alpha^2 / \sigma_\beta^2$，对于水平面处的测量区域：

$$A = \left(H^T P H\right) = \begin{bmatrix} \dfrac{\Delta y^2}{R_1^4} + \dfrac{\Delta y^2}{R_2^4} & -\dfrac{\Delta y(d/2+\Delta x)}{R_1^4} + \dfrac{\Delta y(d/2-\Delta x)}{R_2^4} & 0 \\ -\dfrac{\Delta y(d/2+\Delta x)}{R_1^4} + \dfrac{\Delta y(d/2-\Delta x)}{R_2^4} & \dfrac{(d/2+\Delta x)^2}{R_1^4} + \dfrac{(d/2-\Delta x)^2}{R_2^4} & 0 \\ 0 & 0 & K\left(\dfrac{1}{R_1^2} + \dfrac{1}{R_2^2}\right) \end{bmatrix}$$

（5-8）

则协方差矩阵 $Q = A^{-1} \sigma_\alpha^2$，当 $\Delta x < 0$ 时，σ_x 和 σ_y 负相关；当 $\Delta x = 0$ 时，σ_x

和σ_y不相关；当$\Delta x > 0$时，σ_x和σ_y正相关。

对水平面子域$M = \{(X,Y,Z) | X = [0,10000], Y = [0,10000], Z = 0\}$的误差分布及大小进行分析。设两站之间的间距$d = 10000\text{mm}$，$\sigma\theta = 3''$，$\phi_1 = \phi_2 = 45°$，其结果如图 5-7 所示。

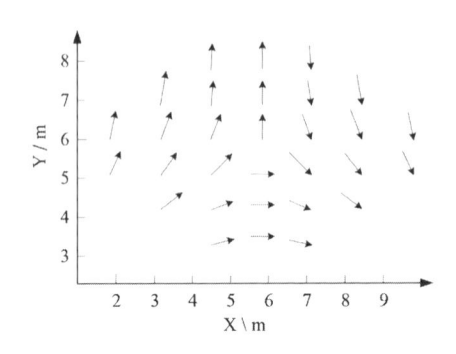

图 5-7 水平面误差长轴矢量分布

从图 5-7 中可以看出，误差长轴的变化具有一定的规律，以交会角90°为临界点，在距离发射站连线较远的位置，以Y轴的波动为主导方向，在距离发射站连线较近的位置，以X轴的波动为主导方向，并且长轴方向在中垂线两侧左右对称。图 5-8 所示为水平面误差大小分布图。从图 5-7 中可以看出，在两站系统中，定位精度较高的区域位于交会角为90°的周围。当两站位于被测区域的同侧时，被测点随着X的增大，误差等值线为抛物线形状，顶点在发射站连线的中垂线上，即随着X的增大，误差先减小再增大，误差最小值点出现在中垂线上。

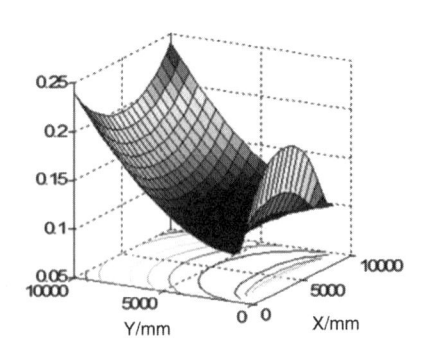

图 5-8 水平面误差大小分布图

分析沿着发射站连线中垂线方向的竖直窄带,假设$\Delta x \approx 0$,测量区域的X方向的坐标均近似为$d/2$,则$R_1 = R_2$。令$y_T - y_i = \Delta y$,分别求得X、Y、Z三方向的标准差为

$$\begin{cases} \sigma_x = \dfrac{\Delta y^2 + (d/2)^2}{\sqrt{2}\Delta y}\sigma_\alpha \\ \sigma_y = \dfrac{\sqrt{2}(\Delta y^2 + (d/2)^2)}{d}\sigma_\alpha \\ \sigma_z = \dfrac{\sqrt{\Delta y^2 + (d/2)^2}}{\sqrt{2}}\sigma_\beta \end{cases} \qquad (5-9)$$

从式(5-9)可以看出,X、Y方向的误差与水平角测量精度有关,而Z方向的误差与垂直角测量精度有关。随着Δy的增大,X和Z方向的误差增加得比较缓慢,而Y方向的误差变化较剧烈。当$\Delta y = 0$时,即被测点位于两发射站连线上时,$\sigma_x \to \infty$,此时定位误差非常大。

当测量平面高度增加时,对$H = [0,5000\text{mm}]$的平面,当间距$d = [6000\text{mm}, 20000\text{mm}]$时,整体平均定位误差变化趋势如图5-9所示。其中每条斜线表示同一高度间距变化时定位误差的变化趋势。

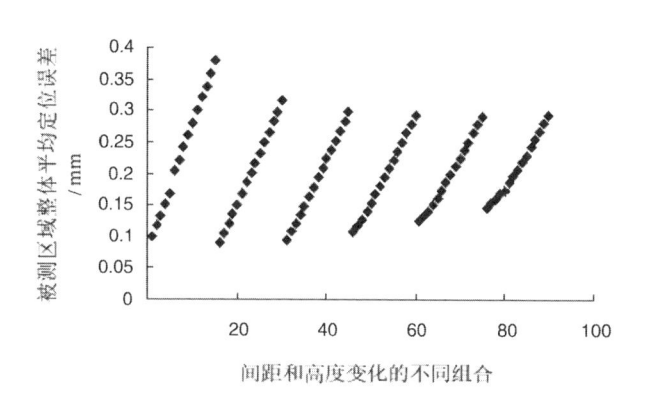

图5-9 定位误差大小随高度和间距的变化曲线

从上述分析中,对于两站系统可以得到以下结论。

(1)水平面误差分布具有一定的规律:以交会角90°为临界点,在距离发射站连线较远的位置,以Y轴波动为主导方向;在距离发射站

连线较近的位置，以 X 轴波动为主导方向，并且长轴矢量方向在中垂线两侧左右对称。

（2）当两站位于被测区域的同侧时，被测点随着 X 的增大，误差等值线为抛物线形状，顶点在发射站连线的中垂线上，即随着 X 的增大，误差先减小再增大，误差最小值点出现在中垂线上。

（3）当两站位于被测区域的异侧时，主要考虑随着 Y 的增大误差的变化规律。在水平面发射站连线中垂线方向，X 方向的误差随着 Y 的增大先减小后增大，而 Y 方向的误差呈现 2 次方的增长，Z 方向的变化趋势较缓慢。

（4）对于同一高度的被测平面，随着间距的增大，定位误差增大；当间距较大时，定位误差随着被测平面高度的增加而减小。

5.2.2 三站系统

根据空间三点的几何位置关系，三站的摆放位置分为共线和非共线两种。在非共线的布局中，针对被测区域位于测站同侧或异侧的情况（同侧指测站的连线环绕被测区域的圆周小于被测区域外接圆的半圆。若大于半圆周，则称为异侧）下的几种主要布站方式进行了研究。

1. 共线布站

图 5-10 所示为三站共线布站几何，简称为 I_3 型布站方式，3 表示测站数目，I 表示同一条直线。三站前方 $d \times d$ 区域为待分析被测空间。

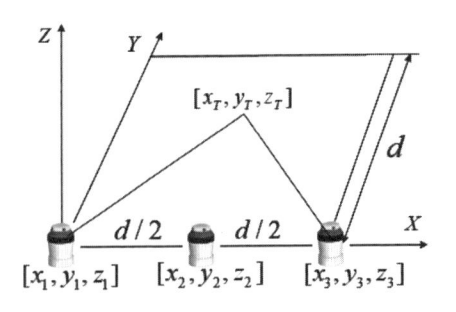

图 5-10　I_3 型布站方式

2.非共线布站

(1)被测区域位于测站同侧。为了使各站在测量中发挥的作用相当,将测站分布在$d \times d$被测区域外接椭圆圆周上,当三站关于方形区域的中垂线对称分布时,称之为 C_3 型布站方式;当三站关于方形区域对角线对称分布时,称之为 L 型布站方式,如图 5-11 所示。

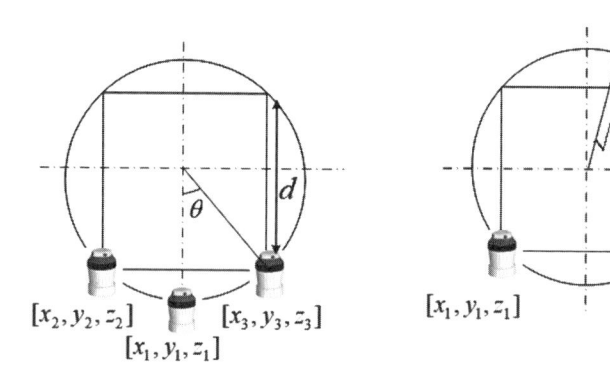

(a)C_3 型布站方式　　(b)L 型布站方式

图 5-11　三站系统同侧布站方式

(2)被测区域位于测站异侧。如图 5-12 所示,将测站均匀分布在$d \times d$被测区域外接圆周上,此时三站组成等边三角形,称此时布站方式为 A 型。

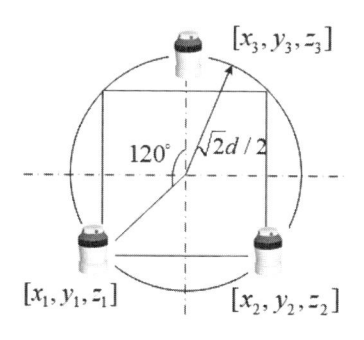

图 5-12　三站系统异侧 A 型布站方式

3.I_3 型布站

为了分析该布站方式对两站布站方式的改进效果,当$d = 10000 \text{mm}$时,两种布局误差分布对比图如图 5-13 所示。

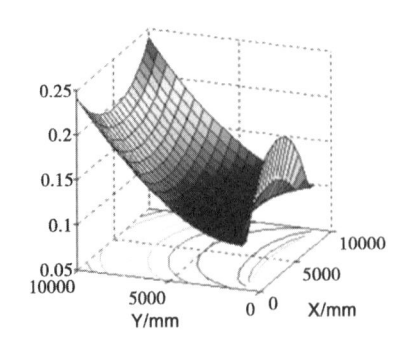

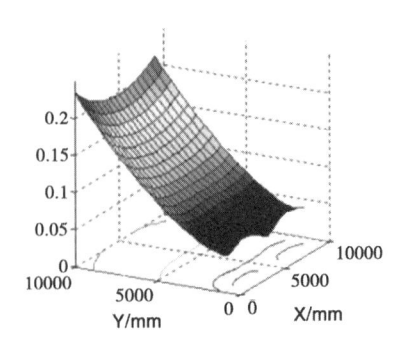

(a) 两站系统误差分布　　　　　(b) I_3 型布站误差分布

图 5-13　两站系统和 I_3 型误差分布对比图

从图 5-13 中可以看出，I_3 型布站方式使得距离发射站较近的区域误差分布较均匀，但对误差整体精度的提高作用不显著。在两站系统中，误差最小的区域为抛物线区域，顶点在 90°交会角处；在 I_3 型布站方式中，误差最小的区域约为矩形状，在 90°交会角区域下方，在距离发射站连线较远的区域，其误差的大小及分布特性与两站系统相似。由于接收器存在最小工作距，可以认为该布站方式没有突出优势。

4. C_3 型布站

以 $\Delta\theta = 10°$ 为间隔，在 $[10°, 90°]$ 内，在外接圆的下半周区域对 9 种组合方式进行了分析。令 $d = 10000\text{mm}$，9 种组合方式的最大定位误差 $\text{Max}\sigma$ 和平均定位误差 $\text{Aver}\sigma$ 见表 5-1。

表 5-1　不同角度间隔对应的最大定位误差和平均定位误差（单位：mm）

θ	10°	20°	30°	40°	50°	60°	70°	80°	90°
Max σ	1.0	0.51	0.34	0.26	0.21	0.21	0.19	0.17	0.16
Aver σ	0.44	0.22	0.15	0.12	0.10	0.10	0.10	0.10	0.10

从表 5-1 中可以看出，随着 θ 的增大，被测区域的定位误差逐渐减小，减小的趋势逐渐变缓。图 5-14 所示为 $\theta = 90°$ 时 10m×10m 区域对应的误差分布和两站系统误差分布对比图。

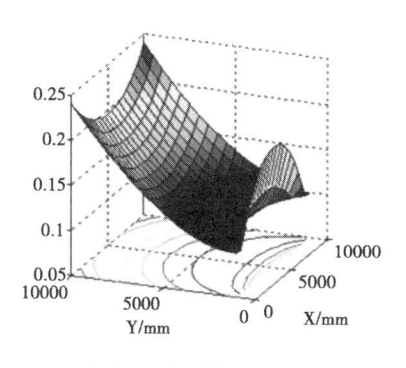

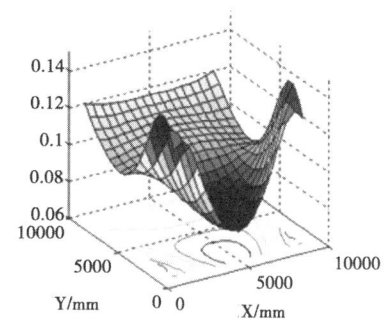

（a）两站系统误差分布　　　　（b）C_3 型布站误差分布

图 5-14　两站系统和 C_3 型布站误差分布对比图

从图 5-14 中可以看出，C_3 型布站误差分布呈 V 形，误差最小区域集中在三站的几何中心，最大值集中在左下角和右下角两个区域。在上半圆区域中，误差的变化较均匀，对比两站系统有很大的改善。

5. L 型布局

图 5-15 所示为三站 L 型布局误差分布图。从图 5-15 中可以看出，L 型布局的误差分布呈现 T 形分布，误差最小区域集中在三角形的几何中心，整体误差在三角形内部较均匀且相对两站系统对 Y 方向较远地方有较大的改善。

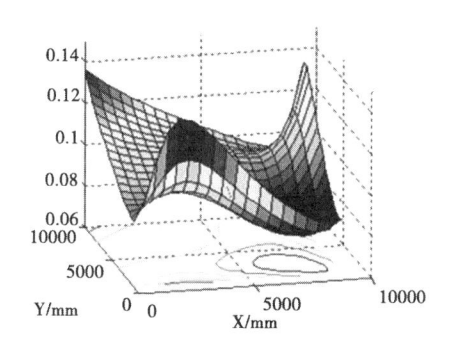

图 5-15　三站 L 型布局误差分布图

6. A 型布局

图 5-16 所示为三站 A 型布局误差分布图。从图 5-16 中可以看出，A 型布局的误差最小区域集中在三角形的几何中心，并且以该中心向外以一定的梯度辐射，相对两站系统整体精度也有较大提高。

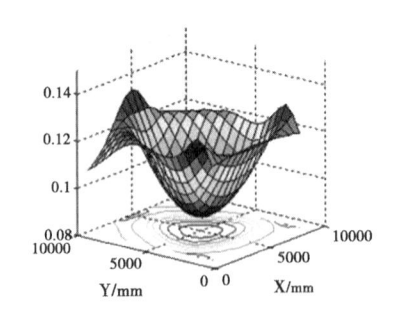

图 5-16　三站 A 型布局误差分布图

综上所述,对三站布站方式进行分析,当三站位于同一直线上时,相对两站系统对精度没有明显改善,而其他三种布站方式(C_3 型、L 型和 A 型)对整体精度的改善具有显著作用,误差的最小区域均位于三角形的几何中心,且整体误差的变化较均匀。此外,L 型和 C_3 型只是绕着被测区域的中心旋转了45°,这两种布局的误差分布实质没有太大的区别。

下面对 L 型和 A 型典型布局的误差极轴方向进行分析。图 5-17 所示为三站 L 型布局误差长轴矢量分布图。从图 5-17 中可以看出,L 型布局误差长轴的分布方向没有特定的规律,在接近两站连线的区域,长轴的方向和两站连线方向平行。

图 5-18 所示为三站 A 型布局误差长轴矢量分布图。从图 5-18 中可以看出,A 型布局误差长轴方向分布和两站系统有较多类似之处,相比于两站系统,由于多了第三个站的约束,因此在距离 X 轴较远的 Y 方向区域,误差方向不是沿 Y 方向急剧增大,而是有所控制,同时误差长轴矢量的分布和布站几何具有一定程度的相似性。

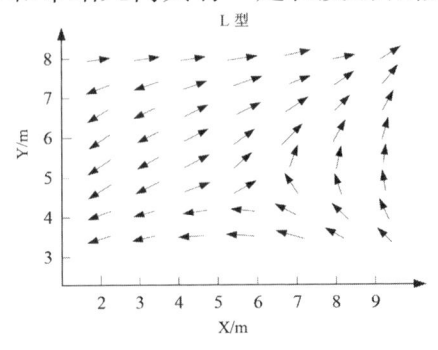

图 5-17　三站 L 型布局误差长轴矢量分布图

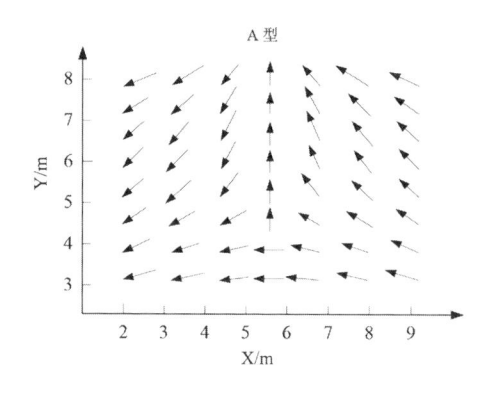

图 5-18 三站 A 型布局误差长轴矢量分布图

当测量平面的高度发生变化时，对 $H=[0,5000\text{mm}]$ 的平面，当间距 $d=[6000\text{mm},20000\text{mm}]$ 时，整体定位误差变化趋势如图 5-19 所示。其中每条斜线表示同一高度间距变化时定位误差的变化趋势。从图 5-19 中可以看出，随着高度的增加，间距的变化造成的定位误差波动范围逐渐减小，并且在间距较大时，较高被测平面处定位性能较好。

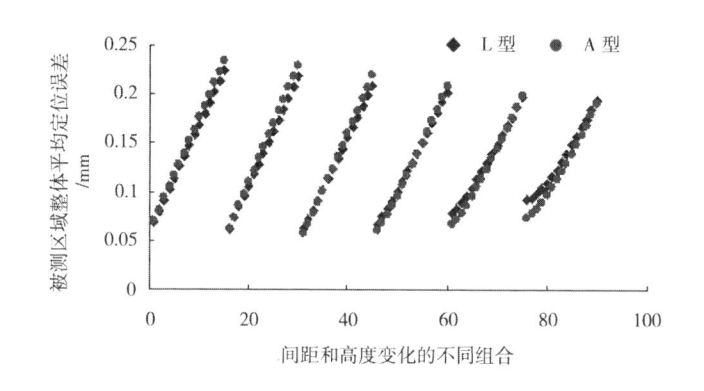

图 5-19 L 型和 A 型布局定位误差大小随高度和间距的变化曲线

从上述分析中，对于三站系统可以得出以下结论。

（1）三站系统 I 型布局对测量精度的改善作用不大，实际布站时一般不予考虑，有效的典型布站方式有 C 型、L 型和 A 型，其中 L 型和 C 型本质一样，只是相对测量区域的位置旋转了 45°。

（2）C 型、L 型和 A 型的误差最小区域主要集中在由布站围成的三角形的几何中心，并且这三种布局的整体平均定位误差水平基本一致。

（3）对于同一高度的被测平面，随着间距的增大，定位误差增大；当间距较大时，定位误差随着被测平面高度的增加而减小。

5.2.3 四站系统

与三站方式类似，考虑测站位于被测区域同侧和异侧两种情况。当被测区域在测站同侧时，将测站分布在$d \times d$被测区域外接圆周上，当四站关于方形区域中的垂线对称分布时，称为C_4型布站方式，如图5-20所示。从三站结果分析可知，当三站关于方形区域的对角线对称时，与关于中垂线对称的方式比较，只是交会区域相对发生了旋转，而整体精度基本一致，对于四站系统也可以得到相同结论，因此此处只考虑关于中垂线对称分布的情况。

当被测区域在测站异侧时，同理三站的分析。如图5-21所示，将测站均匀分布在$d \times d$被测区域外接圆周上，此时布站方式称为O型。

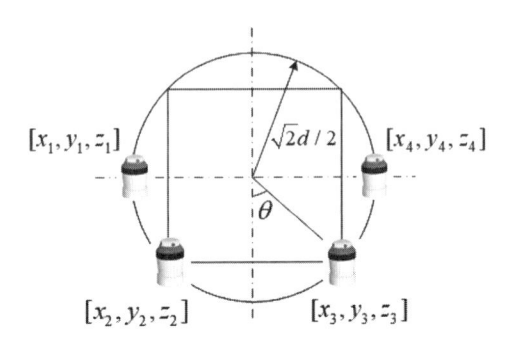

图 5-20 四站系统同侧 C 型分布

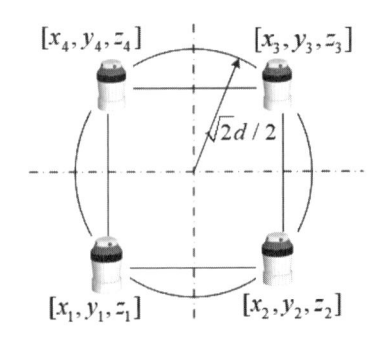

图 5-21 四站系统异侧 O 型分布

1. C_4 型布局

下面以 $\Delta\theta = 5°$ 为间隔，在 $[10°, 30°]$ 内，在外接圆的下半周区域对 6 种组合方式进行了分析。令 $d = 10000$ mm，不同角度间隔对应的最大定位误差 MaxGDOP 和平均定位误差 AverGDOP 见表 5-2。从表 5-2 中可以看出，随着 θ 的增大，被测区域的定位误差逐渐减小，减小的趋势逐渐变缓。

表 5-2 不同角度间隔对应的最大定位误差 MaxGDOP 和平均定位误差 AverGDOP （单位：mm）

θ	5°	10°	15°	20°	25°	30°
MaxGDOP	0.69	0.33	0.22	0.16	0.13	0.11
AverGDOP	0.26	0.14	0.10	0.08	0.08	0.07

图 5-22 所示为 $\theta = 30°$ 时 10m×10m 区域对应的误差分布图。

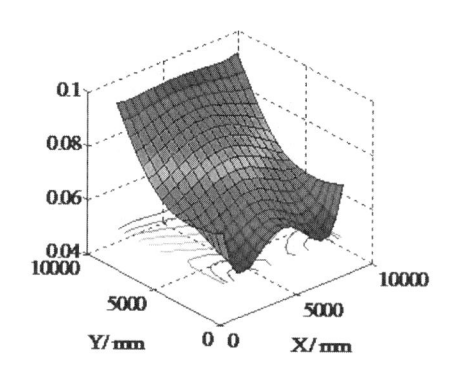

图 5-22 四站系统 C 型布局误差分布图

从图 5-22 中可以看出，C_4 型误差分布也呈 V 型，误差最小区域集中在四站的几何中心，整体误差的分布更加均匀，对比三站系统，最大定位误差得到了控制。

2. O 型布局

图 5-23 所示为四站系统 O 型布局误差分布图。从图 5-23 中可以

看出，O 型布局的误差最小区域集中在四边形的几何中心，在整个区域具有很好的对称性，等值线是和布站中心同心的矩形，对比三站系统和四站系统，可以看出四站系统的误差在整个区域中较均匀，梯度较小。

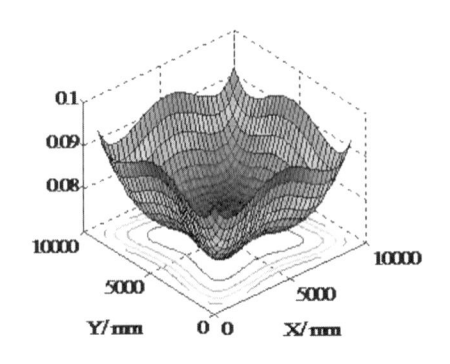

图 5-23 四站系统 O 型布局误差分布图

综上所述，对四站布站方式的误差进行分析，四站系统的误差分布更加均匀，对 C 型和 O 型典型布局的误差极轴方向进行分析，如图 5-24 和图 5-25 所示。

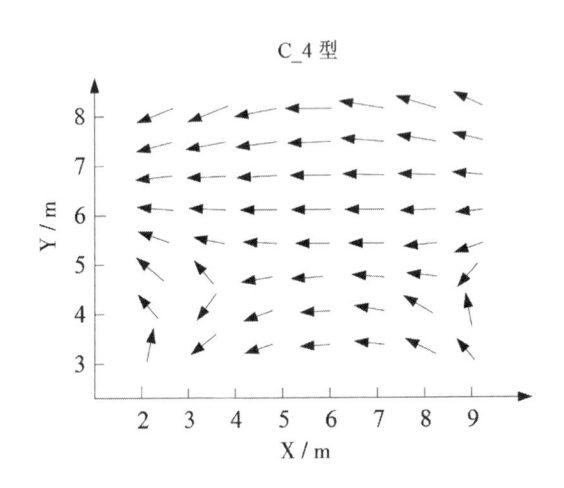

图 5-24 四站系统 C 型布局误差长轴矢量分布图

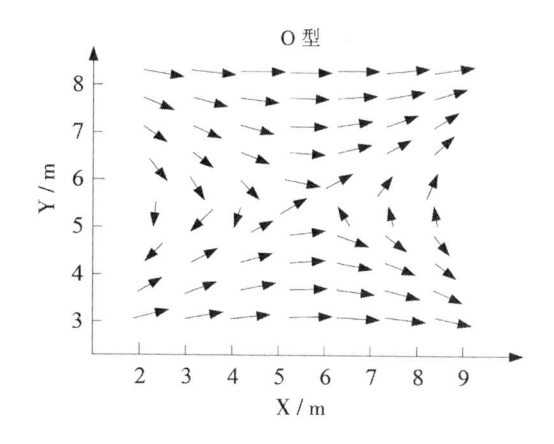

图 5-25 四站系统 O 型布局误差长轴矢量分布图

从图 5-24 中可以看出，C 型布局下，Y 轴正向距离越远的区域，其误差长轴的主要方向表现为 X 方向，在距离较近的误差较小的区域，误差长轴方向变化比较散乱；O 型布局下，误差长轴的方向关于几何中心比较对称。

分析测量平面高度变化的情况，对于 $H=[0,5000\mathrm{mm}]$ 的平面，当间距 $d=[6000\mathrm{mm},20000\mathrm{mm}]$ 时，整体定位误差变化趋势如图 5-26 所示。其中每条斜线表示同一高度间距变化时定位误差的变化趋势。从图 5-26 中可以看出，随着高度的增加，间距的变化造成的定位误差波动范围逐渐减小，并且在间距较大时，较高被测平面处定位性能较好。

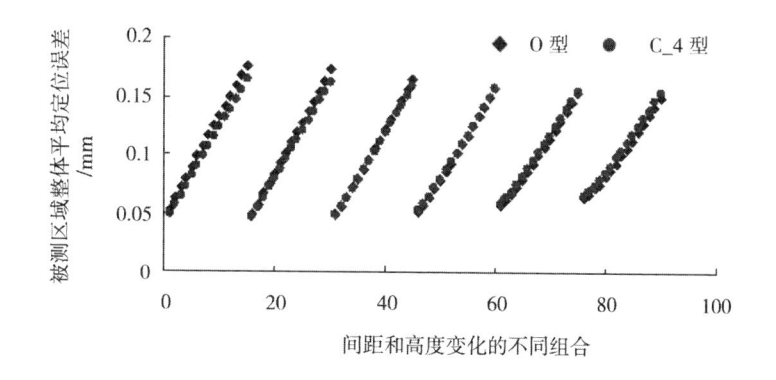

图 5-26 C 型和 O 型布局定位误差大小随高度和间距的变化曲线

从上述分析中可以得出以下结论。

（1）对于四站系统，主要布站方式有 C_4 型和 O 型。

（2）四站系统定位误差的分布更加均匀，并且集中在测站的几何分布中心，误差分布极轴方向规律不明显。

（3）对于同一高度的被测平面，随着间距的增大，定位误差增大；当间距较大时，定位误差随着被测平面高度的增加而减小。

5.3 基于多目标约束的间距优化

由于接收器工作距离和扫描光平面倾角的影响，使得 wMPS 测站存在一定的盲区，当多个测站一起工作时，公共扫描区间才是有效的测量区域，因此多站覆盖的测量面会随着测站距离的变化而变化。考虑最简单的两站系统，假设工作区域为水平面，此时能扫描的有效区域最大。设接收器的有效工作距离范围为$[LR_{min}, LR_{max}]$，当 d 无穷大时，由于 LR_{max} 的影响，两站的交会区域将为空，因此 d 的范围至少应在 $(0, 2LR_{max})$ 以内。当 LR_{max} / LR_{min} 值变化时，交会的形式也会不同。当 $3LR_{min} \leq LR_{max}$ 时，随着 d 从 0 到 $2LR_{max}$ 逐渐增大，交会区域的变化如图 5-27 所示。

（a）$0 < d \leq 2LR_{min}$　　　　（b）$2LR_{min} < d \leq LR_{max} - LR_{min}$

（c）$LR_{max} - LR_{min} < d \leq LR_{max} + LR_{min}$　　　　（d）$LR_{max} + LR_{min} < d \leq 2LR_{max}$

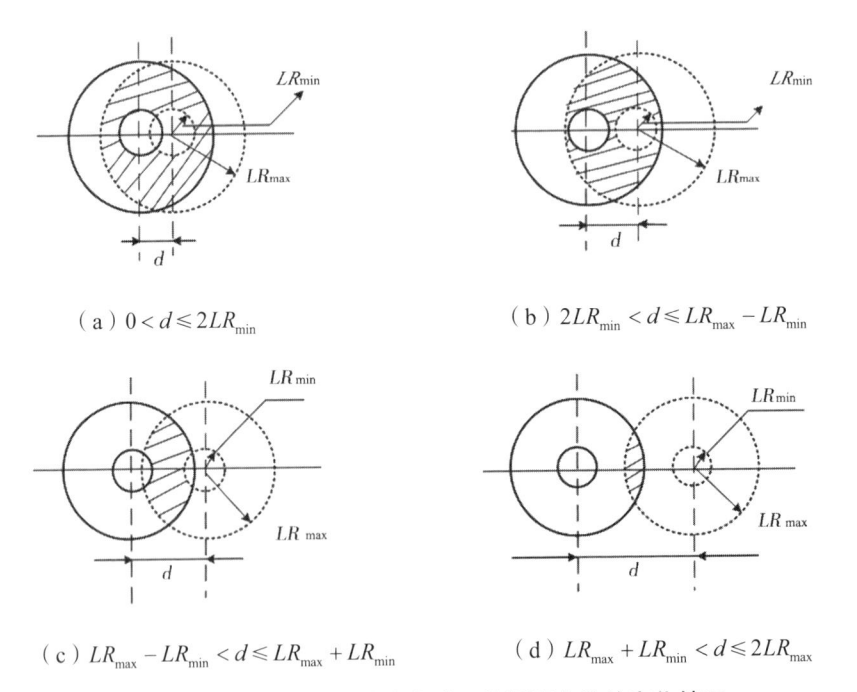

图 5-27　有效交会区域大小随两站间距变化的变化情况

同理,可分析$3LR_{\min} \geq LR_{\max}$时交会区域随着间距$d$变化的变化情况。从图 5-27 中可以看出,随着$d$的增大,阴影部分面积将会逐渐减小,为了保证对测量区域的覆盖率,d不宜太大,然而d越小,交会角越小,也会损失一定的测量精度,因此需要寻求一种手段能综合平衡覆盖面积和测量精度。

5.3.1 优化目标函数

图 5-28 所示为两站系统工作区域和有效交会区域布局示意图。

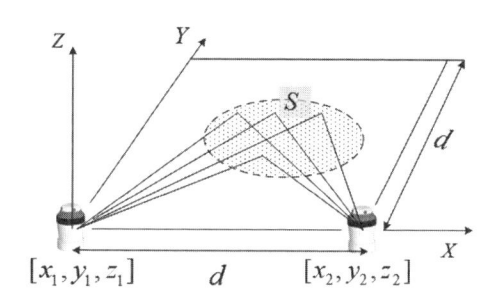

图 5-28 两站系统工作区域和有效交会区域布局示意图

在图 5-28 中,定义Y轴正半轴$d \times d$区域为工作区域,面积记为S_{Total},在间距d的布局下,发射站前方交会测量的有效区域面积记为S_{valid},对于三站和四站系统,则多测站所在圆的内接正四边形面积为S_{Total},在正四边形内的有效交会面积为S_{valid}。S区域中所有点的定位误差最小值$\text{Min}\sigma$作为衡量布局的精度指标:

$$\text{Min}\sigma = \min(\sigma_{P_i}) \quad (5\text{-}10)$$

式中,σ_{P_i}为第i点的定位误差,对于高度为H的测量平面,定义间距为d的两站系统覆盖因子C_{cover}为

$$C_{\text{cover}} = S_{\text{valid}} \big/ S_{\text{Total}} \quad (5\text{-}11)$$

优化的间距能实现对测量精度和覆盖因子的综合评估,建立评估指标的线性模型[158]:

$$\begin{cases} T = \sum_{i=1}^{3} P_i O_i \\ O_1 = 1/\text{Min}\sigma, O_2 = C_{\text{cover}}, O_3 = S_{\text{valid}} \end{cases} \quad (5\text{-}12)$$

式中，T 为优化目标；O_i 表示优化对象；P_i 表示 O_i 对应的权值。若只考虑精度，则可令 $P_1 = 1$，$P_2 = P_3 = 0$。间距优化的目标是寻找 T 最大时对应的间距 d。由于 O_i 对应的数值范围不一致，如覆盖因子都是小于 1 的数，而有效交会面积则可能是远大于 1 的数，因此在优化的过程中，需要首先对三个对象进行归一化处理，最终优化目标的范围为 $T \in [0, 3]$。

5.3.2 两－四站系统分析

1. 两站系统

基于上述分析，建立了发射站间距优化仿真模型，以一定的步长间隔对工作区域进行采样，采样点总数记为 S_{Total}，在所有采样点中处于发射站有效交会区域的为有效点，其总数记为 S_{valid}，根据 2.1 节中的定位误差模型，对所有有效点的定位误差进行统计，求出最小的误差作为 d 间距下的 Minσ 估计。再根据式（5-12）对间距 d 进行综合评价。设优化指标的权值均为 1，即三个指标平等考虑，发射站水平角和垂直角测量服从正态分布，其标准差分别为 σ_α 和 σ_β，为了验证角度不等精度测量对最优间距 d 的影响，令 $K = \sigma_\alpha / \sigma_\beta$，比较了 $K = 0.5$、$K = 1$、$K = 2$ 时的优化结果，如图 5-29 所示。

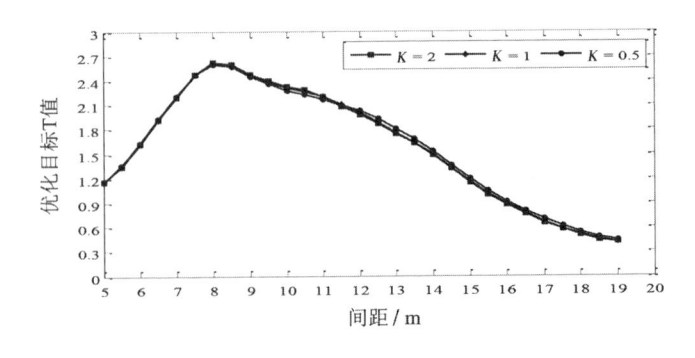

图 5-29 角度为不等精度测量时间距优化结果

从验证的结果看，当其他条件一样时，K值的变化对间距优化的结果几乎没有影响。当接收器的有效工作距离为$LR_{min}=5\text{mm}$，$LR_{max}=15\text{mm}$时，求得两站系统优化目标T值随间距d的变化曲线如图5-30所示。

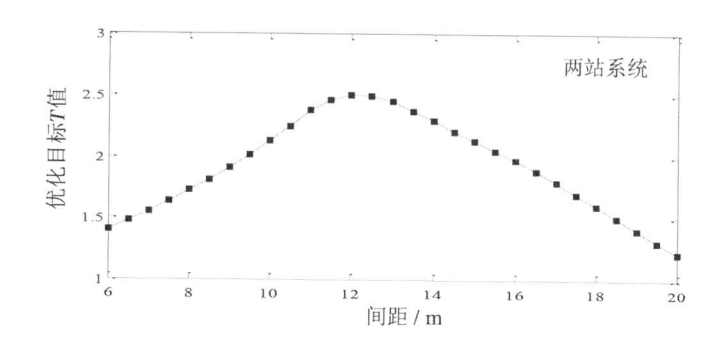

图5-30 两站系统优化目标T值随间距d的变化曲线

在上述前提下，优化的间距为$d_{optimal}=12\text{m}$。从图5-30中还可以看出，优化的间距具有灵活性，在最优化值的前后波动1m影响不大。

图5-31所示为间距d分别为7m、12m、15m时$d \times d$工作区域定位误差分布及有效交会区域图。从图5-31中可以看出，d为7m和15m时覆盖因子均较小，d为12m时权衡了覆盖率和测量精度，因此该间距为优化间距。

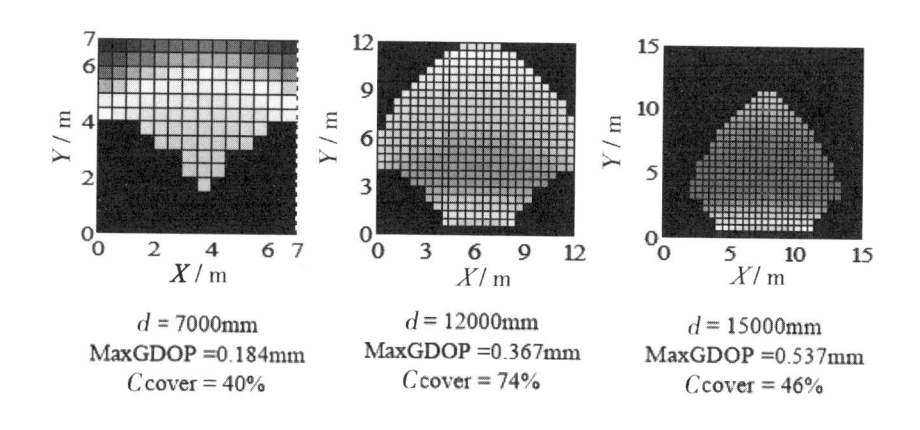

$d=7000\text{mm}$
MaxGDOP $=0.184\text{mm}$
Ccover $=40\%$

$d=12000\text{mm}$
MaxGDOP $=0.367\text{mm}$
Ccover $=74\%$

$d=15000\text{mm}$
MaxGDOP $=0.537\text{mm}$
Ccover $=46\%$

图5-31 两站系统定位误差大小和有效交会面积随间距d变化图示

2. 三站系统

对 L 型和 A 型布局间距进行优化，其优化目标 T 值和间距 d 的变化曲线如图 5-32 所示。从图 5-32 中可以看出，在接收器有效距离为 [5m,15m]的前提下，L 型和 A 型对应的最佳布站间距均为 13m。

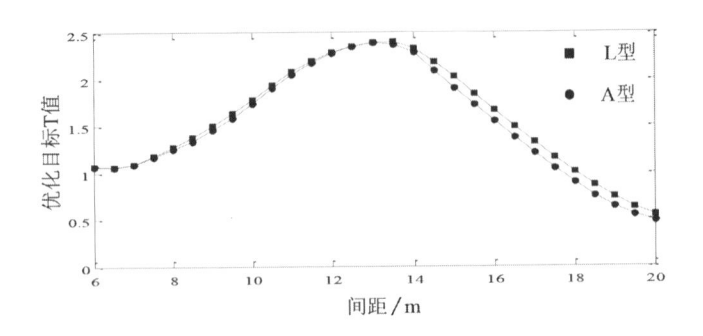

图 5-32 三站 L 型和 A 型布局优化目标 T 值随间距 d 的变化曲线

图 5-33 所示为三站 L 型布局定位误差大小和有效交会面积随间距 d 的变化图示。

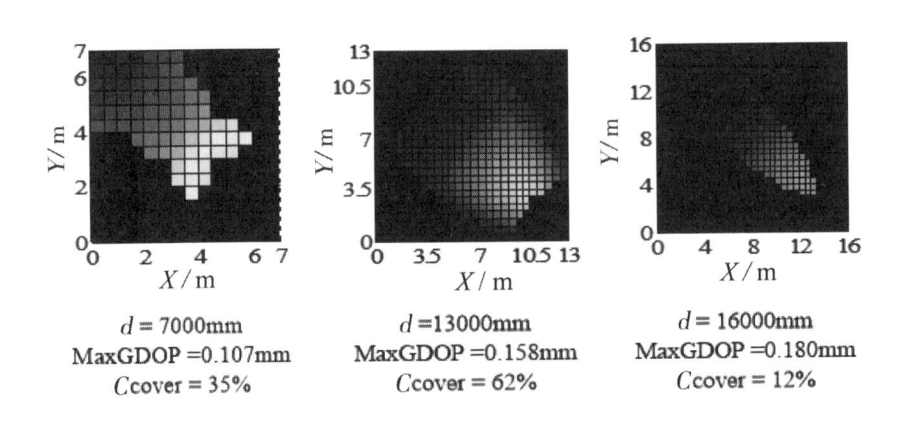

d = 7000mm
MaxGDOP =0.107mm
Ccover = 35%

d =13000mm
MaxGDOP =0.158mm
Ccover = 62%

d = 16000mm
MaxGDOP =0.180mm
Ccover = 12%

图 5-33 三站 L 型布局定位误差大小和有效交会面积随间距 d 的变化图示

从图 5-33 中可以看出，d 为 7m 和 16m 时的覆盖因子远小于最优间距 d 为 13m 时的覆盖因子。图 5-34 所示为三站 A 型布局定位误差大小和有效交会面积随间距 d 的变化图示。从图 5-34 中可以看出，d 为 9m 和 16m 时的覆盖因子远小于最优间距 d 为 13m 时的覆盖因子，该优化间距权衡了覆盖率和坐标测量精度，并且与两站系统比较，随着间距 d 的增大，最大定位误差的变化幅度变小，三站系统的测量精度稳定性较两站系统提高很多。

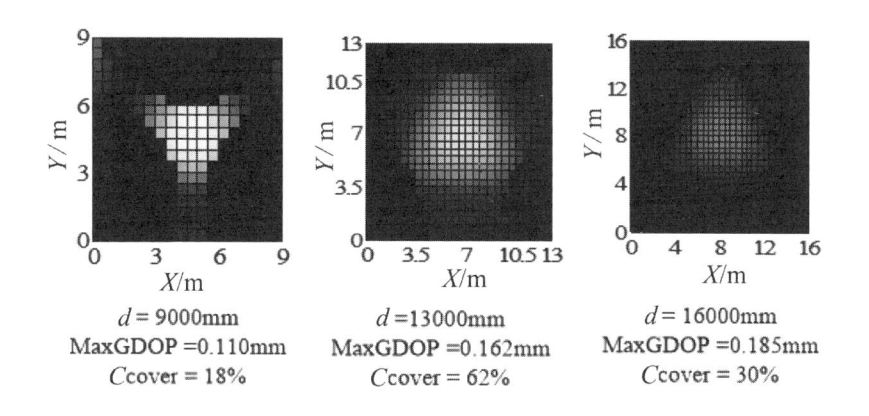

$d=9000\text{mm}$
MaxGDOP $=0.110\text{mm}$
Ccover $=18\%$

$d=13000\text{mm}$
MaxGDOP $=0.162\text{mm}$
Ccover $=62\%$

$d=16000\text{mm}$
MaxGDOP $=0.185\text{mm}$
Ccover $=30\%$

图 5-34　三站 A 型布局定位误差大小和有效交会面积随间距 d 的变化图示

3. 四站系统

同理，对 C_4 型和 O 型布局间距进行优化，其优化目标 T 值随间距 d 的变化曲线如图 5-35 所示。在接收器有效距离为 $[5\text{m},15\text{m}]$ 的前提下，C_4 型和 O 型对应的最佳布站间距均为 13.5m。图 5-36 和图 5-37 所示为布站方式随着 d 增大，在有效测量区域内的误差分布。

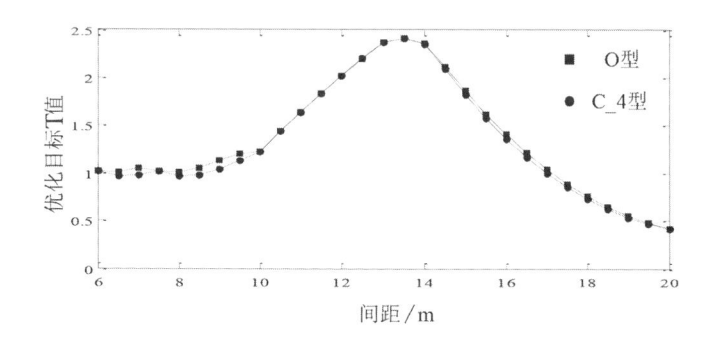

图 5-35　四站 C 型和 O 型布局优化目标 T 值随间距 d 的变化曲线

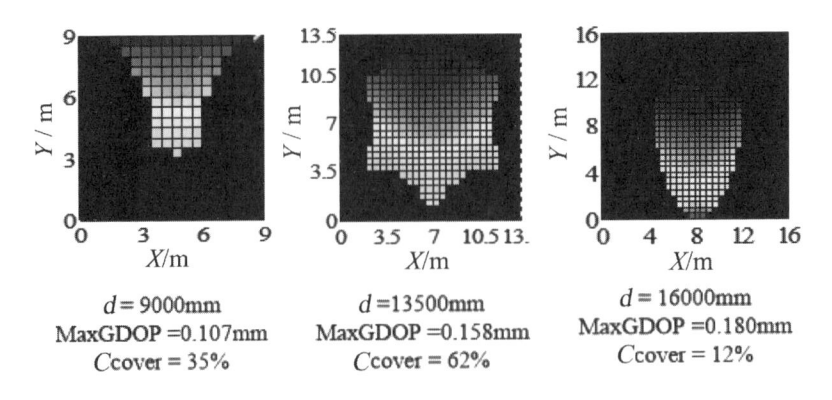

d = 9000mm
MaxGDOP =0.107mm
Ccover = 35%

d =13500mm
MaxGDOP =0.158mm
Ccover = 62%

d = 16000mm
MaxGDOP =0.180mm
Ccover = 12%

图 5-36 四站 C 型布局定位误差大小和有效交会面积随间距 d 的变化图示

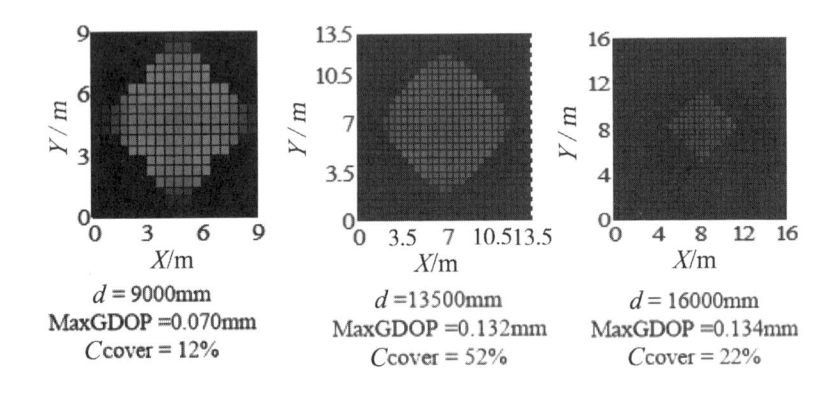

d = 9000mm
MaxGDOP =0.070mm
Ccover = 12%

d =13500mm
MaxGDOP =0.132mm
Ccover = 52%

d = 16000mm
MaxGDOP =0.134mm
Ccover = 22%

图 5-37 四站 O 型布局定位误差大小和有效交会面积随间距d的变化图示

从图 5-37 中可以看出，d 为 9m 和 16m 时的覆盖因子远小于最优间距 d 为 13.5m 时的覆盖因子，该优化间距权衡了覆盖率和坐标测量精度，并且和两站、三站系统比较，随着间距 d 的增大，最大定位误差的变化幅度更小，说明四站系统的测量精度稳定性更好。

5.4 实验验证

1. 两站系统

两站系统实验布局如图 5-38 所示。

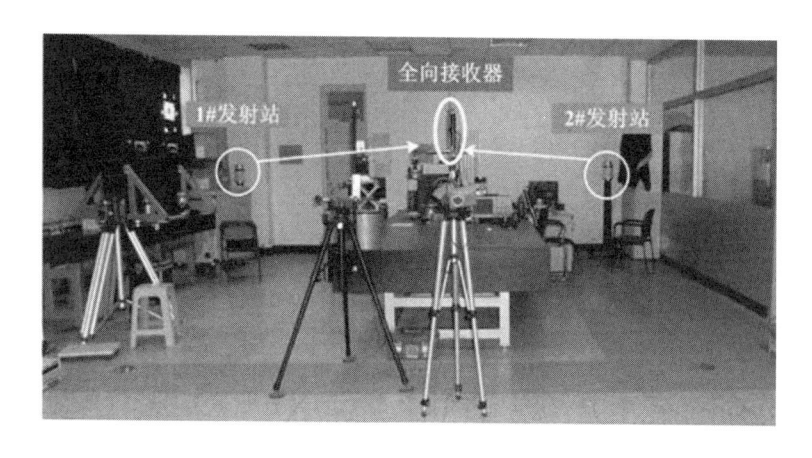

图 5-38 两站系统实验布局

全局定向后得到各测站的定向参数，其中平移矩阵为

$$T = \begin{bmatrix} 0 & 0 & 0 \\ -5071.525608418978 & 2140.638735807847 & 58.009010440039 \end{bmatrix}$$

(5-13)

由于接收器工作距离及实验室空间大小的限制，在实验室环境中距离发射站连线[5m,10m]的区域进行测量。此时全局坐标系为第一个发射站的局部坐标系，为了验证 5.2 节中对两站系统的误差分布规律的分析，建立新的全局坐标系，该坐标系以第一个发射站为全局坐标系原点，在第一个发射站水平面内，第一个发射站指向第二个发射站的投影为 X 轴正向，Z 轴竖直向上，Y 轴由右手定则确定。因此新的全局坐标系和式（5-13）表示的全局坐标系之间的相对位置关系围绕 Z 轴有个角度旋转量 λ，旋转矩阵可表示为

$$R_{new} = \begin{bmatrix} \cos\lambda & -\sin\lambda & 0 \\ \sin\lambda & \cos\lambda & 0 \\ 0 & 0 & 1 \end{bmatrix}$$

(5-14)

计算得 λ 的值为

$$\lambda = 2\pi - \arccos(T_{x2}/L) = 0.3888(\text{rad})$$

(5-15)

式中，T_{x2} 表示第二个发射站 X 轴坐标；L 表示第二个发射站距离第一个发射站的水平投影距离。在获取 λ 值之后，得到新的平移矩阵为

$$T_{\text{new}} = \begin{bmatrix} 0 & 0 & 0 \\ 5504.789339291697 & 0.723955100262 & 58.009010440039 \end{bmatrix}$$

(5-16)

测点P在新全局坐标系下的坐标P_{new}转化为

$$P_{\text{new}} = R_{\text{new}} P \tag{5-17}$$

被测点在新全局坐标系下的坐标值见表5-3。

表5-3 被测点在新全局坐标系下的坐标值(单位: mm)

被测点点号	X	Y	Z
1	1665.6332	−5896.6953	−23.1324
2	2228.1678	−6583.2984	96.8709
3	1673.6614	−6837.8849	−21.9674
4	2337.5632	−7017.2422	95.3210
5	2395.2813	−7386.5060	94.4724
6	1664.2955	−7866.7383	−22.6393
7	2487.3859	−8026.1095	92.6549
8	1672.1446	−8610.0190	−25.0498
9	2222.7808	−8654.3185	96.0099
10	1661.4553	−9275.0944	−26.2749

图5-39所示为沿着Y轴大约每隔1m对5个位置进行100次测量所得的随机误差分布图。从图5-39中可以看出，在距离两站连线较远的位置，水平面处的测点误差长轴沿着Y轴方向且随着距离的增大，误差也明显增大，与前面理论分析结果吻合。

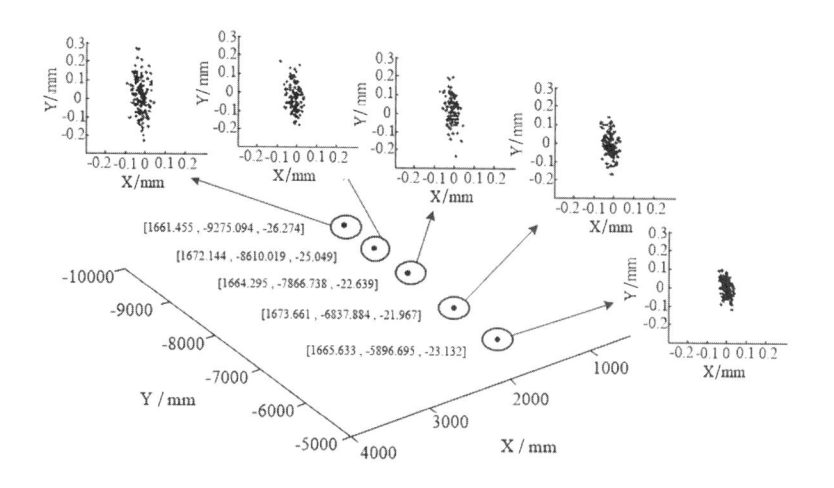

图 5-39　Y 轴方向被测点定位误差分布图

2. 三站 L 型

将三个发射站大致摆放在一条直线上，图 5-40 所示为三站 L 型实验布局图。

图 5-40　三站 L 型实验布局图

全局定向后得到各测站的定向参数，其中平移矩阵为

$$T = \begin{bmatrix} 0 & 0 & 0 \\ -2060.061758727812 & -3857.919127180382 & 198.902486036204 \\ -3906.363422600900 & -7657.106251647413 & 110.814478095762 \end{bmatrix}$$

(5-18)

在三个测站均能扫描的空间对 18 个点进行了测试，每个固定位置重复测量 100 次，同时用不同的测站组合对其进行测量。I 型布局下不

同测站组合定位误差统计见表 5-4。

表 5-4 I 型布局下不同测站组合定位误差统计（单位：mm）

测量位置	测站组合 1-2 测站	测站组合 1-2-3 测站	重复性随机误差
1	0.123	0.104	0.019
2	0.127	0.108	0.019
3	0.137	0.129	0.008
4	0.143	0.129	0.014
5	0.112	0.113	−0.001
6	0.116	0.113	0.003
7	0.157	0.122	0.035
8	0.160	0.121	0.039
9	0.155	0.120	0.035
10	0.158	0.128	0.030
11	0.138	0.121	0.017
12	0.143	0.131	0.012
13	0.135	0.128	0.007
14	0.133	0.129	0.004
15	0.143	0.126	0.017
16	0.143	0.123	0.020
17	0.165	0.153	0.012
18	0.164	0.156	0.008
Average	0.142	0.125	0.016

图 5-41 所示为 1-2 测站组合与在此基础上增加 3 号测站后前后测量定位误差比对图。从表 5-4 中的数据可以看出，在所有被测点中，2 号测站的定位误差比 3 号测站的测量误差略大，但是 3 号测站对 2 号测站的改善效果并不明显，只有少数几个点的定位误差减小程度在 0.030mm 左右。利用左右 2 个测站组合测得的整体平均定位误差为 0.142mm，3 个测站组合测得的整体平均定位误差为 0.125mm，实验结果表明，3 个测站共线的布站方式从控制系统测量精度的角度考虑并不可取。

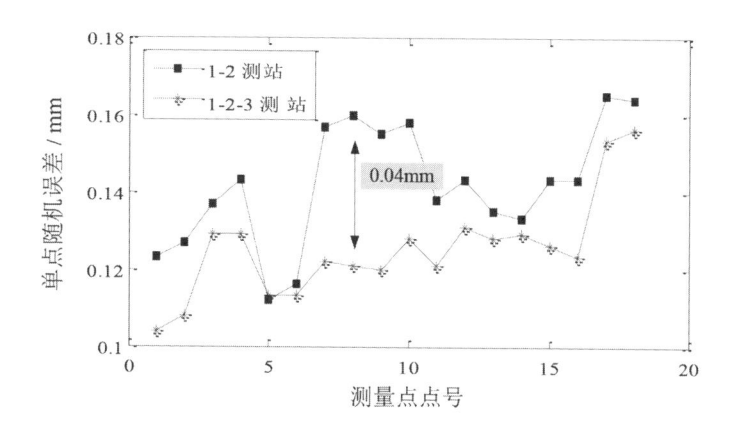

图 5-41 增加 3 号测站后前后测量定位误差比对图

3. 三站 C 型

在实验室环境中，三站 C 型实验布局如图 5-42 所示。

图 5-42 三站 C 型实验布局

全局定向后得到各测站的定向参数，平移矩阵为

$$T=\begin{bmatrix} 0 & 0 & 0 \\ -5263.688133386165 & -2519.921689329867 & 329.633773384140 \\ -7748.199184750521 & 264.599857405798 & -58.311128067106 \end{bmatrix}$$

（5-19）

在 3 个测站均能扫描的空间对 30 个点进行了测试，每个固定位置重复测量 100 次，同时用不同的测站组合对其进行测量并统计重复性随机误差，见表 5-5。

表 5-5　C 型布局下不同测站组合重复性随机误差统计（单位：mm）

测量位置	测站组合 1-2 测站	测站组合 1-2-3 测站	结果比对
1	0.148	0.085	0.063
2	0.149	0.091	0.058
3	0.136	0.102	0.034
4	0.141	0.097	0.044
5	0.126	0.093	0.033
6	0.124	0.095	0.029
7	0.121	0.079	0.042
8	0.127	0.084	0.043
9	0.105	0.074	0.031
10	0.108	0.074	0.034
11	0.112	0.072	0.040
12	0.117	0.076	0.041
13	0.148	0.090	0.058
14	0.132	0.087	0.045
15	0.144	0.093	0.051
16	0.149	0.096	0.053
17	0.164	0.099	0.065
18	0.167	0.104	0.063
19	0.171	0.118	0.053
20	0.172	0.116	0.056
21	0.179	0.124	0.055
22	0.180	0.118	0.062
23	0.172	0.111	0.061
24	0.185	0.111	0.074
25	0.162	0.101	0.061
26	0.148	0.104	0.044
27	0.153	0.092	0.061
28	0.157	0.096	0.061
29	0.144	0.091	0.053

续表

测量位置	测站组合		结果比对
	1-2 测站	1-2-3 测站	
30	0.144	0.092	0.052
Average	0.146	0.095	0.051

图 5-43 所示为 1-2 测站组合和在此基础上增加 3 号测站后前后测量定位误差比对图。

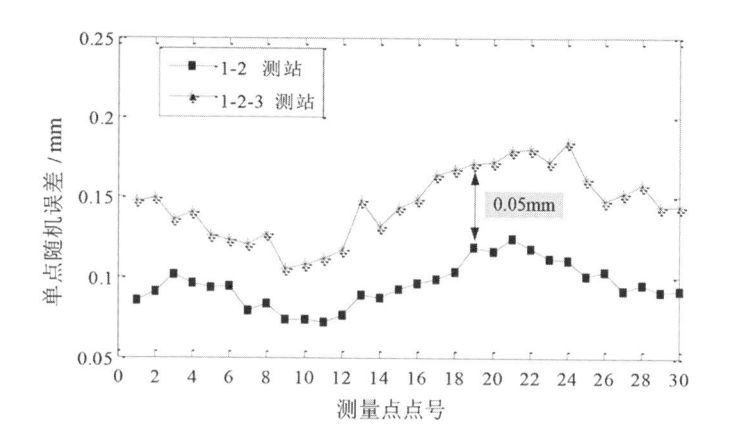

图 5-43 增加 3 号测站后前后测量定位误差比对图

从图 5-43 中可以看出，增加 3 号测站后，测量精度有较大的提高，最大提高幅度为 0.07mm，最小提高幅度为 0.03mm，相比三站 I 型系统，L 型系统具有良好的改善精度的功能。

4. 四站 O 型

在实验室环境中，四站系统实验布局如图 5-44 所示。

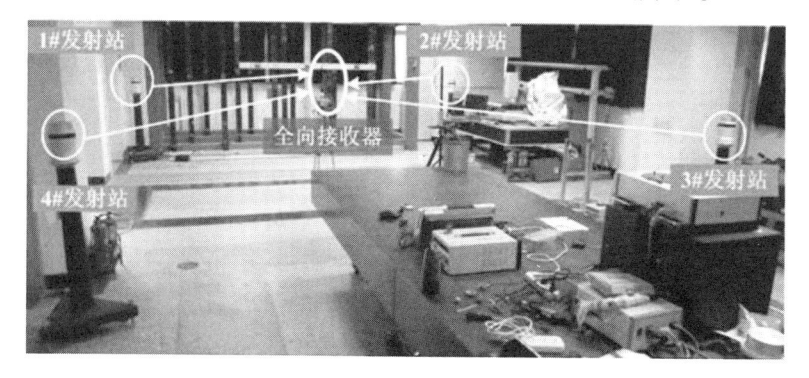

图 5-44 四站系统实验布局

全局定向后得到各测站的定向参数，平移矩阵为

$$T = \begin{bmatrix} 0 & 0 & 0 \\ -5124.56826723656 & -2754.99424097716 & 164.79106261429 \\ -5306.81765011682 & 9897.72166936591 & 278.67641041425 \\ 10516.11460511578 & 7454.13077845370 & 144.89168150901 \end{bmatrix}$$

(5-20)

在4个测站均能扫描的空间对12个点进行了测试，每个固定位置重复测量100次，同时用不同的测站组合对其进行测量，统计重复性随机误差，见表5-6。

表5-6 O型布局下不同测站组合定位误差统计（单位：mm）

测量位置	测站组合		1-2-3-4 测站
	1-2 测站	1-2-3 测站	
1	0.134	0.086	0.069
2	0.130	0.086	0.072
3	0.155	0.121	0.115
4	0.133	0.091	0.082
5	0.140	0.112	0.097
6	0.132	0.100	0.087
7	0.122	0.080	0.073
8	0.119	0.071	0.067
9	0.127	0.083	0.073
10	0.125	0.079	0.070
11	0.111	0.091	0.068
12	0.114	0.097	0.072
Average	0.129	0.091	0.079

图5-45所示为不同测站组合测量定位误差比对图。从图5-45中可以看出，在不同的测站组合中，4个测站的整体测量精度是最高的。3个测站的L型布局对2个测站测量结果最大提高了0.05mm，增强幅

度约为40%,4个测站对3个测站整体精度的提高大部分处于20%以内。

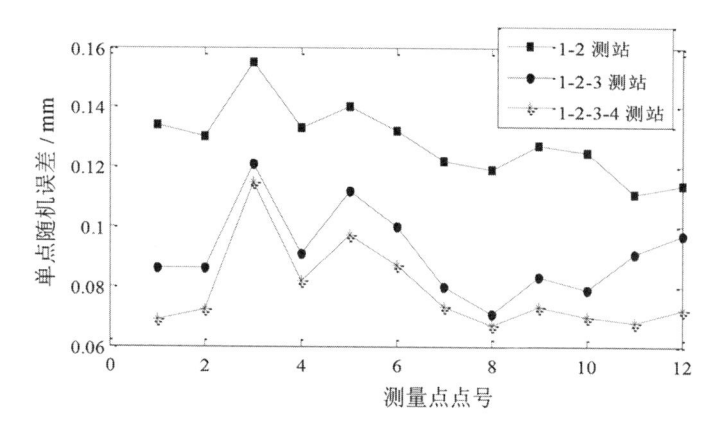

图 5-45　不同测站组合测量定位误差比对图

5.5　本章小结

本章建立了单站通信模型，分析了测站数目对测量精度的影响，研究了2～4站小型网络的几种典型布局及误差特性，在实验室条件下的多种测站组合实验结果表明，四站的整体测量精度最高，三站的L型布局对两站布局测量精度的增强幅度约为40%，四站对三站布局测量精度的提高大部分处于20%以内。针对实际使用过程中接收器有效工作距离的限制和发射站光平面扫描盲区的存在，为了权衡定位精度与有效测量区域，提出一种典型布局间距优化方法。该方法综合考虑了测量精度的要求以及发射站交会面积的覆盖密度，可根据考虑侧重点的不同分配相应的权值，具有较强的实用性。

第 6 章　基于典型布局的全局网络优化

利用典型布局实现全局布站思想的提出是基于对不同测量要求、典型布局误差分布特性以及成本的综合考虑。一方面从测站数目对精度改善作用的分析可知，当测站数目大于 4 时，对精度的改善作用不再明显，因此对于一定区域的测量，用 2～4 个测站的小型系统即可保证测量精度，再增加测站数目只会增加成本；另一方面，当需要通过增加测站来扩展测量量程时，典型布局的构造能保证测量精度。因此基于分割子域的组合式全局网络优化，能充分考虑到不同测量子域的要求以及利用典型布局的误差特性，并且能在一定程度上达到控制成本的目的。

为了实现全局网络的优化，首先要通过对整体测量区域以及典型布局覆盖面积的分析对测量区域进行分割，以保证每个子域都能被典型布局所覆盖；其次需要对典型布局进行选择，以满足各子域的测量要求；最后通过公共基准点将所有坐标统一到全局坐标系下，从而实现全局测量。下面将对典型布局的覆盖面积进行分析，并且建立典型布局的定位误差模型作为布局选择的依据。

6.1　典型布局覆盖面积估算

由前面几章分析可知，影响 wMPS 有效交会测量区域的因素有发射站光平面倾角大小、接收器有效工作距离、被测平面高度以及测站间距等。通常发射站光平面倾角约为45°，根据式（5-7），当被测平面高度 $H_{max} < d_{min}$ 时，光平面扫描盲区对 $d \times d$ 区域不造成影响，此时对接收器有效工作距离的影响进行分析。针对不同测站组合误差分布特点，

建立了不同布局下的覆盖面积模板。

6.1.1 两站系统

如图 6-1 所示，对于两站系统，当间距 $d < (2LR_{min} + LR_{max})/2$ 时，覆盖面积为横向矩形；当间距 $d > (2LR_{min} + LR_{max})/2$ 时，覆盖面积为纵向矩形。

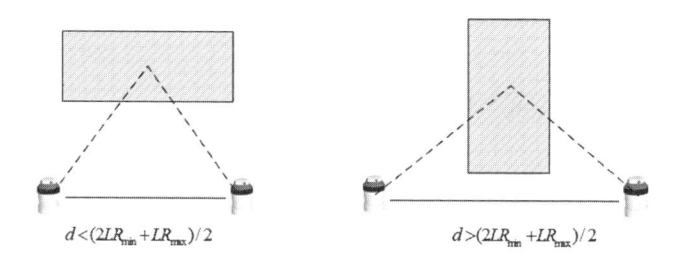

图 6-1 两站系统覆盖面积估算模板

两站系统覆盖面积可近似表达为

$$S_2 = \begin{cases} (d - LR_{min}) \times d & , d < (2LR_{min} + LR_{max})/2 \\ (d - 2LR_{min}) \times \sqrt{LR_{max}^2 - (d/2)^2} & , d > (2LR_{min} + LR_{max})/2 \end{cases} \quad (6-1)$$

6.1.2 三站系统

图 6-2 所示为三站系统 L 型和 A 型布局覆盖面积估算模板。其中，对于 L 型布局，覆盖面积为倾斜的矩形，此时测站分布在被测区域的同侧；对于 A 型布局，覆盖面积为等边三角形，此时测站环绕在被测区域四周。

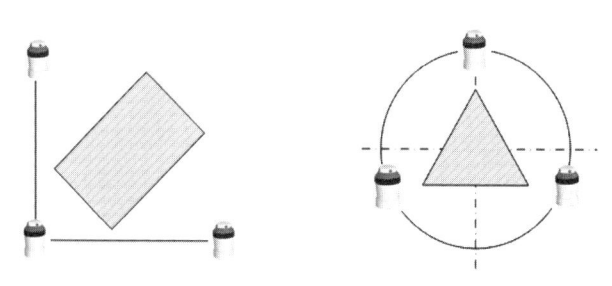

图 6-2 三站系统 L 型和 A 型布局覆盖面积估算模板

L型和A型布局覆盖面积表达式可近似表达为

$$S_{3L} = \begin{cases} (\sqrt{2}d - 2LR_{\min}) \times (LR_{\max} - LR_{\min}) , \sqrt{2}d < LR_{\min} + LR_{\max} \\ (2LR_{\max} - \sqrt{2}d) \times (LR_{\max} - LR_{\min}) , \sqrt{2}d > LR_{\min} + LR_{\max} \end{cases} \quad (6-2)$$

$$S_{3A} = \begin{cases} \dfrac{\sqrt{3}}{4}(\dfrac{\sqrt{3}}{2} \times (\sqrt{2}d - 2LR_{\min}))^2 , \sqrt{2}d < LR_{\min} + LR_{\max} \\ \dfrac{\sqrt{3}}{4}(\dfrac{\sqrt{3}}{2} \times (2LR_{\max} - \sqrt{2}d))^2 , \sqrt{2}d > LR_{\min} + LR_{\max} \end{cases} \quad (6-3)$$

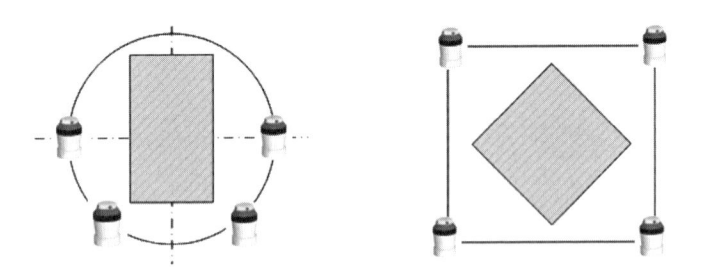

6.1.3 四站系统

图 6-3 所示为四站系统 C 型和 O 型布局覆盖面积估算模板。其中，对于 C_4 型布局，覆盖面积为矩形，此时测站分布在被测区域的同侧；对于 O 型布局，覆盖面积为正四边形，此时测站环绕在被测区域四周。

图 6-3 四站系统 C 型和 O 型布局覆盖面积估算模板

C_4 型和 O 型布局覆盖面积表达式可近似表达为

$$S_{4C} = \begin{cases} (\sqrt{2}d - 2LR_{\min}) \times (LR_{\max} - LR_{\min}) , \sqrt{2}d < LR_{\min} + LR_{\max} \\ (2LR_{\max} - \sqrt{2}d) \times (LR_{\max} - LR_{\min}) , \sqrt{2}d > LR_{\min} + LR_{\max} \end{cases} \quad (6-4)$$

$$S_{4O} = \begin{cases} (\sqrt{2}d - 2LR_{\min})^2 , \sqrt{2}d < LR_{\min} + LR_{\max} \\ (2LR_{\max} - \sqrt{2}d)^2 , \sqrt{2}d > LR_{\min} + LR_{\max} \end{cases} \quad (6-5)$$

从式（6-1）到式（6-5）中可以看出，最大的覆盖面积为 $S_{\max} = (LR_{\max} - LR_{\min})^2$。在 d 相同的情况下，A 型布局覆盖面积最小，

C_4型和L型基本一样，两者均比O型布局覆盖面积大。同时也可以看出，接收器工作距离的范围不能太小，否则会由于覆盖面积的有限带来成本的急剧增加。

6.2 典型布局定位误差估计模型

6.2.1 模型参数分析

根据上述对测角不确定的估计，wMPS与传统经纬仪角度测量系统不同，其水平角和垂直角的测量属于非等精度测量，水平角的测量不确定度可认为在测量的空间是保持不变的，而垂直角测量的不确定度与被测点位置相关，随着被测点垂直角增加而减小，在同一高度的平面内，距离测站越远，垂直角测量误差越大，且随着距离的增大，误差增大的趋势减慢。因此，可将距离测站最远处的被测点垂直角测量不确定度作为相同高度平面的垂直角测量不确定度的保守估计。根据3.3节和3.4节内容可得，垂直角测量不确定度随高度变化的关系为

$$\sigma\beta = 0.707\sqrt{1-(H/LR_{\max})^2}\frac{LR_{\max}^2}{LR_{\max}^2+H^2}\sigma\theta \quad (6-6)$$

从第5章中的分析可以总结出，由于布站几何带来的影响某特定布局的定位误差的参数如下：

（1）测站布站区域大小，即多个测站围成的$d\times d$区域，由于接收器工作距离有一定的限制，测量区域是布站区域的真子集，令接收器最大工作距离$LR_{\max}$为20m。

（2）被测平面的高度H，用该高度处$d\times d$区域的整体平均定位误差表示某种布局的定位误差估计，由于发射站扫描光平面存在盲区，因此被测平面的高度不能太高，否则盲区会增大，在水平面处，扫描光平面盲区为0。

（3）测角精度的影响，由于水平角和垂直角随机误差由水平旋转

角的测量精度和被测点位置决定，设水平旋转角测量标准差为σ_θ，当被测平面高度为H时，用σ_θ和H两个参数即可表示测角精度。

（4）与典型布局有关（主要指测站数目）的系数C_i，其中i表示测站数目。

设某种布局对应的整体平均测量误差为σ_i，则σ_i与上述参数的关系可表示为

$$\sigma_i = f(C_i, \sigma_\theta, H, d) \quad (6-7)$$

当H值一定时，若按式（6-6）对垂直角测量精度进行保守估计，则水平角测量标准差σ_α和垂直角测量标准差σ_β分别为固定不变的值。在此情况下，若σ_θ成比例地变化，则σ_α和σ_β也会相应地变化，在C_i、H和d一定的情况下，σ_i和σ_θ之间的关系应该也表现为线性，为了对此进行验证，令两-四站系统的$\sigma_\theta = 1'' : 4''$，$H = 0:4\text{m}$，$d = 6\text{m}:20\text{m}$，在$H$、$d$值相等的情况下，分析了$\sigma_i$和$\sigma_\theta$的关系，如图6-4所示。

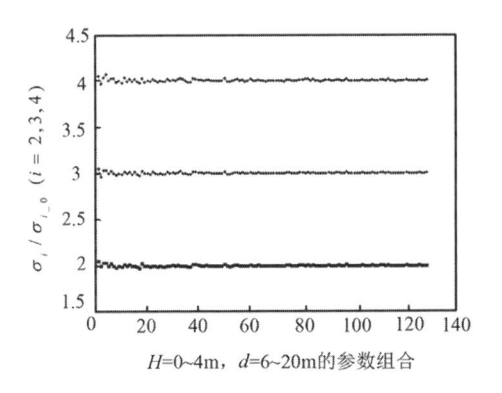

图6-4 水平旋转角标准差对定位误差的影响

图6-4中的σ_{i_0}是指$\sigma_\theta = 1''$时对应的σ_i，σ_i和σ_θ之间的关系可用下式表示：

$$\Delta\sigma_i = \Delta\sigma_\theta \quad (6-8)$$

因此

$$\sigma_i = f_0(C_i, H, d)\sigma_\theta \quad (6-9)$$

式中，$f_0(C_i, H, d) = f(C_i, 1'', H, d)$。因此，简化定位误差估计模型为$H$、

d、C_i与σ_i之间的函数关系。

对于第 3 章中分析的几种典型布局，当 d 以 1m 的步进间距从 6m 递增到 20m 时，H 从 0 以步进长度为 1m 递增到 4m 光平面有可扫描区域，又知四站 O 型和 C_4 型布局整体平均定位误差水平一致，而三站 L 型和 A 型布局整体平均定位误差水平也基本一致，因此将三站 L 型和四站 O 型作为各自测站数目典型系统的代表。将两站系统、三站 L 型和四站 C 型系统在其他参数 d、H 和 σ_θ 不变时对应的整体平均定位误差进行平均，求得此时的平均定位误差估计模型为

$$\bar{\sigma}_0 = \bar{f}(H, d) \tag{6-10}$$

在平均定位误差估计模型的基础上，将 3 种典型系统的定位误差和平均定位误差分别进行比较，求出各典型系统定位误差估计和 $\bar{\sigma}_0$ 之间的函数关系，此时的函数关系的参数将与 C_i 输入参数有关，即

$$\sigma_{i\_0} = g(\bar{\sigma}_0) \tag{6-11}$$

典型系统定位误差估计模型可表达为

$$\sigma_i = g(\bar{\sigma}_0)\sigma_\theta \tag{6-12}$$

从式（6-10）可以看出，$\bar{f}$ 函数表示被测平面高度 H 变量、布站区间 d 变量和整体平均测量精度 σ_{i_0} 之间的关系，而 g 函数表示平均定位误差估计和各个典型系统定位误差估计之间的关系，两者均可采用多项式拟合的方法求解[125]。

6.2.2 多项式最小二乘拟合

设给定离散数据对 (x_k, y_k) $(k = 1, 2, 3, ..., m)$。其中，x_k 为自变量 x（标量或向量，即一元或多元变量）的取值；y_k 为因变量 y（标量）的相应值。拟合要解决的问题是寻求与离散数据对规律相适应的解析表达式：

$$y = f(x, p) \tag{6-13}$$

使其在某种意义上达到最佳，以逼近数据对所反映的规律，$f(x, p)$ 称为拟合模型，$p = (p_1, p_2, p_3, ..., p_n)$ 为待定参数，当 x 在模型中线性（次

数小于2）出现时，称模型为线性的，否则为非线性的。定义x_k处拟合的残差如下式所示：

$$e_k = y_k - f(x_k, p) \quad (k=1,2,\cdots,m) \quad (6\text{--}14)$$

通常，衡量拟合优度的标准有

$$\begin{cases} T(p) \equiv \max_{1 \leq k \leq m} w_k |e_k| \\ Q(p) \equiv \sum_{k=1}^{m} w_k e_k^2 \end{cases} \quad (6\text{--}15)$$

式中，$w_k > 0$为权系数或权重，如果没有特别指定，一般取为平均权重，即$w_k = 1$ $(k=1,2,\cdots,m)$。若参数p使$T(p)$达到最小，则此时的拟合称为加权切比雪夫拟合；若参数p使$Q(p)$达到最小，则此时的拟合称为加权最小二乘拟合。最小二乘拟合在计算上较简便且是一种最常用的拟合手段。

二元一次多项式曲面拟合的数学模型为

$$f(x,p) = p_0 + p_1 x(1) + p_2 x(2) \quad (6\text{--}16)$$

对应到三维空间是平面，参数p的个数为3；二元二次多项式曲面拟合的数学模型为

$$f(x,p) = p_1 + p_2 x(1) + p_3 x(2) + p_4 x(1)^2 + p_5 x(1)x(2) + p_6 x(2)^2 \quad (6\text{--}17)$$

此时对应到三维空间是曲面，参数p的个数为6；依次类推，可得到多元多次多项式的拟合模型。当拟合函数为二元二次多项式时，设此时$w_k = 1 (k=1,2,\cdots,m)$，则

$$Q(p) = \sum_{i=1}^{m} (f(x_i, P) - y_i)^2 \quad (6\text{--}18)$$

从式（6–18）中可以看出，$Q(p)$为$p_1, p_2, p_3, \cdots, p_n$的多元函数，即上述问题转化为求$Q(p)$的极值问题，由多元函数求极值的必要条件得：

$$\frac{\partial Q}{\partial P_j} = 2\sum_{i=1}^{m} ((f(x_i, P) - y_i) \times \frac{\partial f(x_i, P)}{\partial P_j}) = 0, \quad j=1,2,\cdots,6 \quad (6\text{--}19)$$

由式（6–19）可得到一个关于$p_1, p_2, p_3, \cdots, p_6$的线性方程组，用矩

阵表示为

$$AP = C \quad (6\text{-}20)$$

式（6-20）称为正规方程组或法方程组，其中：

$$A = \begin{bmatrix} m & \cdots & \cdots & \cdots & \cdots & \cdots \\ \sum_{i=1}^{m} x_i(1) & \sum_{i=1}^{m} x_i^2(1) & \cdots & \cdots & \cdots & \cdots \\ \sum_{i=1}^{m} x_i(2) & \sum_{i=1}^{m} x_i(1)x_i(2) & \sum_{i=1}^{m} x_i^2(2) & \cdots & \cdots & \cdots \\ \sum_{i=1}^{m} x_i^2(1) & \sum_{i=1}^{m} x_i^3(1) & \sum_{i=1}^{m} x_i^2(1)x_i(2) & \sum_{i=1}^{m} x_i^4(1) & \cdots & \cdots \\ \sum_{i=1}^{m} x_i(1)x_i(2) & \sum_{i=1}^{m} x_i^2(1)x_i(2) & \sum_{i=1}^{m} x_i(1)x_i^2(2) & \sum_{i=1}^{m} x_i^3(1)x_i(2) & \sum_{i=1}^{m} x_i^2(1)x_i^2(2) & \cdots \\ \sum_{i=1}^{m} x_i^2(2) & \sum_{i=1}^{m} x_i(1)x_i^2(2) & \sum_{i=1}^{m} x_i^3(2) & \sum_{i=1}^{m} x_i^2(1)x_i^2(2) & \sum_{i=1}^{m} x_i(1)x_i^3(2) & \sum_{i=1}^{m} x_i^4(2) \end{bmatrix}$$

$$(6\text{-}21)$$

$$C = \left[\sum_{i=1}^{m} y_i \quad \sum_{i=1}^{m} x_i(1)y_i \quad \sum_{i=1}^{m} x_i(2)y_i \quad \sum_{i=1}^{m} x_i^2(1)y_i \quad \sum_{i=1}^{m} x_i(1)x_i(2)y_i \quad \sum_{i=1}^{m} x_i^2(2)y_i \right]^{\mathrm{T}}$$

$$(6\text{-}22)$$

可以证明，系数矩阵 A 是一个对称正定矩阵，故存在唯一解。因此可以求得：

$$P = A^{-1}C \quad (6\text{-}23)$$

P 即为所求的拟合多项式。将最小二乘拟合误差平方和记作：

$$\|r\|_2^2 = \sum_{i=1}^{m} (f(x_i, P) - y_i)^2 \quad (6\text{-}24)$$

$\|r\|_2^2$ 越接近于 0，说明拟合误差越小。

6.2.3 模型表达式

通过前面两章的理论分析以及定位误差估计模型的分解，下面首先求解小型单元典型系统平均定位误差估计模型，以式（6-25）为拟合多项式对其整体测量精度估计进行拟合。

$$F(H,d,P) = p_1 + p_2H + p_3d + p_4H^2 + p_5Hd + p_6d^2 \quad (6-25)$$

式中，H 表示被测平面高度；d 表示方形工作区域的边长。对于由不同测站组成的系统，H 从 0 以步进长度为 1m 递增到 4m，d 以 1m 的步进间距从 6m 递增到 20m。拟合多项式系数值见表 6-1，拟合多项式为

$$\bar{\sigma}_0 = \bar{f}(H,d) = 0.001077 - 0.001264 \times H + 0.003894 \times d + 0.0009825 \times H^2 \\ - 0.0003314 \times H \times d + 1.974 \times 10^{-5} \times d^2$$

$$(6-26)$$

式中，H 和 d 的单位均为 m。

表 6-1 拟合多项式系数值（95% 置信区间）

系数	系数值	下边界	上边界
p_1	0.001077	−0.0005504	0.002705
p_2	−0.001264	−0.001764	−0.0007637
p_3	0.003894	0.003647	0.004141
p_4	0.0009825	0.0008914	0.001074
p_5	−0.0003314	−0.0003564	−0.0003065
p_6	1.974e−005	1.054e−005	2.894e−005

经计算可得，误差平方和为 0.00003027，方程的确定系数为 0.9985，校正过的方程确定系数为 0.9984，均方根误差为 0.0006624。

在平均定位误差估计模型的基础上，将 3 种典型系统的定位误差和平均定位误差分别进行比较，从比较中发现，各典型系统的定位误差和平均定位误差在其他参数不变的情况下呈现良好的线性。下面以式（6-27）为拟合表达式对其关系进行拟合[127]。

$$F(\bar{\sigma}_0, P) = p_1 + p_2\bar{\sigma}_0 \quad (6-27)$$

线性拟合系数值见表 6-2。

表 6-2 线性拟合系数值（95% 置信区间）

测站数目	系数	系数值	下边界	上边界
2	p_1	1.323	1.307	1.339
	p_2	0.001425	0.000586	0.002265
3	p_1	0.9347	0.9264	0.943
	p_2	−0.000638	0.001062	−0.0002141
4	p_1	0.7423	0.7323	0.7523
	p_2	−0.0007874	−0.0001298	−0.0002767

经计算可得，对于两站系统，误差平方和为 0.00005606，方程的确定系数为 0.9978，校正过的方程确定系数为 0.9977，均方根误差为 0.0009832；对于三站系统，误差平方和为 0.0000143，方程的确定系数为 0.9989，校正过的方程确定系数为 0.9988，均方根误差为 0.0004966；对于四站系统，误差平方和为 0.00002075，方程的确定系数为 0.9974，校正过的方程确定系数为 0.9973，均方根误差为 0.0005982。图 6-5 所示为测站数目和测量精度之间的近似关系。

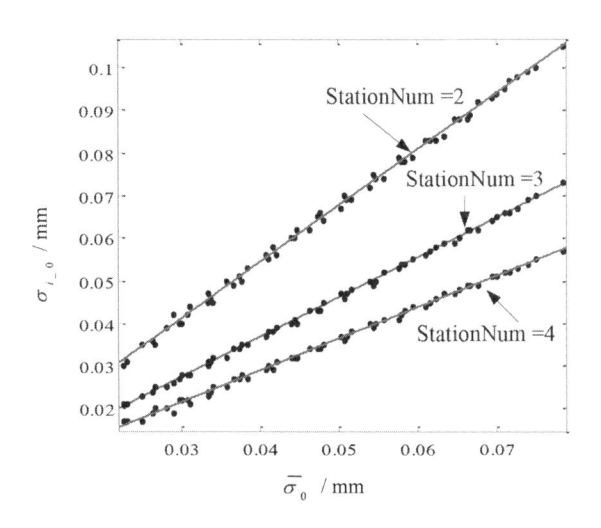

图 6-5 测站数目和测量精度之间的近似关系

从表 6-1 中可以看出，参数 p_2 的值很小，可以忽略不计。因此，典型系统在 6m×6m 到 20m×20m 布站空间的定位误差估计模型可表达为

$$\sigma_i = C_i \times (0.001077 - 0.001264 \times H + 0.003894 \times d + 0.0009825 \times H^2 \\ - 0.0003314 \times H \times d + 1.974 \times 10^{-5} \times d^2) \times \sigma_\theta$$

(6-28)

式中，

$$C_i = \begin{cases} 1.323, & i=2 \\ 0.9347, & i=3 \\ 0.7423, & i=4 \end{cases}$$

(6-29)

6.3 全局网络优化

6.3.1 区域分割

当被测区域的范围大于典型布局能扫描的有效区间，或者被测区域的整体测量要求不一致时，需要将被测区域分割为若干个子域。对于不同测量要求的子域，仍然需要考虑典型布局的覆盖范围，因此本小节提出一种根据典型布局的覆盖面积对被测区域进行分割的方法。

根据 5.4 节中的优化方法，当 $LR_{\min}=5\text{m}$ 且 $LR_{\max}=15\text{m}$ 时，对典型布局的间距进行优化，求得优化目标大于 2（即 $T=\sum_{i=1}^{3}P_iO_i>2$）的间距范围为

$$d_{\text{op\_range}} = \begin{cases} (10\text{m} \sim 15\text{m}), & \text{StationNum}=2 \\ (11\text{m} \sim 15\text{m}), & \text{StationNum}=3 \\ (12\text{m} \sim 15\text{m}), & \text{StationNum}=4 \end{cases}$$

(6-30)

定义式（6-30）表述的范围为实际布站时较为理想的间距范围，因此可选择位于该间距范围内的某一间距进行布站。当间距 d 确定时，根据式（6-1）~式（6-5）可计算出该间距对应的典型布局覆盖面积，为了保证每个布局形式都能对分割后的子域进行百分百覆盖，取所有覆盖面积的最小包容区间为分割子域的大小。

如果选择最优间距$d_{optimal}$，2～4测站对应的最优间距分别为12m、13m、14m。可分别求得最优间距对应的区域覆盖面积$S_{optimal}$，见表6-3。

表6-3 典型布局在最优间距下对应的区域覆盖面积

类型	两站	L型	A型	C_4型	O型
$S_{optimal}$	7m×10m	8m×10m	$\sqrt{3}(7m)^2/4$	8m×10m	8m×8m

由于A型测量系统覆盖面积小，并且精度较高区域近似为等边三角形，因此可将此布局作为典型布局中的特殊布局单独考虑。其他布局对应的覆盖面积均近似为矩形或正四边形，区域分割时首先要满足分割的子域的面积小于典型系统能覆盖的最大面积S_{max}，为了使分割的面积适用于多种类型，定义分割子域的长和宽为$S_{optimal}$中长和宽的最小值，即$S_{sub} = 7m \times 8m$，此时每个子域都是$S_{optimal}$的子集。

6.3.2 典型布局选择

按照上述方法进行区域分割后，每个子域都能被任何一种类型（A型除外）所覆盖，此时典型布局的间距也将确定下来。接下来，进行布局的决策选择，该决策过程主要需要考虑空间外界约束以及测量精度要求，从而决定采用何种布局。本小节对空间的外界约束的考虑较为简单，主要分析测站围绕被测域的分布方式，是同侧还是异侧；对于测量精度要求，根据6.3节建立的典型布局定位误差估计模型按测站数从低到高进行优先选择，这种遍历原则考虑了成本的因素。对于子域坐标系的统一，可在相邻子域中设置共同基准点进行全局校准，将测量数据统一到全局坐标系中。

6.3.3 优化流程

综上分析，基于典型布局的全局布站优化流程如图6-6所示。

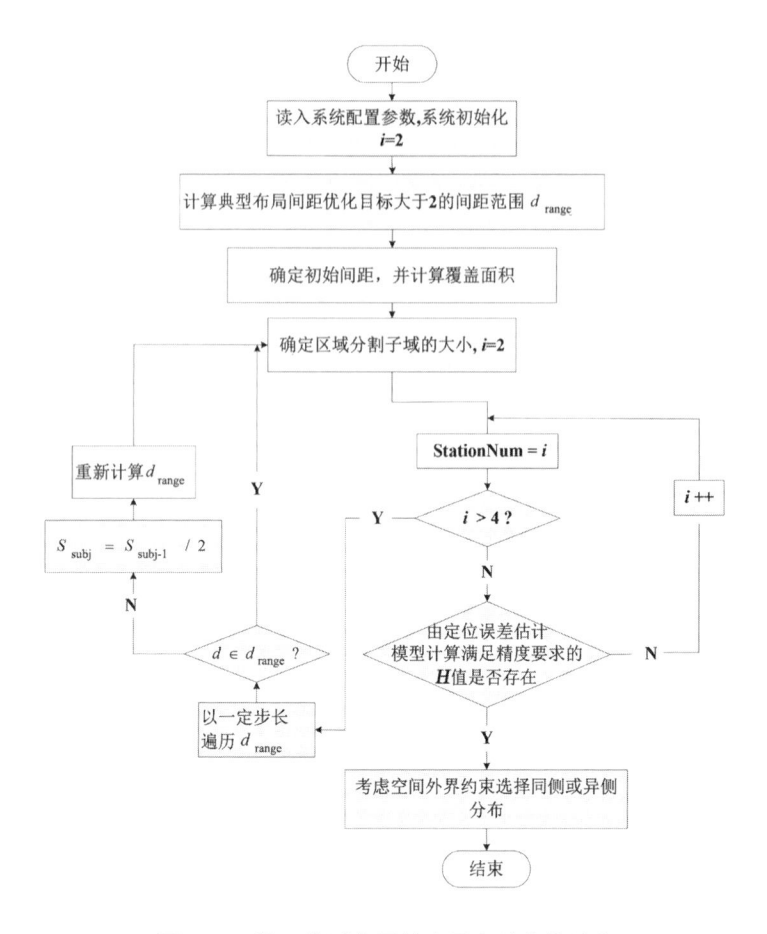

图 6-6 基于典型布局的全局布站优化流程

其中有以下几点需要说明。

（1）系统配置参数是指发射站光平面倾角大小、接收器有效工作距离，以及测站水平旋转角测量不确定度大小。

（2）典型布局优化间距的计算在 5.4 节中有详细说明，定义优化目标大于 2 的间距范围为实际布站时可选择的间距区间，其最小值作为初始间距，再根据式（6-1）～式（6-5）近似计算该间距下的典型布局覆盖面积，以确定初始分割子域的大小。

（3）在确定间距 d 后，对于每个分割子域，根据式（6-28）按照测站数从低到高的顺序计算满足测量精度要求的 H 是否存在，采用尽可能少的测站数满足测量精度要求。

（4）若 2～4 测站系统的 H 值均不存在，则以一定的步长遍历间距区间，当区间遍历完之后仍没有合适布局时，此时需要缩小子域大小，将区域减小为上一次子域面积的一半，并重新确定间距区间，再重复步骤（3）直到找到合适的布局。

最后考虑实际空间外界约束，测站是分布在被测区域的同侧或异侧，对于相邻的子域，为了节约成本还应考虑测站的重复利用。

6.3.4 软件平台

在 Visual Studio 2008 的编译环境下，采用 C++ 语言初步实现了 wMPS 全局布站优化软件平台的搭建，C++ 作为面向对象程序设计语言，其强大的模板功能使它具有高度的运行效率。面向对象程序设计和面向过程程序设计比较，具有以下几个优点。

（1）数据抽象的概念使得对象可以在保持外部接口不变的情况下改变内部实现，从而减少对外界的干扰。

（2）通过继承减少了冗余的代码，可以方便地扩展现有代码，提高编码效率，同时也降低了出错概率，降低了软件维护难度。

（3）通过对对象的辨别、划分，可以将软件系统分割为若干相对独立的部分，即通常所说的模块化设计，减少了各部分之间的耦合。

（4）以对象为中心的设计可以帮助开发人员从静态（属性）和动态（方法）两个方面把握问题，从而更好地实现系统。

（5）通过对象的聚合、联合，可以在保证封装与抽象的原则下实现对象内在结构及外在功能的扩充，从而实现对象由低到高的升级。

下面主要对程序中的主要功能类以及类中封装的函数进行简单介绍，同时展示了功能模块对应的用户界面。

程序中的主要功能类有：

（1）StationDeployInitial：该类的功能是为全局网络优化做准备，如定义测量指标、导入系统配置参数、定义任务属性等。

（2）OptimalBaseLine：该类的功能是根据系统参数对各个典型布局的间距进行优化，并求出优化目标大于 2 的间距范围。

（3）CoverAreaCalcu：该类的功能是对典型布局覆盖面积进行估算。

（4）ErrorEstimate：该类的功能是根据间距、被测平面高度以及水平旋转角测量不确定度等参数对典型布局下的定位误差进行估计。

（5）ViewManager：该类的功能是对所有的3D显示进行管理，包括导入数模并显示、子域布局显示以及全局网络显示等。

上述几个类的主要函数及功能描述见表6-4。

表6-4 类的主要函数及功能描述

类名	函数名	函数功能描述
StationDeployInitial	TaskDefine( )	定义任务属性，如单点测量或形貌测量等
	SystemParameterImport( )	导入系统配置参数
	MeasRequiementDefine( )	定义测量指标
OptimalBaseLine	OptimalD( )	定义任务属性，如单点测量或形貌测量等
	GetDRang( )	导入系统配置参数
CoverAreaCalcu	GetCoverArea( )	典型布局覆盖面积估算
ErrorEstimate	GetEstimateError( )	典型布局定位误差估计
ViewManager	ImportDataModel( )	导入数模
	SubAreaDisplay( )	子域网络显示
	FullViewDisplay( )	全局网络显示

图6-7所示为"系统参数配置属性"对话框。其中，左侧为发射站参数；右侧为接收器参数，根据实际校准的参数值对属性进行设置。

图6-8所示为"间距优化"对话框。其中设计的功能按钮有添加类型、间距优化、面积计算等。添加类型是指需要分析的典型布局的类型，如C_3型、O型等；间距优化是指在系统参数前提下，对最优间距以及优化目标大于2的间距范围的求解，右侧曲线是优化目标随着间距增大的变化曲线，曲线最大值对应的间距即为最优间距；面积计算是在最优间距下对典型布局的有效覆盖面积的估算，为区域分割提

供参考。

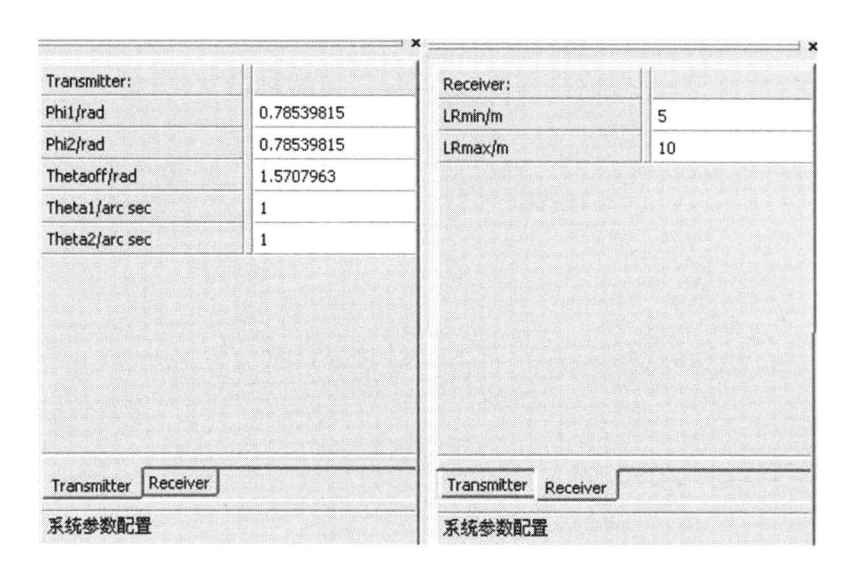

图 6-7 "系统参数配置属性"对话框

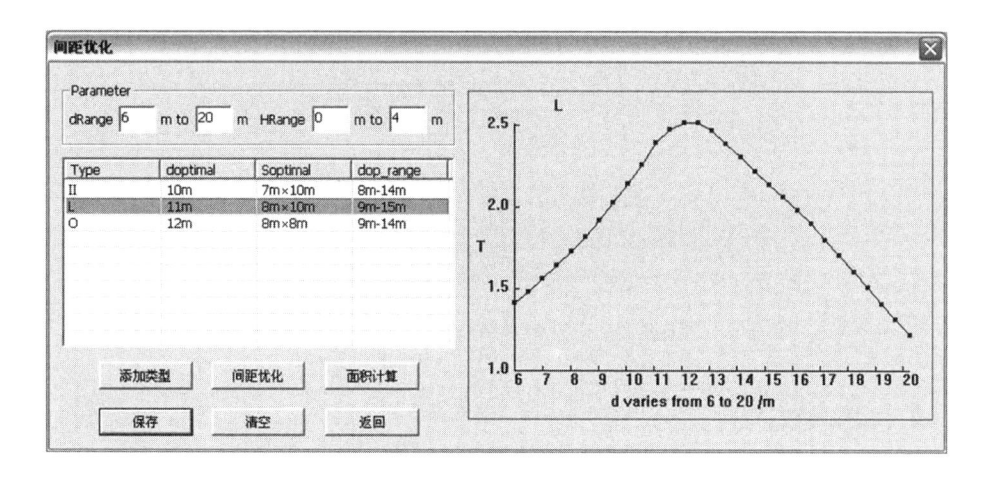

图 6-8 "间距优化"对话框

图 6-9 所示为子域四站典型网络布局误差分布示意图，右侧颜色条对应定位误差区间。图 6-10 所示为全局网络优化布站全景图，采用 ACIS–HOOPS 组件[159-160]对被测工件数模进行显示，并仿真周围的实体环境（如阻挡区域等），拟将在测量前对测量方案的优化进行仿真。该部分工作需要结合用户实际需求，还有待完善。

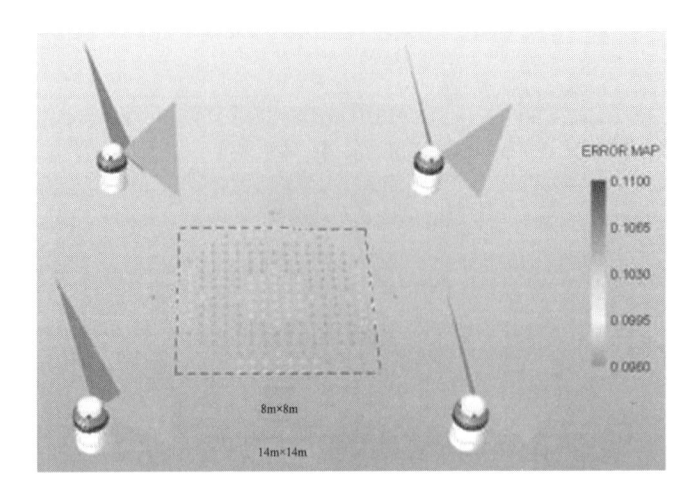

图 6-9　子域四站典型网络刚强布局误差分布示意图

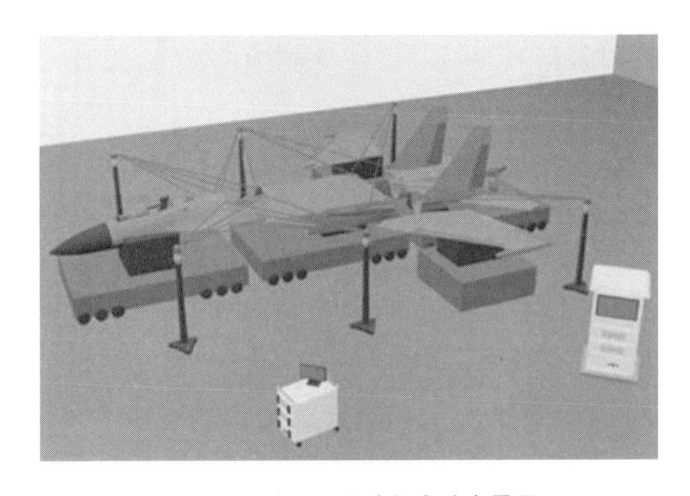

图 6-10　全局网络优化布站全景图

6.4　本章小结

　　本章在前面章节理论分析研究的基础上，提出了 wMPS 基于典型布局的全局网络优化方法。首先建立了典型布局覆盖面积的近似模板，在已知间距的情况下可对典型布局的覆盖面积进行估算，是区域分割的重要依据；其次建立了典型布局定位误差估计模型，通过对模型参数的分析以及测站数目对定位误差估计的影响，采用分步式多项式拟合方法求解出定位误差估计表达式。在以上基础上，设计了全局网络优化流程，并初步实现了软件功能。

第7章 基于启发式算法的布局优化模型

7.1 多目标优化问题描述

多目标优化问题首先由法国经济学家 V.Pareto 提出，并且引进了 Pareto 最优解[161]，多目标优化问题中的每个目标称为子目标。由于每个子目标之间的相互影响和作用，使得对多目标优化时不仅仅是满足每个子目标的最优化条件，而且要满足子目标之间相互关系的约束条件。因为子目标之间的关系（子目标约束条件）往往是复杂的，有时甚至是相互矛盾的，所以多目标优化问题实质上是处理这种不确定的子目标约束条件。多目标优化问题的数学描述由决策变量、目标函数、约束条件组成[162]。

一般多目标优化问题的数学描述如下：

$$\text{Min}(\&\text{Max}) \quad y = f(x) = [f_1(x), f_2(x), \cdots, f_n(x)] (n = 1, 2, \cdots, N)$$

$$\text{S.t.} \quad g(x) = [g_1(x), g_2(x), \cdots, g_k(x)] \leqslant 0$$

$$h(x) = [h_1(x), h_2(x), \cdots, h_m(x)] = 0 \quad (7\text{-}1)$$

$$x = [x_1, x_2, \cdots, x_d, \cdots, x_D]$$

$$x_{d\_\min} \leqslant x_d \leqslant x_{d\_\max} \ (d = 1, 2, \cdots, D)$$

式中，x 为 D 维决策变量；y 为目标函数；N 为优化目标总数；$f_n(x)$ 为第 n 个子目标函数；$g(x)$ 为 K 项不等式约束条件；$h(x)$ 为 M 项等式约束条件，约束条件构成了可行域；$x_{d\_\max}$ 和 $x_{d\_\min}$ 为向量搜索的上下限。以上方程表示的多目标最优化问题包括最小化问题（min）和最大化问题（max）以及确定多目标优化问题。

7.2 定位精度分析

在 wMPS 中,定位误差的主要误差源为全局定向误差、系统参数误差及直接观测误差。其中,全局定向误差与系统参数误差属于系统误差,可以补偿或消除,对布局影响可忽略不计。本节假设全局定向误差与系统参数误差是已知的。定义空间中的任意一点P_k的 GDOP(精度几何稀释因子)[163]表示为

$$\text{GDOP}_{p_k} = \sqrt{tr(D_k)} \qquad (7-2)$$

式中,D_k为矩阵 D 对角线上的第 K 个元素,对所有测站的布局优化是为了达到对被测点的最高定位精度,定义多目标优化问题的子目标为

$$\text{GDOP}_{p_k} = \sqrt{tr(D_k)} \qquad (7-3)$$

7.3 覆盖度分析

采用系统特性中的单向通信模型,当被测点在接收器的有效工作距离内时,至少被两个测站检测到,则定义测站的覆盖面积模型可表示为

$$O_2 = \begin{cases} 1, & N \geq 2, L \in [LR_{\min}, LR_{\max}] \text{且} \beta \in [-(\pi/2 - \phi_{\max}),(\pi/2 - \phi_{\max})] \\ 0, & \text{其他} \end{cases} \qquad (7-4)$$

式中,N 为测站个数。

7.4 使用成本分析

本节仅考虑测站在完成测量任务时的投资成本,不考虑在测量过程中的运行成本。在所有测站都被部署完毕后,每种布局下测站的成本消耗模型可表示为

$$O_3 = C \times N \qquad (7-5)$$

式中，C 为单个测站的成本；N 为测站个数。在测量区域内选择合适的测站数量，使得区域被最大覆盖，满足测量系统精度的同时使用的成本较低，可转换为多目标优化问题求解。

根据测站定位精度 D 和覆盖范围 F 及测站成本 C，得到测站布局多目标优化模型：

Min　$O_1 = \text{GDOP}_{Pk}$

Max

$$O_2 = \begin{cases} 1, & N \geqslant 2, L \in [LR_{\min}, LR_{\max}] \text{且} \beta \in [-(\pi/2 - \phi_{\max}), (\pi/2 - \phi_{\max})] \\ 0, & \text{其他} \end{cases}$$

Min　$O_3 = C \times N$

7.5　目标函数定义

不同指标对测站布局的影响程度不同，并且由于定位精度、覆盖度和使用成本分数不同，分属不同量纲，若要对其进行统一优化，则需要将各个目标归一化，因此可整理为

$$O_1 = \begin{cases} 1 - \dfrac{\text{GDOP}_{P_K}}{\text{PDOP}_{\lim}}, & \max(\text{GDOP}_{P_K}) \leqslant \text{PDOP}_{\lim} \\ 0, & \text{其他} \end{cases} \quad （7-6）$$

式中，$\text{PDOP}_{\lim}$ 为用户提出的测量精度。

将测站的覆盖度问题定义为当前布局覆盖被测点的个数与总被测点个数之比，则有

$$O_2 = \dfrac{\text{sum}(k==1)}{\text{Total}}, \quad \text{sum}(k==1) \leqslant \text{Total} \quad （7-7）$$

若被测目标径向距离及垂直角大小在测站可测范围之内，则认为测站测得该点的概率为 1；若被测目标径向距离或垂直角大小中有一项超过测站可测范围，则认为测得该点的概率为 0。式（7-7）将测站的覆盖度问题定义为当前布局覆盖被测点的个数与总被测点个数之比。

而此时的覆盖度问题及使用成本问题可分别归一化为以下形式：

$$O_3 = 1 - \frac{N_{\text{act}}}{N_{\text{max}}}, \quad N_{\text{act}} \leqslant N_{\text{max}} \qquad (7-8)$$

式中，N_{act} 是实际使用的测站数目；N_{max} 是可使用的测站数目。

基于上述目标函数的分析，给每个目标赋予一定的权重，则可将空间测量定位系统布局多目标优化问题转化为单目标优化问题求解，构造优化函数：

$$\max \ f(x) = K_1 O_1 + K_2 O_2 + K_3 O_3 \qquad (7-9)$$

式中，$K_i (i=1,2,\cdots,n)$ 为权重，且 $\sum_{i=1}^{n} K_i = 1$；f 值为被测点在此种布局下的适应度值的大小，f 值越大，表明对此被测区域，此种优化布局较优。这里优化的目的就是在给定的布站区域、测量区域下获得一种 f 值较高的空间任意布局。

7.6 层次分析法权重分析

层次分析法（analytic hierarchy process，AHP）是将与决策总是有关的元素分解成目标、准则、方案等层次，在此基础之上进行定性和定量分析的决策方法。该方法是美国运筹学家——匹茨堡大学的教授萨蒂，于 20 世纪 70 年代初，在为美国国防部研究"根据各个工业部门对国家福利的贡献大小而进行电力分配"课题时，应用网络系统理论和多目标综合评价方法，提出的一种层次权重决策分析方法[164]。AHP 优化流程如图 7-1 所示。

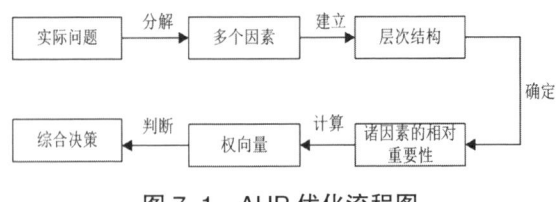

图 7-1 AHP 优化流程图

AHP 的基本思想是将决策问题按总目标、各层子目标、评价准则直至具体的备选方案的顺序分解为不同的层次结构,然后用求解判断矩阵特征向量的办法,求得每一层次的各元素对上一层次某元素的优先权重,最后用加权和的方法递归并选择方案对总目标的最终权重,最终权重最大者即为最优方案[165]。这里的"优先权重"是一种相对的量度,它表明各备选方案在某一特点的评价准则或子目标下优越程度的相对量度,以及各子目标对上一层目标而言重要程度的相对量度。这是一种对定性事件进行定量分析的有效方法。其主要特点在于在分析过程中思路清晰,能够将思维过程数字化、系统化,并且在分析过程中需要定量的数据较少。

运用层次分析法对问题进行权重分析时,大体上可以分为以下4个步骤。

1. 建立层次结构

建立递接层次结构是层次分析法中最为重要的一个环节,是在对所要分析问题充分了解的情况下,分析问题各因素之间的联系和结构,并把这种结构划分为若干层。下面针对本章所提出的3个评价指标(定位精度、覆盖度、使用成本),建立wMPS测站布局优化层次结构,如图7-2所示。

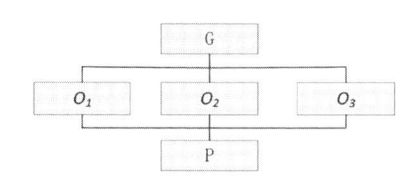

图7-2 wMPS测站布局优化层次结构

在图7-2中,最高层为优化目标G,中间层为准则层,即前面提出的评价指标O_1、O_2、O_3,最后通过指标之间的两两比对判断,形成方案层P的最终优化方案。

2. 构造判断矩阵

在构造两两判断矩阵过程中,评价者需要反复回答问题:两个因素A_i和A_j哪一个是重要的,哪一个是次要的,重要或次要的程度为多少,需要对重要或者次要赋予一定的数值，采用 1 ~ 9 比例尺度（标度），具体见表 7-1。

表 7-1 比例尺度定义表

比例尺度	说明
1	第 i 个因素与第 j 个因素的影响相同
3	第 i 个因素比第 j 个因素的影响稍重要
5	第 i 个因素比第 j 个因素的影响重要
7	第 i 个因素比第 j 个因素的影响重要得多
9	第 i 个因素比第 j 个因素的影响极为重要
2,4,6,8	第 i 个因素相对于第 j 个因素的影响介于相邻两个等级之间

由此得到对比矩阵：

$$A = \begin{bmatrix} a_{11} & a_{12} & \cdots & a_{1n} \\ a_{21} & a_{22} & \cdots & a_{2n} \\ \cdots & \cdots & \cdots & \cdots \\ a_{n1} & a_{n2} & \cdots & a_{nn} \end{bmatrix}$$

矩阵 A 具有如下性质：$a_{ij} > 0$，$a_{ii} = 1$，$a_{ij} = \dfrac{1}{a_{ji}}$。

3. 解析判断矩阵

得出特征根和特征向量并检验每个矩阵的一致性，若不满足一致性条件，则要修改判断矩阵，直至满足系统功能为止。

4. 计算因素的相对权重

下面选择了计算较为简便的"和积法"，其具体计算步骤如下：

（1）对矩阵 A 按列规范化。

$$\overline{a}_{ij} = \frac{a_{ij}}{\sum_{i=1}^{n} a_{ij}} \quad (i,j = 1, 2, \cdots, n) \quad (7-10)$$

（2）相加得和向量。

$$W_i = \sum_{i=1}^{n} \overline{a}_{ij} \quad (i = 1, 2, \cdots, n) \quad (7-11)$$

将得到的和向量正规化，即得权重向量：

$$\bar{W}_i = \frac{W_i}{\sum_{i=1}^{n} W_i} \tag{7-12}$$

（3）计算矩阵最大特征根 λ_{max}。

$$\lambda_{max} = \sum_{i=1}^{n} \frac{|A\bar{W}_i|_j}{(\bar{W}_i)_i} \cdot \frac{1}{n} \tag{7-13}$$

因为判断矩阵先进行按列规范化，则每列和为1，并且判断矩阵内所有元素和近似等于n（行，列数），所以步骤（2）和步骤（3）可以简化为行平均计算。

（4）一致性检验。根据对比判断矩阵，求出权重向量λ，同时为避免误差，对权重向量进行一致性检验：

$$CR = \frac{CI}{RI}, \quad \text{且} CI = \frac{\lambda_{max} - 1}{n - 1} \tag{7-14}$$

式中，λ_{max}为一致性检验最大特征值；CR为一致性比例；CI为一致性指标；RI为平均随机一致性指标，具体取值见表7-2。

表7-2 RI取值

n	3	4	5	6	7	8
RI	0.58	0.9	1.12	1.24	1.32	1.41

当$CI<0.1$时，则认为对比判断矩阵满足一致性要求。

这里考虑到测站优化布局能在一定成本下对被测区域的全面覆盖，且能提高系统的测量精度，则矩阵中对比数分别取值为$a_{12}=1$、$a_{13}=3$、$a_{23}=5$，从而求得$K_1=0.405$、$K_2=0.481$、$K_3=0.114$，且$CI=0.025<0.1$，满足要求。因此原来的多目标函数即可转换为归一化目标函数：

$$\max f(x) = 0.105O_1 + 0.481O_2 + 0.114O_3 \tag{7-15}$$

7.7　本章小结

本章首先对 wMPS 的组成结构和测量原理进行了分析，同时对多目标优化问题进行了系统的描述；然后分析了影响 wMPS 测站布局的三个方面，即定位精度、覆盖度、使用成本。由于这三个目标函数属于不同量纲，对其进行归一化处理并运用层次分析法进行权重分析，最后得出归一化处理后的目标函数。

第 8 章　布局优化启发式算法设计

本章针对 wMPS 布局问题，旨在通过计算机技术自动寻求一种在满足对被测区域全面覆盖的前提下，使用合理的成本满足测量精度要求的布局。该优化设计的最终布局是一种近似最优的多目标优化结果，不是唯一的，具有一定模糊性，因此引入启发式非确定性搜索方法来评价布局的优劣。

8.1　自适应遗传算法及其改进

8.1.1　传统自适应遗传算法的原理

在遗传算法中，交叉概率与变异概率的取值对算法的优化性能起着至关重要的作用[166]。交叉算子的主要作用是使遗传算法生成新的个体，其决定了遗传算法的全局搜索能力。较大的交叉概率值会使新的个体较快产生，同时也会使算法中的优良个体被迅速破坏；若取较小的交叉概率值，又会使算法搜索不到最优解，陷入局部最优。变异概率的作用主要是在算法中产生新的基因，其决定了算法的局部搜索能力。较大的变异概率值会使算法中的优良个体被替代，较小的变异概率值则会使新的基因难以产生，从而造成算法早熟。传统遗传算法对这两个参数的取值一般是凭借经验选取，并且数值固定。为了解决这个问题，Srinivas 提出了一种随着适应度值大小而改变交叉概率和变异概率的方法（adaptive genetic algorithm，AGA）[167]，如下式：

$$P_c = \begin{cases} K_1 \cdot \dfrac{f_{\max} - f}{f_{\max} - f_{\mathrm{avg}}} & f \geqslant f_{\mathrm{avg}} \\ K_3 & f < f_{\mathrm{avg}} \end{cases} \quad (8\text{-}1)$$

$$P_m = \begin{cases} K_2 \cdot \dfrac{f_{\max} - f'}{f_{\max} - f_{\mathrm{avg}}} & f' \geqslant f_{\mathrm{avg}} \\ K_4 & f' < f_{\mathrm{avg}} \end{cases} \quad (8\text{-}2)$$

式中，f_{avg}表示群体的平均适应度值；$f_{\max}$表示群体的最大适应度值；f'表示参与交叉的两个个体适应度值的较大者。

与此同时，K_1、K_3取 1.0，K_2、K_4取 0.5。通过上式可以分析出低于平均适应度的个体将会全部参与交叉运算，并且也会以较大的概率值进行变异运算，从而产生新的个体和新的基因；而高于平均适应度的个体则会以较小的交叉和变异概率进行运算，以使现有的最优解不被破坏。自适应算法在一定程度上改善了传统遗传算法因参数的固定选取而造成的早熟现象，但此种算法仅仅有利于种群处于算法的进化后期，不利于进化初期。因为在进化初期，种群的最大适应度值与种群的最优个体的适应度值之间的差值近似为 0，这就使得在进化初期，变异概率和交叉概率接近或等于 0，这就造成了种群中的优良个体处于一种既不交叉也不变异的状态，而与此的最优个体一定不是全局最优解，使得算法很容易走向局部最优。

8.1.2 自适应遗传算法的操作

下面介绍自适应遗传算法的操作。

1. 编码

在自适应遗传算法中，编码是首先要解决的问题。因为在算法的运行过程中，并不是直接对所要解决的问题进行操作，而是对表示可行解的个体编码进行选择、交叉、变异等遗传操作，通过这样的遗传操作来实现优化的作用，这是自适应遗传算法的特点之一。自适应遗传算法的编码操作可以搜索出适应度函数值较高的个体，并在种群中增加其数量，不断找到问题的最优解或者近似最优解，同时，编码方式也将影响到交叉、变异等遗传操作的运算过程。常见的编码方式分为二进制编码和浮点数编码等。

（1）二进制编码。二进制编码是一种常用的自适应遗传算法编码方式。其所构成的基因型结构是一个二进制字符串，二进制编码具有以下特点。

1）编码、解码操作简单。

2）便于交叉和变异操作。

3）符合最小字符编码原则。

4）有利于使用模式定理对算法进行理论分析。

（2）浮点数编码。当面对一个多目标、高维的优化问题时，二进制编码就会存在一些弊端。首先，当个体编码长度过短时会导致精度达不到目标要求，而个体编码长度过长又会导致搜索范围的变大。而浮点数编码是指每个基因位用一个实数表示，编码的长度为变量的个数。

浮点数编码具有以下特点。

1）适用于自适应算法中多维、多优化目标的问题。

2）适用于对优化结果有高精度要求的优化问题。

3）提高了自适应遗传算法的运算效率。

4）便于表示较大范围的数。

5）便于自适应遗传算法的改进以及与其他算法的混合。

综上所述，相对于二进制编码来说，采用浮点数编码将会在一定程度上避免编码、解码所造成的误差。但具体采用哪一种编码方式要根据具体问题来分析。

2. 遗传操作

遗传操作就是用自适应遗传算法来模拟生物进化过程的操作，它的作用在于根据不同的适应度函数值采用一定的操作，从而实现适者生存、优胜劣汰的进化过程。遗传操作主要包含以下三个遗传算子，即选择算子、交叉算子、变异算子。其中，选择算子和交叉算子完成了遗传操作中不断搜索解空间的作用；变异算子则增加了算法种群多样性的能力。

（1）选择算子。选择算子是指从种群中选择较优质的个体进行优胜劣汰的操作，是建立在对适应度函数值的评估上。选择操作是用来确定如何从父代种群中选取哪些个体进行下一步的遗传运算。适应度函数值越高的个体，被选择到的概率也就越大；反之，适应度函数值较低的个体被遗传到下一代的概率较小。常用的选择操作方法可分为轮盘赌选择法、无回放随机选择法等。

1）轮盘赌选择法：又称为适应度比值法，是一种目前自适应遗传算法中应用较广的选择方法。假设群体的种群大小为 N，个体的适应度函数值为 f_i，则第 i 个个体被选择的概率可表示为

$$P_i = \frac{f_i}{\sum_{k=1}^{N} f_k} \quad (8-3)$$

概率 P 反映了个体 i 的适应度函数值在整个种群适应度值总和中所占的比例，若个体的适应度函数值越大，表示其选择概率就越大，因此该个体就能够被多次选中，就能够使它的遗传基因在种群中扩张，若选择概率较小，则代表该个体将很有可能会被淘汰。

2）无回放随机选择法：又称为期望值选择，其主要思想是根据每个优化个体在下一代种群中的生存期望值进行随机搜索运算。其具体执行过程为以下几个步骤。

①计算种群中每个个体在下一代种群中的生存期望数 M。

②若某一个个体被选中参与交叉运算，则在其下一代种群的生存期望数中减去 0.5；若单个个体没有被选中参与交叉运算，则在其下一代种群的生存期望数中减去 1.0。

③随着进化过程的不断增加，若某一个种群的生存期望数小于 0 时，则代表该种群中的个体将再也不会被选中。但这种选择方式能够降低选择误差的产生，但不利于具体操作。

（2）交叉算子。交叉又称为重组，是按较大的概率从群体中选择两个个体，交换两个个体的某个或者某几个位置，从而形成新的个体，

这是自适应遗传算法区别其他进化算法的主要标志，在算法中起着至关重要的作用。

在自适应遗传算法中，在进行交叉运算之前，首先要对群体中的个体进行配对。目前常用的手段是将种群中的 M 个个体以随机的方式组成 $M/2$ 个配对组。交叉方法常见的有单点交叉、两点交叉和多点交叉。

1）单点交叉：又称为简单交叉，即在整个基因串中随机设置一个交叉点，然后以该点为中心交换两个配对个体的部分染色体。

2）两点交叉：即在整个基因串中随机设置两个交叉点，然后进行基因的部分交换。

（3）变异算子。变异操作就是将个体的染色体基因串中的某些基因值用其他的等位基因值来替代，从而形成一个新的个体，增加了种群的多样性和有效性，它决定了算法的局部搜索能力。交叉运算与变异运算共同作用就能够完成对搜索空间的全局搜索和局部搜索。常用的变异手段有单点变异和均匀变异等。

1）单点变异：在整个基因串中随机选择一个变异点，以一定的变异概率进行变异运算。

2）均匀变异：分别用适合某一范围内均匀分布的随机数，用某一较小的概率来替换个体编码串中每个基因上的原有基因值。

8.1.3 基于进化代数衰减因子的自适应遗传算法

为了提高算法的局部搜索能力，应该使算法在进化早期与中期的优良个体保持一定的交叉与变异概率。除此之外，从种群的整个进化过程来看，在进化初期与进化期，交叉和变异概率的值应该取大些，以便种群能够开拓新的搜索空间，搜索到新的个体，防止早熟现象。而在进化晚期，应该取较小的交叉和变异概率，以保护此时搜索到的全局最优解不被破坏。个体的交叉和变异概率应随着进化代数的增加而不断减小。

因此，本小节提出了一种基于进化代数衰减因子的自适应遗传算法（improved adaptive genetic algorithm，IAGA），该算法既能够根据个体适应度值的变化不断调整自身的交叉和变异概率，而且对高适应度的个体也保持一定的交叉和变异概率。交叉和变异概率为

$$P_c = \begin{cases} F(t) \cdot \left[P_{c1} - \dfrac{(P_{c1}-P_{c2})(f-f_{avg})}{f_{max}-f_{avg}} \right] & f \geqslant f_{avg} \\ P_{c1} & f < f_{avg} \end{cases} \quad (8-4)$$

$$P_m = \begin{cases} F(t) \cdot \left[P_{m1} - \dfrac{(P_{m1}-P_{m2})(f_{max}-f')}{f_{max}-f_{avg}} \right] & f' \geqslant f_{avg} \\ P_{m1} & f' < f_{avg} \end{cases} \quad (8-5)$$

式中，$F(t)$ 为进化代数衰减因子，$F(t) = 1 - \dfrac{t}{T} e^{(\frac{\alpha t}{T}-\beta)}$；$t$ 为当前进化代数；T 为总进化代数；α、β 为与进化代数衰减因子有关的参数。

图 8-1 所示是进化代数衰减因子在 α、β 分别等于 5 时的衰减曲线。从图 8-1 中可以看出，在进化的早期与中期，进化代数衰减因子 $F(t)$ 随着进化代数的增加基本上趋于不变，而在接近进化结束时，衰减会十分严重，衰减的倍数会跟着进化代数的增加而快速衰减到 0。

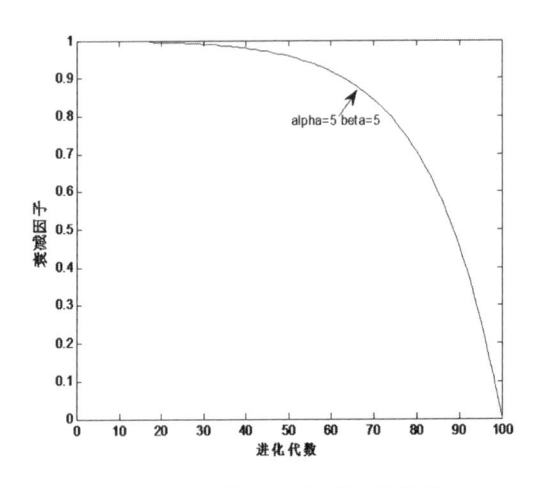

图 8-1 进化代数衰减因子曲线

由式（8-4）及式（8-5）可以看出：在进化的早期和中期，$F(t) = 1 - \dfrac{t}{T} e^{(\frac{\alpha t}{T}-\beta)}$ 约等于 1。这样在算法中衰减因子的衰减作用起着并不明显的

作用，高于平均适应度值的个体交叉和变异概率可以根据个体适应度值的变化而自动进行调整，调整范围为$P_{c1}\sim P_{c2}$和$P_{m1}\sim P_{m2}$，从而使得算法在进化早期和中期保持较高的交叉和变异概率，这样能够抑制算法早熟，并且有利于新的个体产生。随着进化代数的增加，种群趋于最优解，这时交叉与变异概率将不断减小。在进化的晚期，个体的交叉和变异概率随着进化代数衰减因子的作用迅速趋向于 0，使得此时种群的最优解不被破坏。同时本算法还采用了精英保留策略，在种群进化过程中保留一部分精英个体，直接复制到下一代，让其不参与交叉和变异操作，从而保证了算法的全局收敛性。

8.2　模拟退火－粒子群优化算法

8.2.1　粒子群优化算法

粒子群优化算法（particle swarm optimization，PSO）是一种模拟群体智能行为的优化算法。最早是由美国心理学家 Kennedy 博士和从事计算机智能优化研究的 Eberhart 博士受到人类认知行为的研究启发，于 1995 年提出的一种群智能随机优化算法。其思想来源于对鸟类觅食行为的研究，因为鸟群在觅食过程中会突然改变方向、聚拢、散开，其行为不可预测，但其整体总保持一致性，个体与个体之间也保持着最合适的距离。通过对类似生物群体的行为研究，发现生物群体中存在着一种社会信息共享机制，它为群体的进化提供了一种优势，这也是粒子群优化算法形成的基础。

在粒子群优化算法中，可以将每个待优化的可行解理解为搜索空间的一只鸟，称之为"粒子"。所有粒子都有一个被目标函数决定的适应度函数值，并且每个粒子还存在一个速度矢量来决定下一时刻粒子的位置。与遗传算法这类基于自然选择的算法相比，粒子群优化算法这类群智能优化算法依靠了每个粒子之间的信息共享机制，从而使得粒子根据自己的经验和整个粒子群之间的信息交换来决定粒子的下一位置。具体来说，每个粒子通过自己的经验和整个粒子群最好的位置，或者其邻域中最好的位置，来决定整个种群的飞行方向，从而使得每个粒子都可以飞向其最优的粒子位置处。优化搜索是基于一群随机初始化的粒子组成的群体，并且以迭代的形式进行优化。

1. 粒子群优化算法的数学模型

粒子群优化算法的数学描述为：在一个 D 维的搜索范围内，存在由 m 个粒子组成的一个种群 $X=\{X_1, X_2, \cdots, X_m\}$，该种群以一定的速度飞行，其中第 i 个粒子可表示为一组 D 维的向量 $\boldsymbol{X}_i=(x_{i1}, x_{i2}, \cdots, x_{id})^T$，$i=1, 2, \cdots, m$，即在 D 维搜索空间中第 i 个粒子的空间位置是 X_i，将 X_i 代入需要优化的问题中就可以计算其适应度值，从而根据适应度值的大小来衡量粒子 X_i 的优劣。其中，第 i 个粒子速度可表示为 $v_i=(v_{i1}, v_{i2}, \cdots, v_{id})$，$1 \leqslant i \leqslant m$，$1 \leqslant d \leqslant D$；记第 i 个粒子迄今为止所搜索到的最优位置为 $\bar{P}_{id}=(P_{id}, P_{id}, \cdots, P_{id})$，整个粒子群迄今为止搜索到的最优位置为 $\bar{P}_{gd}=(P_{gd}, P_{gd}, \cdots, P_{gd})$。

Kennedy 和 Eberhart 用下列公式对微粒进行操作：

$$v_{id}(t+1)=v_{id}(t)+c_1 r_{1d}(t)(p_{id}(t)-x_{id}(t))+c_2 r_{2d}(t)(p_{gd}(t)-x_{id}(t))$$

(8-6)

式中，$i=[1, m]$，$s=[1, S]$；学习因子 c_1 和 c_2 是非负常数；r_1 和 r_2 为相互独立的伪随机数，服从 $[0, 1]$ 上的均匀分布；$v_{id} \in [-v_{\max}, v_{\max}]$，为常数，由评价人所设定。

从基本粒子群的算法模型可以看出，算法的全局收敛性直接受粒子的飞行速度影响。若粒子的速度过大，就能使得粒子快速飞行到全局最优解的位置；但当粒子趋向于最优解时，而此时粒子缺乏有效的约束和控制，很容易越过最优解而转向到其他位置搜索，从而使算法难以获得优化问题的全局最优解。因此，为了能够快速有效地限制粒子飞行的速度，使其不限于局部最优搜索，Shi 和 Eberhart 在原有的算法模型中加入了权重系数 w，从而实现对于算法的飞行速度的有效控制，

则此时粒子的速度和位置公式可表示为

$$v_{id}(t+1) = \omega v_{id}(t) + c_1 r_{1d}(t)(p_{id}(t) - x_{id}(t)) + c_2 r_{2d}(t)(p_{gd}(t) - x_{id}(t))$$
（8-7）

$$x_{id}(k+1) = x_{id}(k) + v_{id}(k+1) \tag{8-8}$$

式（8-7）主要通过三个方面来计算微粒 i 的速度：①微粒 i 前一时刻的速度；②微粒 i 当前的位置与自身历史最优位置之间的距离；③微粒 i 当前的位置与整个种群最优位置之间的距离。微粒 i 通过式（8-8）计算新位置的坐标。下一步的运动速度和位置通过式（8-7）和式（8-8）来确定。如图 8-2 所示，在二维空间下描述了粒子从位置 $x_{id}(k)$ 移动到 $x_{id}(k+1)$。

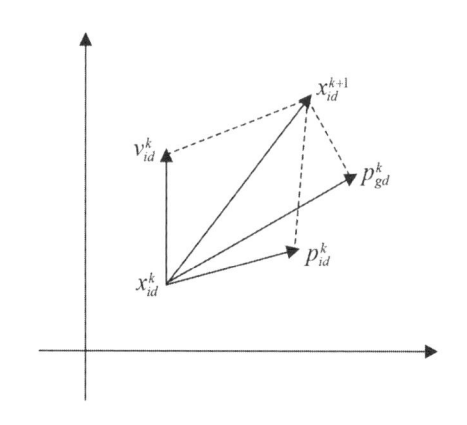

图 8-2 粒子移动示意图

2. 粒子群优化算法的参数说明

虽然粒子群优化算法中涉及的参数较少，但它们对算法最终的优化效果起着至关重要的作用。因此必须仔细分析各个参数对算法的优化性能的影响。下面对这些重要参数进行论述。

（1）学习因子。学习因子 c_1 和 c_2 分别表示微粒个体最优解和整个种群最优解对更新粒子位置的影响。

c_1 表示粒子的自我认知能力，表示粒子的个体最优解对粒子位置的主要影响。当 $c_1 = 0$ 时，表示当前粒子不具备自我认知能力，粒子没有能力搜索新的搜索空间,此时算法的收敛速度会比标准算法快,但同时也比标准算法更易陷入局部最优。

c_2 表示粒子的社会认知能力,即整个种群的最优解对粒子位置的主要影响。当 $c_1 = 0$ 时,表示当前粒子不具备社会认知能力,即粒子之间失去了信息共享,由于粒子之间信息共享机制是粒子群算法优化的基础,失去了社会认知能力,将会导致粒子很难搜索到全局最优解。经过研究人员的不断实验发现,在 $c_1 + c_2 \leq 4$ 时一般可以取得较优的优化结果。

(2)粒子速度。粒子的速度是决定下一时刻粒子位置的基础,在进行迭代寻优时,首先要求出粒子速度,然后进行粒子位置的移动。

(3)种群规模。在粒子群优化算法中,种群规模一般用字母 m 表示。当 m 取值较小时,整个算法的运算速度会变得非常快,但同时也会存在多样性不足的问题。但若将种群数目设置得过大,又会导致算法的运算速度非常慢。因此,算法的种群规模一般情况下的取值为 20～80。

8.2.2 模拟退火算法

模拟退火(simulated annealing,SA)算法最早由 N.Metropolis 等人于 1953 年提出,1983 年,S.Kirkpatrick 等成功地将退火思想引入组合优化领域。这是一种基于蒙特卡罗迭代求解策略的随机寻优算法,其出发点是基于物理中固体物质的退火过程与一般组合优化问题之间的相似性。模拟退火算法从某一较高初温出发,伴随温度参数的不断下降,结合概率突跳特性,在解空间中随机寻找目标函数的全局最优解,即局部最优解能概率性地跳出并最终趋于全局最优。

1. 模拟退火算法的基本思想

模拟退火算法来源于固体退火原理,将固体加温至充分高,再让其徐徐冷却,加温时,固体内部粒子随温升变为无序状,内能增大,而徐徐冷却时粒子渐趋有序,在每个温度都达到平衡态,最后在常温时达到基态，内能减为最小。因此固体退火的过程可分为加热、恒温、冷却。

受固体退火过程原理的启发，Kirkpariek S 在 1983 年发现了固体退火原理与组合优化问题之间有着很多的相似之处，见表 8-1，所以他们将 Metropolis 准则引入到优化过程，从而提出了模拟退火算法，此算法有着很强的全局收敛性。

表 8-1　固体退火与组合优化对比

固体退火	组合优化
粒子状态	解
能量	目标函数
熔解过程	设置初始温度
等温过程	Metropolis 抽样过程
冷却	控制参数下降
能量最低态	最优解

2. 模拟退火算法的原理

模拟退火算法采用一定的概率来接收最新解，具体方式是根据 Metropolis 准则，让粒子在温度 T 时趋于平衡的概率为 $e^{(-\Delta E/(kT))}$。其中，E 为温度 T 时的内能；ΔE 为其改变量；k 为 Boltzmann 常数。由初始解 i 和控制参数初值 t 开始，对当前解重复"产生新解→计算目标函数差→接受或舍弃"的迭代，按照此操作所生成的新解，由于其存在一定概率的非劣解，从而使得种群保持一定的多样性。通过温度的高低控制目标函数，以调整粒子的冷却温度，在算法进化早期到中期，粒子之间的适应度函数值相差较大，退火温度较高，使得运算速度较慢，在算法进化后期，由于温度较低，粒子的适应度函数值也逐渐趋向于 0。

3. 模拟退火算法的参数说明

冷却进度表（cooling schedule）是控制模拟退火算法进程的参数，通过逼近算法在渐进状态下的收敛，使得算法能够在有限的时间内执行运算后返回一个近似最优的解，是影响模拟退火算法优化性能的重要成分，对其合理的选取有利于算法的应用[171]。在模拟退火算法中，一个冷却进度表通常由以下四个部分组成。

（1）选择温度的初值 T_0。从理论分析可知，要想让算法在合理的时间范围内搜索到足够大的范围，那么必须要有较大的初始温度才能满足上述要求，根据 Metropolis 准则可知：

$$\exp\left(-\frac{\Delta f}{T_0}\right) \approx 1 \qquad (8-9)$$

由式（8-4）可知，若取较大的 T_0，可以使算法在初始状态就达到动平衡，否则算法就会变成一种随机局部搜索算法，搜索不到最优解。但是若选取过大的初始温度，又会造成算法的计算速度较慢，因此在进行初始温度选择时要慎重，但必须要满足足够大的原则。

（2）控制温度参数 T 的衰减函数。为了避免模拟退火算法进化过程中产生较长的马尔科夫链，控制温度参数 T 的衰减函数的衰减幅度应该小一点为好，并且衰减的幅度还会影响算法进化过程中迭代次数的增加，算法可以经过更多的迭代运算，搜索到更多的解空间，找到更好的最优解。在模拟退火的运算过程中，若温度衰减越快，将会导致失去极值点；但若温度衰减过于缓慢，又会造成算法收敛效率的降低。为了提高模拟退火算法的计算效率和适应性，有很多学者研究出了许多种降温方案，有代表性的是以下几种。

1）$T(k+1) = \alpha * T(k), k = 0, 1, 2, \cdots$ 当 α 的取值在 0.5～0.9 范围内时，这个衰减函数是 Kirkpatrick 等人提出的，此衰减函数的衰减作用随着进化过程的深入而递减。

2）$T(k) = (K-k)T_1 / K$，K 为算法参数控制的总次数。此衰减函数可以控制参数下降的总次数，使各个参数之间的差值保持不变。但此类算法值适用于以迭代次数为准则的冷却进度表。

3）$T(k) = T_0 / (1 + \ln(1+k))$，此函数是经典的衰减函数，但其退火的效率很慢，从而导致算法搜索效率比较低。

4）$T(k) = T_0 / (1 + \alpha t)$，这是一种能够快速退温的衰减函数，其特点是在高温区使得退火温度下降得比较快；在低温区使得退火温度下降得比较慢，这个衰减函数符合分子热运动理论。

（3）马尔科夫链的链长 L。有限的马尔科夫链长影响算法搜索进程中搜索空间的范围。其取值原则一般是使温度 T 在每个取值上都能达到一种平衡的状态。当优化问题的维度不高时，链长可以取值较小，从而减少迭代次数，提高搜索效率。

（4）控制温度参数的结束准则。模拟退火算法从初始温度开始，通过在每个温度下增加迭代次数并利用衰减函数，最终满足结束准则后停止运算。下面是两种常用的结束准则。

1）零度法：由于模拟退火算法的最终温度为 0，因此通常的做法是给定一个温度阈值，当算法的温度小于此阈值时，则算法跳出循环，结束运算过程。

2）迭代次数控制法：这是一类常用的结束准则，设定算法的迭代次数为一个定值，当算法运算次数到达此定值时，结束运算过程。

8.2.3 基于模拟退火－粒子群优化算法的混合算法

粒子群优化算法是一种通过多点进行并行搜索的方法，每个粒子均有记忆性，通过粒子间的信息交互，能够快速收敛于搜索空间的某一点，需要的参数较少，适用于工程实践中。但由于粒子间的信息交互是单向的，就造成了粒子汇聚于一个小的解空间之中无法跳出，从而失去了粒子的多样性，使得算法出现早熟现象且易陷入局部最优。因此对于粒子群优化算法的改进策略通常是增加种群的多样性，提高算法的全局搜索能力，避免陷入局部最优，在保证收敛效率的同时获得更优的解。

模拟退火算法是一种全局进化搜索算法，由于其在迭代过程中能够接受内能较大的点，因此具备了能够跳出局部最优解并进入全局优化搜索的能力。另外，模拟退火算法在更新的过程中不仅可以接受使适应度函数变得很好的优化解，同时以一定的概率接受非劣解，来增加种群的多样性，扩大整个种群的搜索范围。

因此下面设计了一种将模拟退火算法与粒子群优化算法相结合的模拟退火-粒子群优化算法，将模拟退火思想引入微粒更新过程中，应用式（8-10）进行粒子的速度更新。同时采用 Metropolis 接受准则，若两个位置适应度函数的差值 $\Delta f < 0$ 或 $\exp(-\Delta f / T) > $ rand，则接受新解，持续进行"产生新解→判断→接受或舍弃"，使得算法能从局部最优值中跳出。同时运用式（8-11）设定初始温度及退火温度，从而收敛至全局最优解。混合后的算法既存在模拟退火算法的全局搜索性质及避免迭代过程中容易陷入局部最优的弊端，同时又能够利用粒子群优化算法良好的局部搜索性及较快的收敛速度，所以称为近年来的一个研究热点。

$$v_{id}(t+1) = \chi[v_{id}(k) + c_1 r_{1d}(t)(p_{id}(t) - x_{id}(t)) + c_2 r_{2d}(t)(p_{gd}(t) - x_{id}(t))] \tag{8-10}$$

$$\begin{cases} T_k = -\text{fitness}(P_g)/\log(0.2) \\ T_{k+1} = C \cdot T_k \end{cases}, \quad C \in (0, 1) \tag{8-11}$$

式中，$v_{id}(k+1)$ 是粒子在 $k+1$ 时刻的速度；$v_{id}(k)$ 是粒子在 k 时刻的速度；$p_{id}(k)$ 为 k 时刻个体当前最好位置；$p_{gd}(k)$ 为当前全局最优位置；$\chi = \dfrac{2}{|2 - C - \sqrt{C^2 - 4C}|}$ 为压缩因子；$C = c_1 + c_2$，且 $C > 4$。

8.3 布局优化流程设计

8.3.1 基于进化代数衰减因子的自适应遗传算法优化流程

基于进化代数衰减因子的自适应遗传算法优化流程图如图 8-3 所示。具体优化步骤如下：

（1）原始参数的输入：这包括与系统定位精度、覆盖度、使用成本相关的各个参数和遗传算法的有关参数（如种群规模 NIND，最大交叉概率P_{c1}和最小交叉概率P_{c2}，最大变异概率P_{m1}和最小变异概率P_{m2}）。

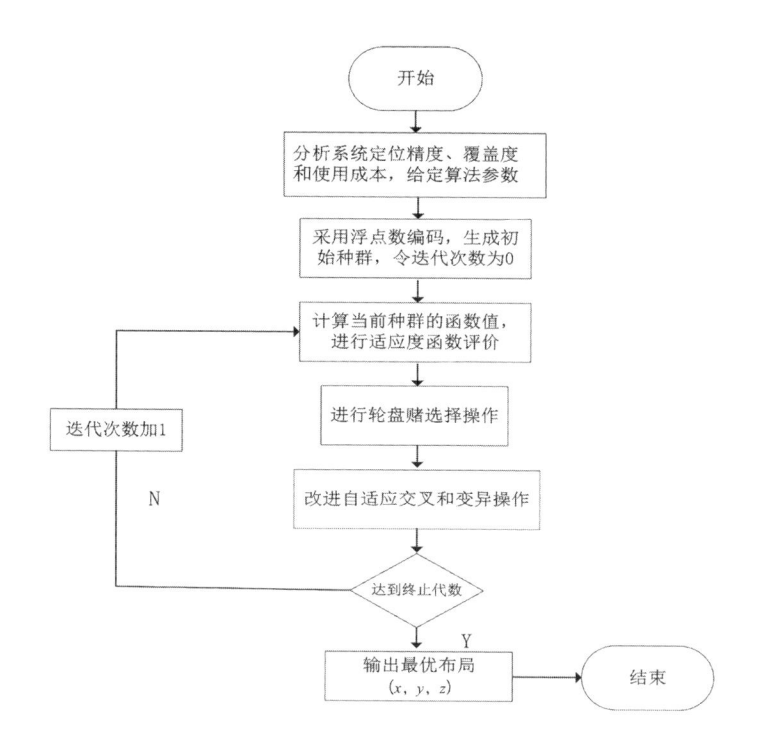

图 8-3 基于进化代数衰减因子的自适应遗传算法优化流程图

（2）编码：由于布局的位置具有较高精度的要求，因此采用浮点数编码，并随机初始化一定规模的种群，则第 i 个测站的随机初始位置可以用下式来表达：

$$\left(x_{id} = a + (b-a) \cdot \mathrm{rand} \right) \tag{8-12}$$

式中，a 和 b 分别代表布站区域的上界和下界；rand 是 [0,1] 空间上的一个随机数。

（3）开始迭代循环，迭代次数初始化为 1。

（4）适应度函数：采用公式进行适应度函数值计算，并对所有个体的适应度函数值进行排序。

（5）选择操作：选择轮盘赌选择法进行排序选择。

（6）交叉、变异操作：根据前面章节提出的改进自适应交叉和变异算子进行遗传操作。

(7)迭代次数 t 递增。

(8)判断是否满足收敛条件,即采用最大遗传代数相结合的终止进化准则。如果不满足收敛条件,则继续进行遗传迭代;如果满足收敛条件,则遗传迭代终止。

(9)将种群中的最优个体作为优化结果输出。

8.3.2 基于模拟退火-粒子群优化算法的优化流程

基于模拟退火-粒子群优化算法的wMPS测站布局流程图如图8-4所示。具体步骤如下:

(1)初始化。

1)初始化参数:粒子群种群规模 m,粒子维度 d,学习因子 c_1、c_2,迭代次数。

2)初始化粒子位置和速度:采用浮点数方式进行编码,并随机初始化一定规模的种群,则第 i 个测站第 d 维的空间位置采用式(8-12)和速度可表示为

$$v_{id} = v_{\min} + (v_{\max} - v_{\min}) \cdot rand \quad (8-13)$$

3)初始化退火温度:采用式(8-13)设定初始化退火温度和退火操作。

(2)适应度函数:采用式(8-6)作为待优化的适应度函数,计算每个粒子的初始适应度值,将每个粒子的最优适应度值作为初始个体最优适应度值,选择个体最优的极值作为初始群体的最优极值。

(3)循环操作。

1)对每个粒子的个体最优值进行模拟退火邻域搜索。

2)采用式(8-8)和式(8-10)更新粒子的速度和位置。

3)更新粒子的个体极值和全局最优值:重新计算每个粒子的适应值,然后与该个体的初始最优值进行比较,若优于个体初始最优值,则更新个体初始最优值,比较所有的个体最优和全局最优,进而更新全局最优值。

（4）模拟退火操作：利用式（8-11）进行降温，否则转至步骤（3）。

（5）终止条件：对迭代次数进行判断，如果达到最大迭代次数，则输出结果并停止运算。

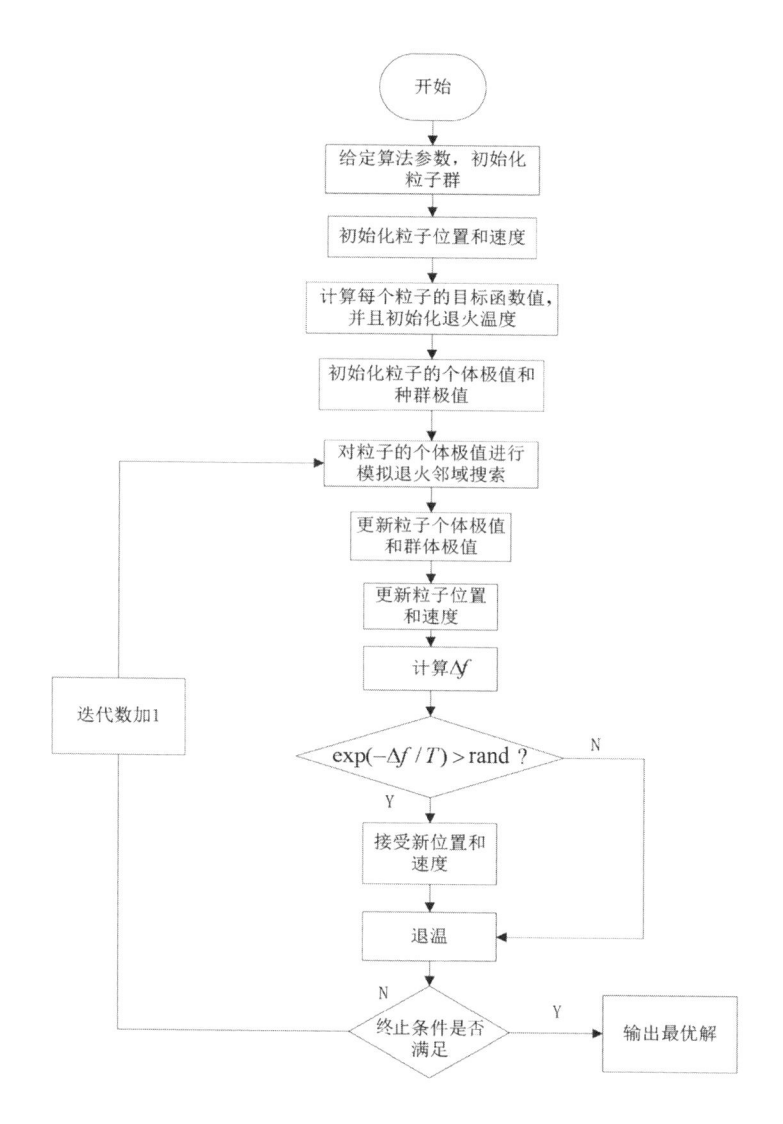

图 8-4 基于模拟退火 – 粒子群优化算法的 wMPS 测站布局流程图

8.4 本章小结

本章首先分析了传统的布局优化手段，从而引出了自然选择类算法和群智能优化算法两类非确定搜索算法。在自然选择类算法中，由于传统自适应遗传算法存在早熟的情况，因此本章提出了一种基于进化代数衰减因子的改进自适应遗传算法，并给出了算法的优化流程。改进后的自适应遗传算法中的交叉和变异概率既能够随着进化代数和适应度值而自动改变，又能使算法跳出避免早熟的影响。

  在群智能优化算法中，由于粒子群算法在进化早期收敛速度快，但容易陷入局部最优的问题。而模拟退火遗传算法具有良好的全局搜索性，并且该算法还以一定概率保留非劣解，增加了种群的多样性。因此，综合这两种算法的优点，弥补其缺点，本章提出了模拟退火-粒子群优化算法的混合算法，并给出了算法的优化流程。混合后的算法具有收敛速度快、搜索范围广等特点。

第 9 章 基于启发式优化算法的仿真及实验

本章主要通过仿真对第 8 章中所提出的两种优化算法进行进一步的分析，验证所提出的算法对 wMPS 布局的有效性。本章所有的仿真实验均是在同一台计算机上完成的，仿真优化程序采用 MATLAB 编写。

9.1 典型布局优化仿真

设测量区域 q=8m，p=6m，h=3m，则测量区域在全局坐标系下可表示为 $M=\{(X,Y,Z\,|\,X\in(0,8),Y\in(0,6),Z\in(0,3))\}$。同时假设测站均工作在理想状态下，每台测站的作用距离均为 4～10m，仿真时，将被测区域等间距分成 60 个点，通过这些点来模拟被测区域。

9.1.1 典型布局方式

两站系统是 wMPS 的最小单元，布站结构相对简单。由于每个发射站之间的旋转轴可近似为一个方向，因此两站之间的间距即可用来描述其相对位置关系。图 9-1 所示为常见的两站式共线布局，又称 I_2 型布局方式。其中 2 代表测站数目；I 表示在同一条直线上。两站前方的 $d\times d$ 区域为待测区域。

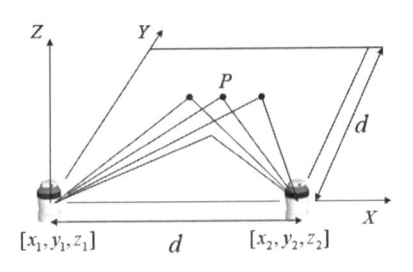

图 9-1 两站系统 I_2 型布局方式

而根据空间三点的位置关系可知，三测站的位置摆放分为共线和非共线两种。在共线布局中，图 9-2 所示为三站系统 I_3 型布局方式，三站前方的区域为待测区域。而在非共线布局中，为了让每个测站在测量中起到相同的作用，将 $d \times d$ 的待测区域外接到椭圆的圆周上，所以 C_3 型布局方式是三个测站关于待测方形区域的中垂线呈对称分布，而 L 型布局方式是三个测站关于待测方形区域的对角线呈对称分布，如图 9-3 所示。

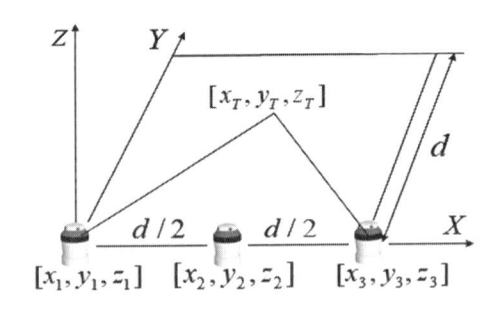

图 9-2 三站系统 I_3 型布局方式

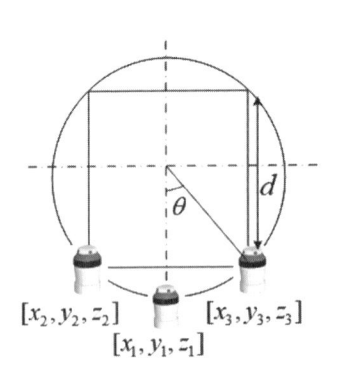

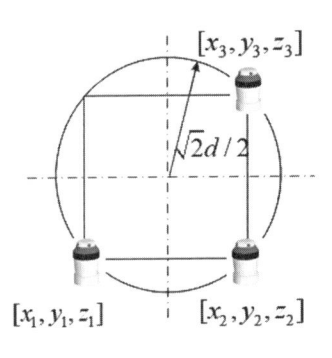

（a）C_3 型布局方式　　（b）L 型布局方式

图 9-3 三站系统 C_3 和 L 型布局方式

· 174 ·

与三站系统布局方式类似，四站系统关于方形区域的中垂线对称分布式称为 C_4 型布局方式，如图 9-4 所示。而当四个测站均匀分布在待测方形区域的四周时，此种布局方式称为 O_4 型，如图 9-5 所示。

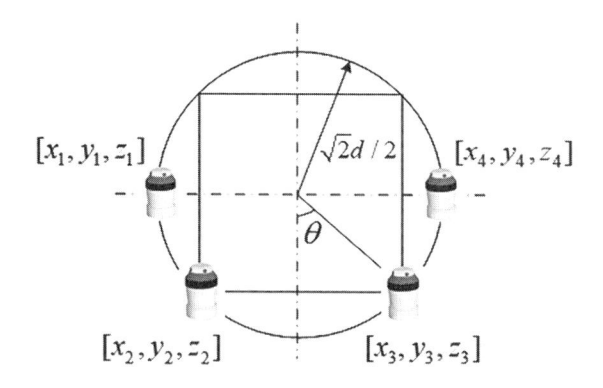

图 9-4　四站系统 C_4 型布局方式

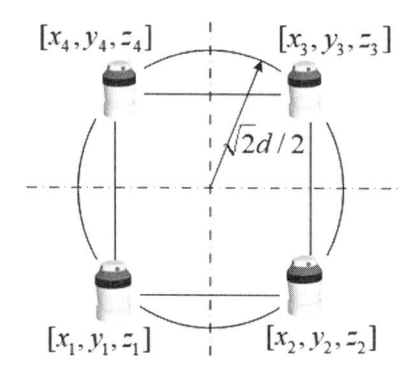

图 9-5　四站系统 O_4 型布局方式

9.1.2　优化算法布站结果

下面利用上文所提出的空间约束模型对 2～4 个测站优化目标运用改进自适应遗传算法和模拟退火 - 粒子群优化算法选取相同权重进行仿真分析，优化前的布局选取经验布局。在改进自适应遗传算法中，将种群的规模设置为 50，最大迭代次数 G_{max} 为 100，P_{c1} 为 0.9，P_{c2} 为 0.2，P_{m1} 为 0.1，P_{m2} 为 0.01。在模拟退火 - 粒子群优化算法中将参数设置为 c_1、

c_2 为 2，C 为 0.5，v_{max} 为 1，v_{min} 为 –1。

1. 改进自适应遗传算法优化结果

（1）两站系统。选取测站 1 的布站区域为 $M_1 = \{(X,Y,Z \mid X \in (-5,1), Y \in (-6,-3), Z \in (1,3))\}$，测站 2 的布站区域为 $M_2 = \{(X,Y,Z \mid X \in (3,12), M_2 = Y \in (-6,-3), Z \in (1,3))\}$。两站系统测量示意图如图 9-6 所示。两站系统优化后算法最优解收敛图如图 9-7 所示。

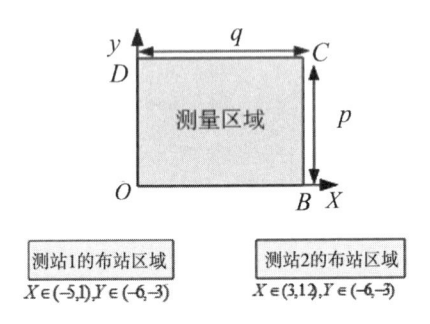

图 9-6　两站系统测量示意图

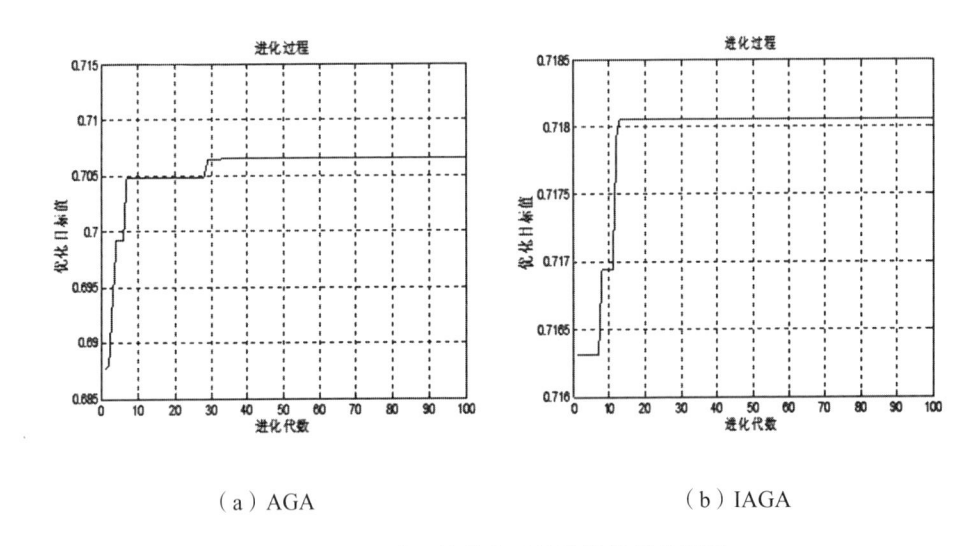

(a) AGA　　　　　　　　　　(b) IAGA

图 9-7　两站系统优化后算法最优解收敛图

优化前后测站位置、精度几何稀释因子和覆盖度变化见表 9-1。两站系统布局平面示意图如图 9-8 所示。

表 9-1 两站系统优化前后参数对比

对比数据	优化前测站参数	AGA 优化后测站参数	IAGA 优化后测站参数
测站 1 坐标 /m	(−3.00,−4.00,2.00)	(1.01,−4.03,1.45)	(−0.19,−3.28,1.12)
测站 2 坐标 /m	(8.00,−4.00,2.00)	(4.69,−3.37,1.96)	(4.08,−3.95,1.98)
f	0.492	0.706	0.718
GDOP/mm	0.357	0.197	0.178
覆盖度	0.340	0.816	0.833

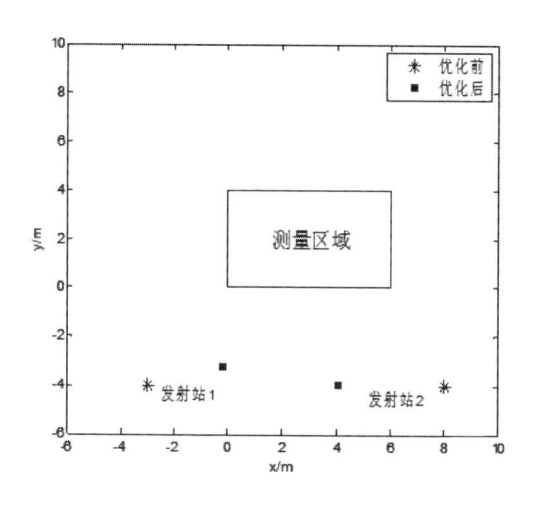

图 9-8 两站系统布局平面示意图

在优化前后的两种布局下，分别对空间中的待测点进行定位误差的计算，统计结果见表 9-2 所示。其中，误差计算公式为 $\sigma_p = \sqrt{\sigma_x^2 + \sigma_y^2 + \sigma_z^2}$，$\sigma_x^2$、$\sigma_y^2$、$\sigma_z^2$ 分别代表 X、Y、Z 方向的标准差。

表 9-2 两站系统点云定位误差和改进自适应算法分析结果比较（单位：mm）

点号	1	2	3	4	5	6
优化前	0.4014	0.4116	0.4107	0.4053	0.4034	0.4015
优化后	0.2266	0.2259	0.225	0.2262	0.2271	0.2268

点号	7	8	9	10	11	12
优化前	0.4027	0.4022	0.4019	0.4011	0.4011	0.4006
优化后	0.227	0.2273	0.2266	0.2266	0.227	0.2265

（2）三站系统。选取测站 1 的布站区域为 $M_1 = \{(X, Y, Z | X \in (-5,1),$ $Y \in (7,9),\ Z \in (1,3))\}$，测站 2 的布站区域为 $M_2 = \{(X, Y, Z | X \in (3,12),$ $Y \in (7,9),\ Z \in (1,3))\}$，测站 3 的布站区域为 $M_3 = \{(X, Y, Z | X \in (3,12),$ $Y \in (-6,-4),\ Z \in (1,3))\}$。三站系统测量示意图如图 9-9 所示。三站系统优化后算法最优解收敛图如图 9-10 所示。

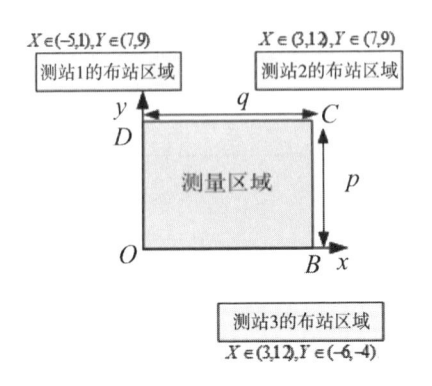

图 9-9　三站系统测量示意图

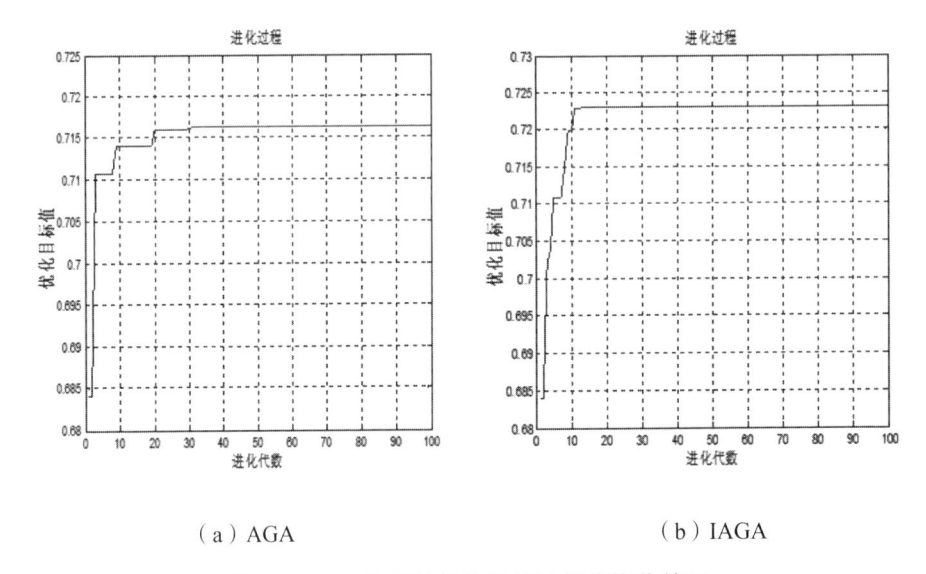

（a）AGA　　　　　　　　　　　　（b）IAGA

图 9-10　三站系统优化后算法最优解收敛图

优化前后的测站位置、精度几何稀释因子及覆盖度变化见表 9-3。三站系统布局平面示意图如图 9-11 所示。三站系统点云定位误差和改进自适应算法分析结果比较见表 9-4。

表 9-3 三站系统优化前后参数对比

对比数据	优化前测站参数	AGA 优化后测站参数	IAGA 优化后测站参数
测站 1 坐标 /m	(−3.00,8.00,2.00)	(1.86,8.66,1.04)	(−1.01,7.00,1.50)
测站 2 坐标 /m	(8.00,8.00,2.00)	(7.03,7.11,1.93)	(3.82,7.65,1.28)
测站 3 坐标 /m	(8.00,−4.00,2.00)	(5.63,−4.07,1.25)	(3.73,−4.01,1.76)
f	0.599	0.716	0.723
GDOP/mm	0.286	0.101	0.081
覆盖度	0.833	1	1

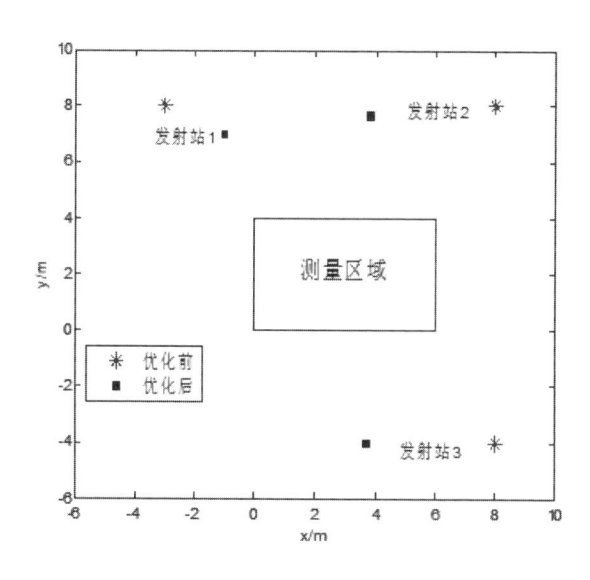

图 9-11 三站系统布局平面示意图

表 9-4 三站系统点云定位误差和改进自适应算法分析结果比较（单位：mm）

点号	1	2	3	4	5	6
优化前	0.3343	0.3359	0.3366	0.3206	0.3222	0.3228
优化后	0.1067	0.1064	0.1061	0.1066	0.1064	0.1061

点号	7	8	9	10	11	12
优化前	0.3073	0.3089	0.3094	0.3040	0.3056	0.3061
优化后	0.1066	0.1063	0.1061	0.1065	0.1062	0.106

（3）四站系统。选取测站1的布站区域为 $M_1 = \{(X, Y, Z | X \in (-5,1), Y \in (-6,-3), Z \in (1,3))\}$，测站2的布站区域为 $M_2 = \{(X, Y, Z | X \in (3,12), Y \in (-6,-3), Z \in (1,3))\}$，测站3的布站区域为 $M_3 = \{(X, Y, Z | X \in (3,12), Y \in (7,9), Z \in (1,3))\}$，测站4的布站区域为 $M_4 = \{(X, Y, Z | X \in (3,12), Y \in (7,9), Z \in (1,3))\}$。四站系统测量示意图如图9-12所示。四站系统优化后算法最优解收敛图如图9-13所示。

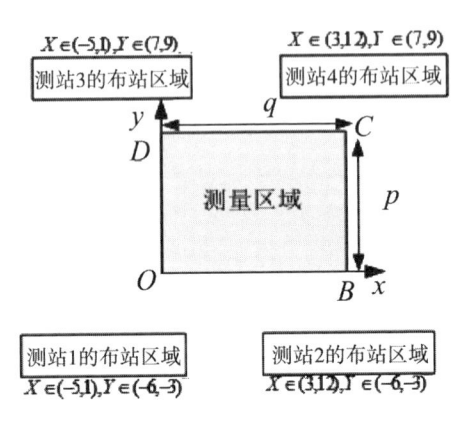

图 9-12 四站系统测量示意图

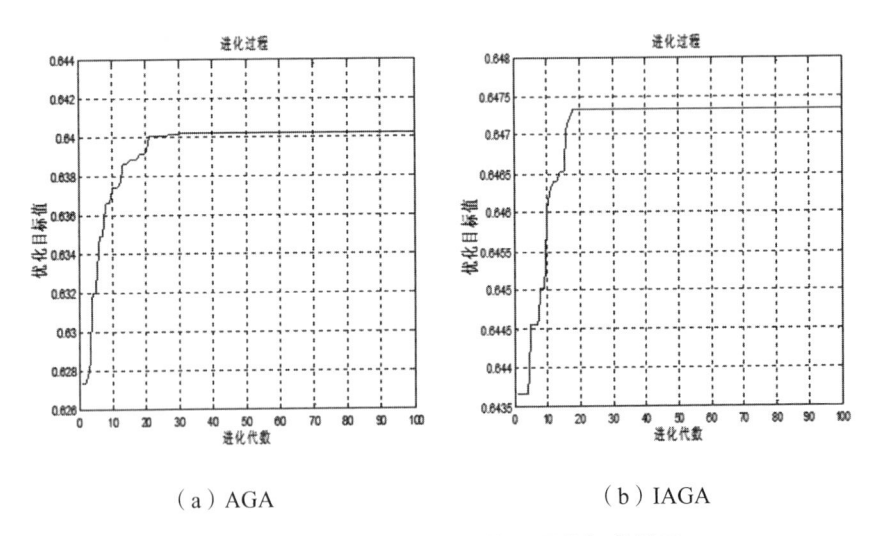

(a) AGA　　　　　　　　(b) IAGA

图 9-13 四站系统优化后算法最优解收敛图

优化前后测站位置、精度几何稀释因子和覆盖度变化见表9-5。四站系统布局平面示意图如图9-14所示。四站系统点云定位误差和改进自适应算法分析结果比较见表9-6。

表9-5 四站系统优化前后参数对比

对比数据	优化前测站参数	AGA优化后测站参数	IAGA优化后测站参数
测站1坐标/m	（-4.00,-4.00,2.00）	（1.71,-3.02,1.64）	（-1.45,-3.24,1.41）
测站2坐标/m	（8.00,-4.00,2.00）	（4.37,-3.24,1.38）	（5.74,-3.27,1.06）
测站3坐标/m	（-4.00,8.00,2.00）	（0.01,7.58,1.79）	（0.54,7.21,1.77）
测站4坐标/m	（8.00,8.00,2.00）	（5.35,7.29,1.12）	（3.65,7.10,1.47）
f	0.561	0.640	0.647
GDOP/mm	0.234	0.079	0.058
覆盖度	0.916	1	1

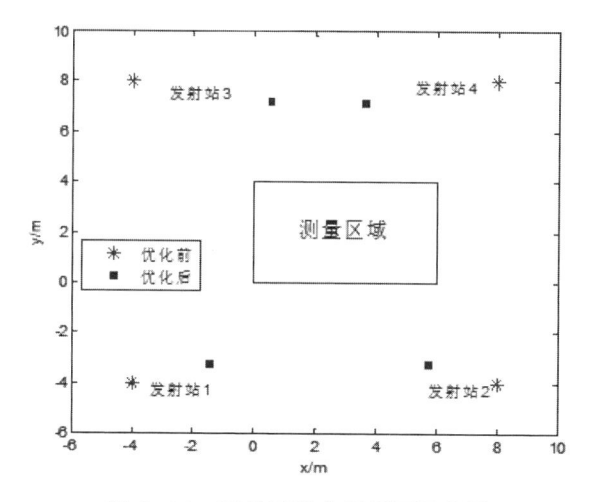

图9-14 四站系统布局平面示意图

表9-6 四站系统点云定位误差和改进自适应算法分析结果比较（单位：mm）

点号	1	2	3	4	5	6
优化前	0.2659	0.2720	0.2724	0.2725	0.2718	0.2722
优化后	0.0715	0.0714	0.0712	0.0709	0.0708	0.0706
点号	7	8	9	10	11	12
优化前	0.2723	0.2716	0.2720	0.2722	0.2714	0.2718
优化后	0.0703	0.0702	0.0701	0.0698	0.0696	0.0695

2. 模拟退火 – 粒子群优化算法优化结果

模拟退火 – 粒子群优化算法中各个测站的布站区域与改进自适应遗传算法的布站区域一致。

（1）两站系统。两站系统布局优化平面示意图如图 9-15 所示。两站系统优化后算法最优解收敛图如图 9-16 所示。

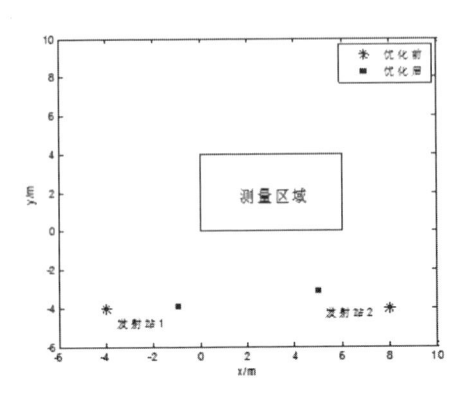

图 9-15 两站系统布局优化平面示意图

（a）PSO 　　　　　　　　　　　　（b）SA-PSO

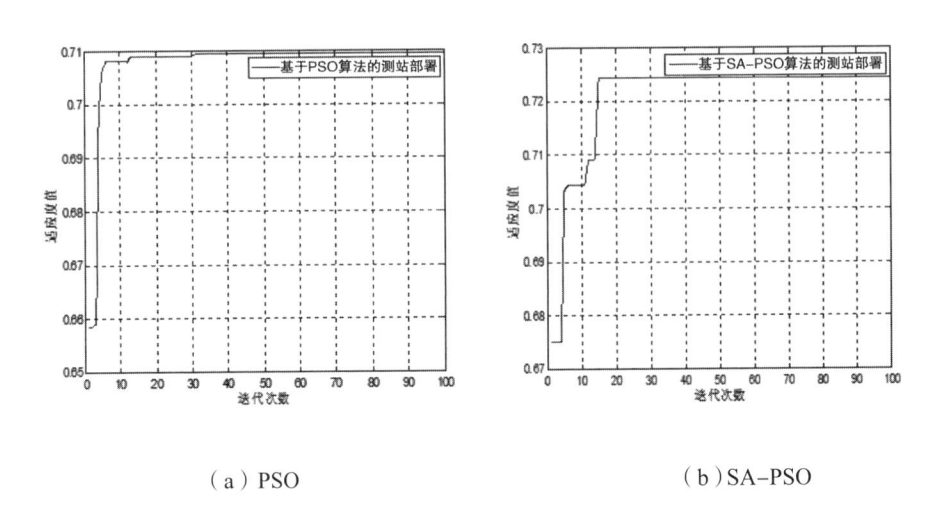

图 9-16 两站系统优化后算法最优解收敛图

优化前后测站位置、精度几何稀释因子和覆盖度变化见表 9-7。两站系统点云定位误差和 SA-PSO 算法分析结果比较见表 9-8。

表 9-7 两站系统优化前后参数对比

对比数据	优化前测站参数	PSO 优化后测站参数	SA-PSO 优化后测站参数
测站 1 坐标 /m	(-4.00,-4.00,2.00)	(-0.33,-3.00,1.00)	(-0.93,-3.89,1.00)
测站 2 坐标 /m	(8.00,-4.00,2.00)	(4.99,-3.12,1.31)	(5.00,-3.12,1.99)
f	0.492	0.709	0.723
GDOP/mm	0.357	0.171	0.165
覆盖度	0.340	0.800	0.833

表 9-8 两站系统点云定位误差和 SA-PSO 算法分析结果比较（单位：mm）

点号	1	2	3	4	5	6
优化前	0.4014	0.4116	0.4107	0.4053	0.4034	0.4015
优化后	0.203	0.2028	0.2027	0.2005	0.2003	0.1986
点号	7	8	9	10	11	12
优化前	0.4027	0.4022	0.4019	0.4011	0.4011	0.4006
优化后	0.1985	0.1983	0.1969	0.1957	0.1955	0.1950

（2）三站系统。三站系统布局优化平面示意图如图 9-17 所示。三站系统优化后算法最优解收敛图如图 9-18 所示。

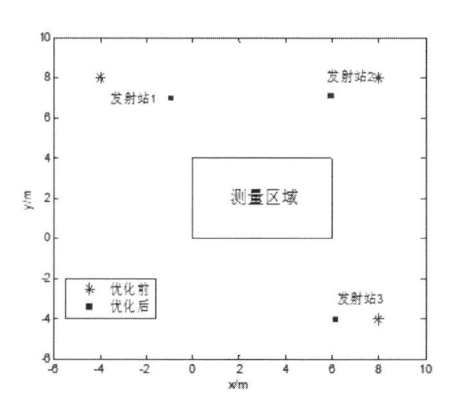

图 9-17 三站系统布局优化平面示意图

（a）PSO （b）SA-PSO

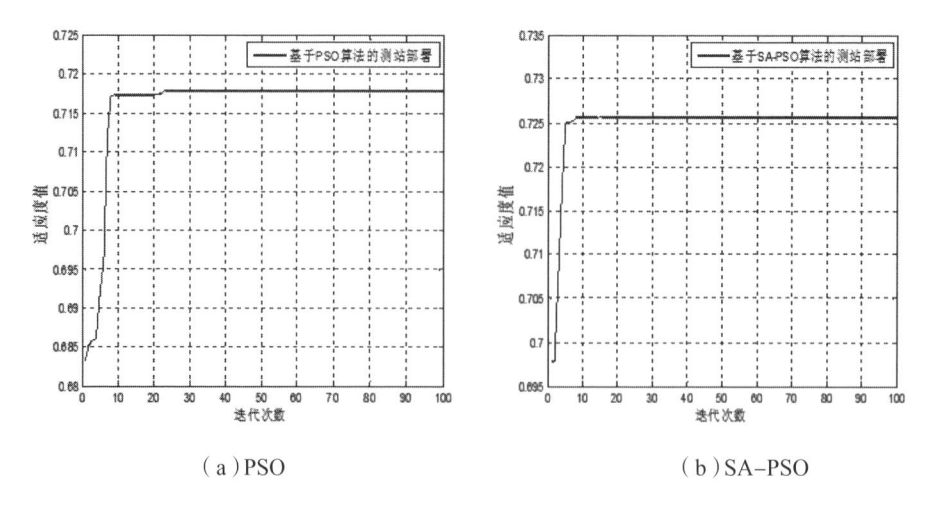

图 9-18 三站系统优化后算法最优解收敛图

优化前后测站位置、精度几何稀释因子和覆盖度变化见表 9-9。三站系统点云定位误差和 SP-PSO 算法分析结果比较见表 9-10。

表 9-9 三站系统优化前后参数对比

对比数据	优化前测站参数	PSO 优化后测站参数	SA-PSO 优化后测站参数
测站 1 坐标 /m	(−4.00,8.00,2.00)	(0.43,9.00,2.03)	(−0.94,7.00,2.91)
测站 2 坐标 /m	(8.00,8.00,2.00)	(4.40,7.32,1.00)	(5.96,7.13,1.74)
测站 3 坐标 /m	(8.00,−4.00,2.00)	(6.82,−3.98,2.16)	(6.14,−4.01,1.00)
f	0.599	0.717	0.726
GDOP/mm	0.286	0.096	0.070
覆盖度	0.833	1	1

表 9-10 三站系统点云定位误差和 SA-PSO 算法分析结果比较（单位：mm）

点号	1	2	3	4	5	6
优化前	0.3343	0.3359	0.3366	0.3206	0.3222	0.3228
优化后	0.1027	0.1024	0.1022	0.1024	0.1022	0.1019

点号	7	8	9	10	11	12
优化前	0.3073	0.3089	0.3094	0.304	0.3056	0.3061
优化后	0.1017	0.1018	0.1016	0.1013	0.1015	0.1013

(3)四站系统。四站系统布局优化平面示意图如图 9-19 所示。四站系统优化后算法最优解收敛图如图 9-20 所示。

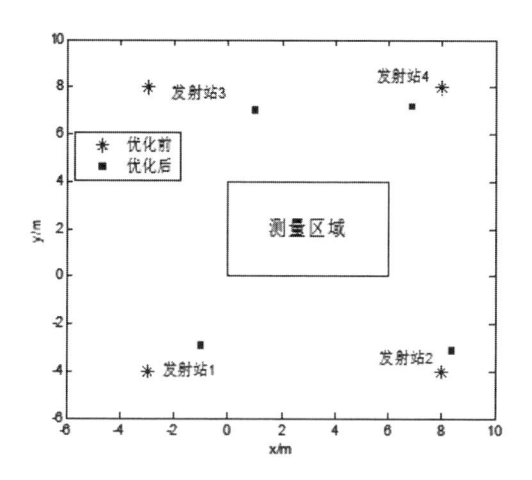

图 9-19 四站系统布局优化平面示意图

(a)PSO　　　　　　　　　　(b)SA-PSO

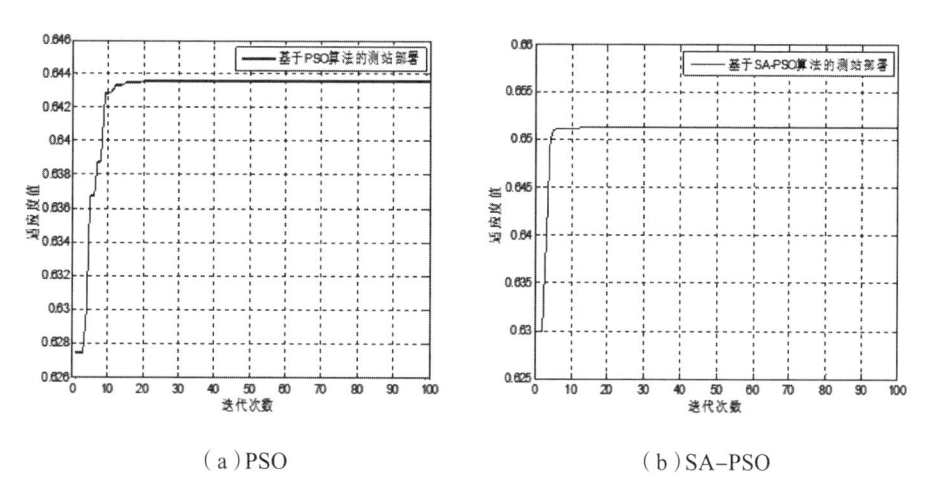

图 9-20 四站系统优化后算法最优解收敛图

优化前后测站位置、精度几何稀释因子和覆盖度变化见表 9-11。四站系统点云定位误差和 SA-PSO 算法分析结果比较见表 9-12。

表 9-11 四站系统优化前后参数对比

对比数据	优化前测站参数	PSO 优化后测站参数	SA-PSO 优化后测站参数
测站 1 坐标 /m	(−3.00,−4.00,2.00)	(1.00,−3.01,1.84)	(−1.00,−2.91,2.15)

续表

对比数据	优化前测站参数	PSO 优化后测站参数	SA-PSO 优化后测站参数
测站 2 坐标 /m	(8.00,-4.00,2.00)	(8.63,-5.94,1.76)	(8.35,-3.14,2.41)
测站 3 坐标 /m	(-3.00,8.00,2.00)	(-0.96,7.19,0.92)	(1.00,7.02,2.01)
测站 4 坐标 /m	(8.00,8.00,2.00)	(3.76,7.30,1.06)	(6.88,7.21,1.19)
f	0.561	0.643	0.651
GDOP/mm	0.234	0.069	0.046
覆盖度	0.916	1	1

表 9-12 四站系统点云定位误差和 SA-PSO 算法分析结果比较（单位：mm）

点号	1	2	3	4	5	6
优化前	0.2659	0.272	0.2724	0.2725	0.2718	0.2722
优化后	0.0641	0.0641	0.0639	0.064	0.0638	0.0639

点号	7	8	9	10	11	12
优化前	0.2723	0.2716	0.2720	0.2722	0.2714	0.2718
优化后	0.0637	0.0638	0.0637	0.064	0.0639	0.0639

9.1.3 仿真结果分析

通过以上基于智能优化算法对布局的优化结果中可以看出，在自然选择与遗传这类算法中，对比收敛曲线图可以看出，在收敛速度方面，使用自适应遗传算法进行寻优普遍要在 30～40 代才能获得最优解，而本章所提出的改进自适应遗传算法一般在 20 代就已经获得了最优解，说明该算法收敛速度快。在优化目标函数值方面，两站系统的 f 值从 0.492 增加到 0.718，三站系统的 f 值从 0.599 增加到 0.723，四站系统的 f 值从 0.561 增加到 0.647，由前面的目标函数分析可知，f 值的增加表明测站在给定的布站区域内获得了较优的布局，并且优化前后的定位误差也说明优化具有一定的效果。

在群智能优化算法中，从两站、三站、四站系统优化前与本章提出的模拟退火－粒子群算法优化后可以看出，两站系统的 f 值从 0.492 增加到 0.723，三站系统的 f 值从 0.599 增加到 0.726，四站系统的 f 值从 0.561 增加到 0.651。在收敛速度方面，使用粒子群优化算法进行寻优普遍要在 30 代左右才能获得最优解，而使用模拟退火－粒子群优化算法在 14 代左右就已经获得了最优解，说明模拟退火－粒子群优化算法的收敛速度快。而从以上表中可以看出，优化后的定位误差整体要小于优化前的定位误差，并且优化后每个测点之间的定位误差差值不大，说明优化后测量的稳定性更高，从另一方面验证了布局的有效性。

综合来看，群智能优化算法又比自然选择与遗传类算法在函数优化值及优化速度方面更具优势。

9.2 多测站测量系统布局优化

尽管随着发射站数目的继续增加对精度的改善作用越来越小，但对于 wMPS 来说，其最突出的优点是解决了大尺寸测量领域中测量范围与测量精度相互矛盾的问题，最显著的特性是量程理论上可以无限扩展却不损失测量精度，这是其他测量系统无法比拟的优势。因此本节将在上述研究的基础上进一步研究 wMPS 多测站组网布局优化的方法，并提出了具体的优化策略。

为了实现多测站的合理布局，本节提出一种多测站布局优化策略，即首先从现场待测空间的实际情况出发，以激光跟踪仪的坐标系作为全局坐标系，划定被测量空间的尺寸范围，获得在全局坐标系下的待测区域的坐标范围；然后根据覆盖度模型确定所需测站数，根据现场的遮挡情况及发射站的最佳工作距离划定发射站优化可行域；最后将这些参数送入布局优化算法中，进行解算优化，得到最优网络布局的坐标参数。wMPS 布局优化策略如图 9-21 所示。

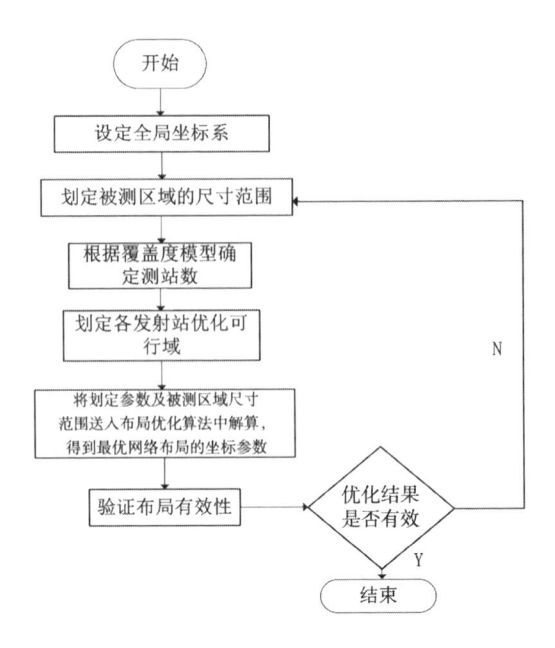

图 9-21　wMPS 布局优化策略

为了验证本章所述算法在实际测量过程中的可行性，依据 wMPS 设计了验证方案。在已经制造好的接收器及发射站的基础之上，结合实验室现有设备搭建了测量实验平台，主要包括激光发射站、若干球型接收器，以及激光跟踪仪测量系统和标准尺。其中，标准尺用来标定激光发射站的全局定向参数，而标准尺的长度在实验前可通过精密测量的手段获得；激光跟踪仪用来与 wMPS 的测量结果作精度比较。

9.3　实验验证

本实验的目的在于，在当前的实验环境下分别使用 wMPS 和激光跟踪仪测量系统，对被测量空间上的某些关键点进行测量和比对，验证了基于本章所提出算法的 wMPS 测站布局在现场条件下应用的可行性及有效性。在具体实验过程中，在满足对被测区域全面覆盖的前提下，通过覆盖度模型针对不同的测量环境，确定用 6 个测站及 10 个测站进行布局优化。图 9-22 和图 9-23 所示分别为六站系统和十站系统的实验任务描述简图，在六站系统中，发射站呈 I 型排列，均放置在地面上。

而在十站系统中,在被测区域中,短边发射站呈 I 型,长边呈 C_3 型排列,并且均吊挂于天花板上。此时激光跟踪仪和 wMPS 的发射站均分布在被测量空间周围,以对其关键点进行比对测量。

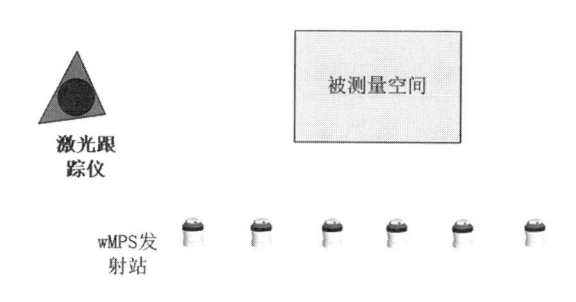

图 9-22　六站系统实验任务描述简图

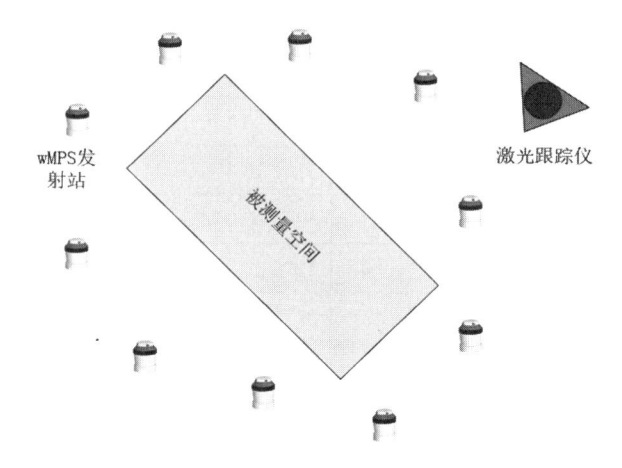

图 9-23　十站系统实验任务描述简图

同时在被测量空间内取 20 个待测点,在每个待测点处均放置一个接收器,并且保证在优化前后每个接收器之间的绝对距离不变,并且接收器的有效工作距离为 [4m,15m]。为验证空间测量定位系统的测量精度,首先用激光跟踪仪对待测点进行坐标测量,记录每个待测点的坐标值,接着用 wMPS 进行重复测量,记录下测量结果,并将经过算法优化后的发射站同样对 20 个待测点进行测量,最后比对优化前后所得到的实验数据。

（1）六站系统。将 wMPS 测量得到的数据和经过算法优化后的数据与激光跟踪仪测得的数据进行比对,比对结果见表 9-13。六站系统优化前后的比对误差图如图 9-24 所示。

表 9-13 六站系统 wMPS 与激光跟踪仪的数据对比（单位：mm）

点号	激光跟踪仪			优化	x	y	z	dMag	Δd
	x	y	z						
1	8092.43	5733.61	203.62	前	8092.55	5731.51	203.68	0.17	0.04
				后	8092.50	5731.71	203.65	0.13	
2	8061.78	5765.21	−633.28	前	8061.89	5265.10	−633.18	0.18	0.07
				后	8061.86	5765.27	−633.23	0.11	
3	8050.18	8888.21	−202.83	前	8050.24	8888.14	−202.72	0.14	0.06
				后	8050.22	8888.16	−202.78	0.08	
4	8003.82	8898.19	−633.92	前	8003.71	8898.08	−633.98	0.17	0.07
				后	8003.75	8898.12	−633.94	0.10	
5	5247.21	7319.24	199.49	前	5247.31	7319.30	199.56	0.14	0.06
				后	5247.26	7319.19	199.53	0.08	
6	5201.02	7337.03	−637.23	前	5201.16	7337.15	−637.34	0.21	0.09
				后	5201.10	7337.12	−637.28	0.13	
7	2870.49	9021.78	201.68	前	2870.39	9021.86	201.61	0.15	0.06
				后	2870.56	9021.83	201.65	0.09	
8	2824.49	9029.78	−635.04	前	2824.57	9029.88	−635.10	0.14	0.06
				后	2824.54	9029.84	−635.05	0.08	
9	2696.35	7379.04	202.56	前	2696.42	7379.14	202.62	0.14	0.05
				后	2696.40	7379.04	202.64	0.09	
10	2647.62	7388.97	−634.03	前	2647.53	7389.06	−634.09	0.13	0.04
				后	2647.60	7388.97	−634.10	0.09	
11	2991.18	5511.07	199.23	前	2991.07	5511.21	199.29	0.19	0.05
				后	2991.09	5537.12	199.28	0.14	
12	2948.00	5537.02	−637.43	前	2948.08	5537.10	−637.36	0.13	0.04
				后	2847.94	5537.08	−637.44	0.09	
13	548.81	7310.78	202.19	前	548.70	7310.64	202.10	0.18	0.06
				后	548.72	7310.70	202.18	0.12	
14	501.83	7321.48	−634.60	前	501.92	7321.58	−634.54	0.15	0.05
				后	501.89	7321.54	−634.55	0.10	

续表

点号	激光跟踪仪			优化	x	y	z	dMag	Δd
	x	y	z						
15	−1893.03	9140.37	200.59	前	−1893.08	9140.30	200.49	0.13	0.04
				后	−1893.06	9140.30	200.55	0.09	
16	−1939.89	9145.12	−636.29	前	−1939.82	9145.06	−636.37	0.12	0.03
				后	−1939.84	9145.07	−636.35	0.09	
17	−1654.86	7425.47	204.58	前	−1654.96	7425.49	204.50	0.13	0.03
				后	−1654.94	7425.48	204.64	0.10	
18	−1704.53	7428.29	−632.14	前	−1704.42	7428.33	−632.02	0.16	0.07
				后	−1704.46	7428.31	−632.09	0.09	
19	−1687.31	5384.01	202.25	前	−1687.32	5384.15	202.17	0.16	0.08
				后	−1687.27	5384.07	202.18	0.08	
20	−1733.99	5391.10	−634.61	前	−1734.09	5391.21	−634.58	0.15	0.04
				后	−1734.06	5391.15	−634.54	0.11	

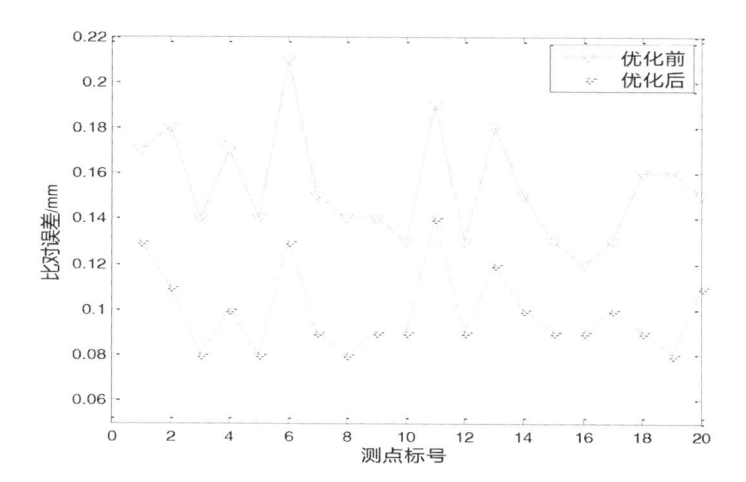

图 9-24 六站系统优化前后的比对误差图

（2）十站系统。将 wMPS 测量得到的数据和经过算法优化后的数据与激光跟踪仪测得的数据进行比对，结果见表 9-14。十站系统优化前后的比对误差图如图 9-25 所示。

表 9-14　十站系统 wMPS 与激光跟踪仪的数据对比（单位：mm）

点号	激光跟踪仪 x	y	z	优化	x	y	z	dMag	Δd
1	−1690.25	78.36	344.29	前	−1690.24	78.38	344.41	0.13	0.04
				后	−1690.18	78.41	744.26	0.09	
2	−4448.68	−3339.92	356.34	前	−4448.66	−3339.91	356.26	0.08	0.03
				后	−4448.65	−3339.92	356.38	0.05	
3	−9387.61	−7776.35	374.42	前	−9387.58	−7776.39	374.37	0.08	0.02
				后	−9387.65	−7776.36	374.44	0.06	
4	−13781.62	−17506.44	389.79	前	−13781.0	−17506.26	389.84	0.15	0.05
				后	−13781.54	−17506.34	389.74	0.10	
5	−23964.24	−12814.74	413.54	前	−23964.15	−12814.85	413.41	0.22	0.09
				后	−23964.12	−12814.79	413.49	0.13	
6	−20987.14	−2798.03	411.50	前	−20986.30	−2798.02	411.34	0.19	0.05
				后	−20987.19	−2783.13	411.45	0.14	
7	−12763.13	−6471.46	393.77	前	−12763.07	−6471.57	393.65	0.17	0.07
				后	−12763.04	−6471.4	393.82	0.10	
8	−9822.73	−2524.69	384.09	前	−9822.68	−2524.68	384.01	0.11	0.02
				后	−9822.68	−2524.69	384.01	0.09	
9	−10991.45	4826.57	382.96	前	−10991.4	4826.53	382.95	0.04	0.01
				后	−10991.48	4826.58	386.97	0.03	
10	−15705.98	6739.49	399.52	前	−15705.94	6739.54	399.51	0.06	0.01
				后	−15706.10	6739.45	399.50	0.05	
11	−16265.98	11318.32	402.91	前	−16265.99	11318.39	402.82	0.09	0.01
				后	−16265.95	11318.37	402.95	0.08	
12	−8902.54	11318.09	384.76	前	−8902.53	11318.98	384.8	0.10	0
				后	−8902.61	11318.16	384.78	0.10	
13	−5757.22	6978.08	381.31	前	−5757.17	6978.09	381.32	0.06	0.02
				后	−5757.21	6978.12	381.32	0.04	
14	−5753.68	6741.37	−431.94	前	−5753.74	6741.38	−432.01	0.07	0.02
				后	−5753.65	6741.38	−431.97	0.05	

续表

点号	激光跟踪仪			优化	x	y	z	dMag	Δd
	x	y	z						
15	−4517.77	909.81	−431.3	前	−4517.78	909.83	−431.34	0.06	0
				后	−4517.71	909.80	−431.28	0.06	
16	−7746.06	−3951.49	−419.68	前	−7746.08	−3951.54	−419.73	0.10	0.03
				后	−7746.14	−3951.49	−419.74	0.07	
17	−11385.01	−7842.33	−407.72	前	−11385.02	−7842.28	−407.77	0.08	0.03
				后	−11385.20	−7842.31	−407.75	0.05	
18	−18752.94	−7911.27	−389.37	前	−18752.83	−7911.36	−389.25	0.25	0.09
				后	−18753.02	−7911.37	−389.32	0.16	
19	−16268.78	−17218.58	−389.16	前	−16262.78	−17218.56	−389.21	0.16	0.05
				后	−16268.87	−17218.65	−389.23	0.11	
20	−22794.04	−12040.92	−376.20	前	−22794.06	−12040.77	−376.37	0.24	0.09
				后	−22794.10	−12041.01	−376.21	0.15	

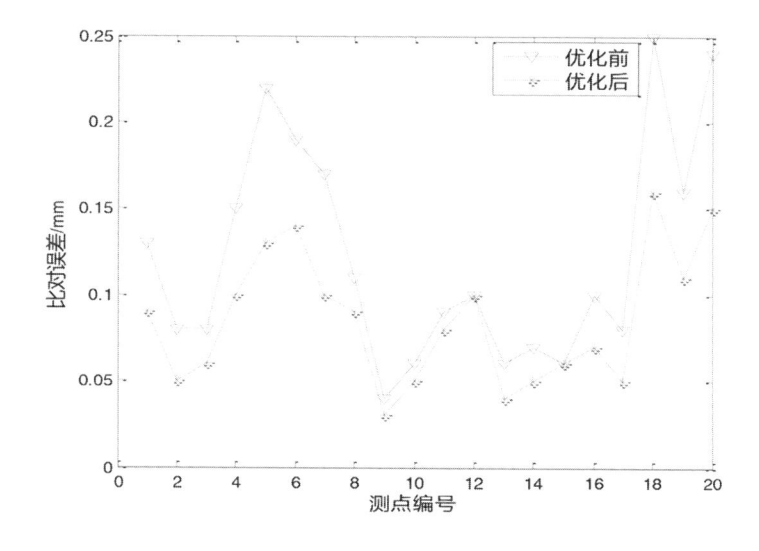

图 9-25 十站系统优化前后的比对误差图

在表 9-13 和表 9-14 中，dMag 列表示 wMPS 与激光跟踪仪测量结果的距离差，此差值可以用来衡量 wMPS 的测量精度，Δd 为优化前后 dMag 的差值。利用优化前后的 dMag 数据绘制图 9-24 和图 9-25。

从图 9-24 及表 9-13 中可以看出，在六站系统中，优化前的最大比对误差为 0.21mm，平均比对误差为 0.15mm；优化后的最大比对误差为 0.14mm，平均比对误差为 0.10mm。从图 9-25 和表 9-14 中可以看出，在十站系统中，优化前的最大比对误差为 0.25mm，平均比对误差为 0.12mm；优化后的最大比对误差为 0.16mm，平均比对误差为 0.08mm。通过以上分析可知，在不同测量环境下，经过布局优化后，wMPS 的测量精度得到了提高，验证了本章所提方法的有效性。

9.4　本章小结

本章通过建立测量空间约束模型，运用两种智能优化算法在 MATLAB 仿真平台上对 2～4 个测站的经验组网布局进行仿真分析及验证，并提出一种多站优化策略，将优化算法应用于 wMPS 多测站布局中。根据实验环境结合现有设备搭建了测量实验平台，运用 6 个和 10 个测站构建测量场，对优化前后的测量数据进行比较分析，并与激光跟踪仪测得的数据进行精度比对，验证了本章所提方法的有效性。

第 10 章　动态误差建模与分析

工业工程实践中采用的几种常用动态测量技术主要包括激光跟踪仪测量技术、全站仪测量技术和摄影测量技术。激光跟踪仪具有测量速度快，测量精度高的特点，但是激光跟踪仪单站量程有限且每次只能测量一个点，测量效率较低，现场应用中容易受到遮挡等干扰因素的影响。全站仪具有自动目标跟踪、自动目标识别和马达驱动等功能，具有较大量程，能够实现动态坐标测量，但是由于全站仪精度较低以致应用受限[172]。摄影测量系统原理上可采用多相机构建分布式测量网络，并通过外部触发完成多相机测量数据同步，从而能够实现高效率、高精度的动态测量，但是摄影测量系统由于单相机视场受限，并且对后续数据处理算法要求较高，在工程应用中也有很大局限性[173]。

鉴于以上技术的各种缺陷，采用基于多站测量网络的空间坐标测量技术解决现场条件下的大尺寸坐标动态测量问题已经成为一大研究热点。该技术的国外代表商品 iGPS 的底层接口被制造商封闭，大部分研究机构只能以产品所提供的静态测量功能作为研究重点，而关于动态问题的系统研究长期处于空白状态。值得注意的是，近年来一些学者已经开始关注 iGPS 的动态精度问题[174]。英国 Bath 大学和英国国家物理实验室（National Physical Laboratory，NPL）合作，通过激光跟踪仪等测量设备对 iGPS 系统精度进行了评价，以同样的实验重复使用激光跟踪器作为参考。在给出实验结果的基础上，提出了一种跟踪仪器动态重复性比较的新方法。在 10m×10m×2m 的空间内，坐标测量不确定度为 0.25mm[81]。意大利都灵理工大学也对 iGPS 的重复性和准确性等指标进行了评价。德国 KIT 的 Claudia 设计了旋转机构评价 iGPS 对于已知轨迹的动态精度[175]。但是，由于缺乏底层接口的支持，上述研究都只能给出简单的现象结论，对测试过程中出现的规律数据无法进行更深入的分析。

在国内，对于大尺寸动态测量技术的研究主要还停留在实验室论证阶段，没有相应的商业化产品。西安交通大学的刘中正教授等为室内 GPS 设计相关算法补偿系统测量误差。天津大学精密测试技术及仪器国家重点实验室在邾继贵、杨学友教授等人的带领下，对 wMPS 的动态性开展了一定的研究。2011 年，天津大学的端木琼对 wMPS 的硬件系统进行了优化设计，研究了动态测量方法，分析了目标运动及测量数据异步性对动态测量的影响，利用递推法实现了异步数据的同步化，将最小二乘法与线性卡尔曼滤波相结合，利用最小二乘估值作为伪观测值，提高了动态坐标测量的精度[176]。2015 年，天津大学的赵子越在优化全局组网定向方法的前提下，研究了系统动态测量误差模型，以此为基础通过多发射站之间的同步误差补偿和采用卡尔曼滤波模型来减小系统动态测量误差，并进行了实验验证，最终提升了 wMPS 动态测量性能[177]。2016 年，王姣、黄喆针对 wMPS 在动态测量方面的局限性，采用 wMPS 和 SINS 组合导航系统，结合 wMPS 高精度和 SINS 高度自主性的优势，通过卡尔曼滤波实现了 wMPS 和 SINS 系统数据的融合，完成室内环境下的动态跟踪测量任务[178]。2018 年，浙江师范大学的蒋敏兰提出了一种基于改进粒子群优化算法的支持向量机方法来预测传感器的动态测量误差，同时用两个传感器的动态测量误差数据作为测试数据，同时用均方根误差和平均绝对百分误差对预测模型的性能进行了评价[179]。史慎东[180]分析了 wMPS 中动态误差产生的原因，建立了动态误差模型，讨论了动态误差的特性和传播规律。通过仿真和实验量化了不同运动速度下的测量不确定度，验证了模型的合理性。

总体而言，国内外在多站网络测量系统的静态测量方面，已经有了比较详细的理论研究和实验验证，但在动态方面只有对系统性能的验证及特定的测量系统下的动态误差模型的研究。在多站网络测量系统下的精度控制、误差溯源等传统问题，以及涉及整体的网络时统、多观测量高同步获取、时效数据融合等诸多领域，缺乏系统理论支持，动态测量能力不足。

10.1 系统动态测量特性

目前，对基于角度交会测量系统的静态测量问题已有较深入的研究，对引起静态误差的原因和减小静态误差的方案也有了相关的理论研究和实验验证，但是在动态测量研究方面，还缺乏系统的理论研究，同时动态数据处理和动态误差补偿尚处于初始阶段。

10.1.1 动态测量的特点

动态测量是指测量值在测量期间随时间变化的测量过程，即被测量为变量的连续测量过程。基于角度交会测量系统的动态测量是被测点在运动过程中，其位置随时间变化时的测量，具有以下几个特点。

（1）相关性。被测目标在运动过程中的三维坐标是不断变化的，由于运动特性，待测点的三维坐标不仅与当前时刻的观测量相关，也与该时刻之前的观测量相关。而采用测站的观测角作为观测量，被测点坐标不仅与观测量有关，还与被测目标的运动状态有很大关系。

（2）动态性。动态测量中被测点的三维坐标不仅与测站观测角度相关，还与被测量的运动状态相关，即动态测量误差的分析评定需要借助动态特性的分析方法。

（3）时空性。测量数据的空间位置变化会伴随着时间的推移而变更，也就是其测量数据表现为测量时间的函数，即测量数据与时间参数相关联。

除此之外，测量系统在动态测量过程中会不可避免地受到系统噪声和观测噪声的干扰，总体可表现为测量时间的随机函数。

10.1.2 动态测量误差的定义

动态测量与测量时间 t 相关，即观测角数据和被测点的三维坐标均有严格的时间标记，表明动态测量数据是在具体时间的三维坐标值。在理想状态下，t 时刻的角度观测量为 $x_0(t)$，经过平面交会原理的理想变换 $T_0[\cdot]$ 变换后，得到的三维坐标值 $y_0(t)$ 可表示为

$$y_0(t) = T_0[x_0(t)] \qquad (10-1)$$

但是在实际测量环境中，测量系统的动态性能难以达到理想状况，实际变换为 $T_0[\cdot]$，外界不可避免地会产生扰动和噪声，最终的输出为

$$y(t) = T[x_0(t)] \neq y_0(t) \qquad (10-2)$$

因此，基于角度交会测量系统的动态测量误差 $\Delta y(t)$ 可定义为，在动态测量过程中，测量系统当前时刻测量的三维坐标和该时刻的三维坐标真值之差，可用公式表示为

$$\Delta y(t) = y(t) - y_0(t) \qquad (10-3)$$

10.2 动态测量误差源分析

影响测量系统动态测量误差的因素有很多，根据误差特性可分为静态误差和动态误差。测量系统在静态或准静态情况下使用时产生的误差称为静态误差。在实际运动过程中，被测目标的动态特性会偏离理想的运动特性，此时引入的误差为动态误差，是动态测量误差的一个分量。

根据系统测量原理可以看出，误差源主要包括系统参数误差、全局定向误差和观测量误差。其中，系统参数误差和全局定向误差属于系统误差，可以通过补偿的方式减小或消除。全局定向主要受控制点的个数和位置的影响。因此，本节主要分析动态测量过程中的观测量误差对系统动态误差的影响。而在动态测量系统中，观测量误差主要由两方面因素引起，分别是测站性能和被测目标的运动状态。

测站性能主要体现在测角不确定度和测量频率两个方面。测量频率对观测量误差的影响体现在各个测站观测到被测目标的时间差。而在动态测量系统中，由于坐标计算需要至少两个测站对同一被测目标进行测量，被测目标的运动会引起各个测站观测到被测目标的时刻不一致，因此测量频率与被测目标的运动状态密切相关。本节重点分析了测站性能和被测目标的运动状态对系统动态误差的影响。

10.2.1 测站性能对动态误差的影响

众所周知，测量频率与动态测量数据的密度相关，直接影响到数据对运动目标状态的描述。测量频率越高，动态坐标测量的分辨力越高，就越能准确反映被测物目标的运动轨迹。基于角度交会测量原理的常用测量系统包括经纬仪测量系统、摄影测量系统、wMPS 等。以 wMPS 为例，制约 wMPS 测量频率的因素主要有两个：发射站性能和信号处理器的性能。从根本上讲，发射站的性能是制约 wMPS 动态测量频率的最主要因素。以单发射站为例，如图 10-1 所示，wMPS 的一个测量周期内必须同时收到该发射站的同步光信号和两个扫描光信号才能保证数据有效。因此，测量频率与发射站的转速成正比，即发射站转速越快，理论上测量频率越高。当然，这是建立在信号处理器具有高效的信号处理能力的基础之上。

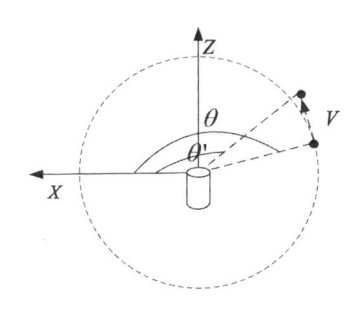

图 10-1　动态角度测量误差示意图

此外，测站的测量精度也会直接影响系统的动态误差，测站的测量精度越高，其系统输出的动态误差就越小。由文献 [181] 可知，测站的转速还被传感器用作区分不同测站信号的重要信息，提高测站转速精度和稳定性对提高角度测量精度和系统测站容量具有重要的意义。

10.2.2 被测目标的运动状态对动态误差的影响

在动态测量过程中，测站组成的测量网络是静止不动的，被测目标是运动的，而被测目标的运动必然会导致观测量的延时而产生误差，从而产生空间交会定位误差。具体地说，多站测量系统的动态测量误差本质上是由于载体的运动，测站测得目标点的时刻不一致从而产生动态误差。如图 10-2 所示，坐标解算在 n 时刻执行，解算所得到的空间三维坐标理论值应与 n 时刻对应的目标点空间位置保持一致。而目标点的运动导致 n 时刻解算坐标所使用的已知量为 $1 \sim n$ 时刻的观测值，进而造成动态误差。动态误差 δ 可表示为

$$\delta = f(v, t) \quad (10-4)$$

式中，v 为被测目标的运动速度；t 为测站间的同步时间误差。

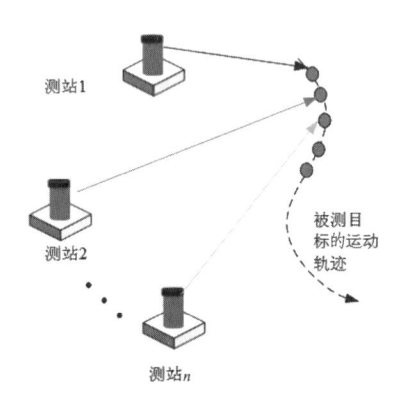

图 10-2 动态误差形成原理图

10.3 动态误差建模与仿真

根据上述分析可知，被测目标的运动会引起各个测站测得目标点的时刻不一致，进而造成被测目标点的测量偏差。而这类误差主要是

由被测目标的运动所引起的。另外，测站对被测目标的观测角度也存在一定的误差，这类误差会在坐标解算时造成一定的波动。因此可根据动态误差产生的原因将其分为由测站观测角误差引起的动态误差和被测目标运动引起的动态误差，下面分别对其建立数学模型。

10.3.1 由测站观测角误差引起的动态误差

对于基于角度交会的测量系统，直接观测量为测站相对于被测目标的观测角度。被测目标的运动会造成观测角度产生误差，从而影响系统测量精度。

若 s_i 表示第 n 个测站的观测角的测量，则有

$$s_i = f(v, t, T_1, T_2, \cdots, T_n, P') \tag{10-5}$$

$(\hat{x}, \hat{y}, \hat{z})^T$ 为被测目标解算点 $P' = (x, y, z)^T$ 的估计，则

$$\begin{cases} x = \hat{x} + \delta_{xn} \\ y = \hat{y} + \delta_{yn} \\ z = \hat{z} + \delta_{zn} \end{cases} \tag{10-6}$$

将 f_i 函数经泰勒级数展开，取一次项，则可得到观测角传播矩阵：

$$H = \begin{bmatrix} \left[-\dfrac{y_T - y_n}{R_n^2} \quad \dfrac{x_T - x_n}{R_n^2} \quad 0 \right]_{N \times 3} \\ \left[-\dfrac{(x_T - x_n)(z_T - z_n)}{R_n r_n^2} \quad -\dfrac{(y_T - y_n)(z_T - z_n)}{R_n r_n^2} \quad \dfrac{R_n}{r_n^2} \right]_{N \times 3} \end{bmatrix} \tag{10-7}$$

式中，(x_T, y_T, z_T) 表示在第 n 个测站处测得的被测点坐标，其计算公式如下：

$$\begin{cases} x_T = x - v_x t_n \\ y_T = y - v_y t_n \\ z_T = z - v_z t_n \end{cases} \tag{10-8}$$

R_n 为第 n 个测站测得的目标点水平投影到第 n 个测站的距离；r_n 为第 n 个测站测得的目标点到第 n 个测站的距离。此时对应的测量误差

协方差矩阵$\Delta\boldsymbol{\sigma}$为

$$\Delta\boldsymbol{\sigma} = \begin{bmatrix} \text{diag}(\sigma_{\alpha n}^2)_{N\times N} & \\ & \text{diag}(\sigma_{\beta n}^2)_{N\times N} \end{bmatrix} \quad (10\text{-}9)$$

式中，$\sigma_{\alpha n}^2$和$\sigma_{\beta n}^2$分别表示水平角和垂直角的测量方差，则误差可表示为

$$\boldsymbol{D} = (\boldsymbol{H}^T \Delta \boldsymbol{\sigma}^{-1} \boldsymbol{H})^{-1} \quad (10\text{-}10)$$

若测量为等精度测量，即$\sigma_\alpha^2 = \sigma_\beta^2 = \sigma_0^2$，则此时协方差矩阵$\boldsymbol{D}$可表示为

$$\boldsymbol{D} = (\boldsymbol{H}^T \boldsymbol{H})^{-1} \sigma_0^2 \quad (10\text{-}11)$$

根据协方差矩阵$\boldsymbol{D}$，可将误差表示为

$$\delta_m = \sqrt{\text{trace}((\boldsymbol{H}^T\boldsymbol{H})^{-1})} \sigma_0 \quad (10\text{-}12)$$

从协方差矩阵可知，矩阵$\boldsymbol{H}$表示测站位置和各测站测得的目标点之间的位置关系。

10.3.2 由被测目标运动引起的动态误差

根据测量原理可知，由被测目标运动引起的动态误差主要源于测站之间的时间同步误差，而时间同步误差通过目标运动方程可直接传递到测量结果。以两站系统为例，动态误差原理图如图 10-3 所示。

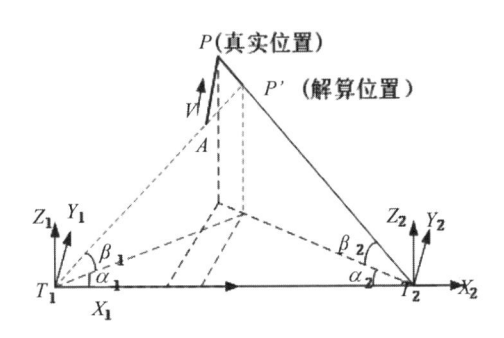

图 10-3 动态误差原理图

在图 10-3 中，α_n、β_n分别表示测站n测得目标点时的水平角和垂直角；$V = [v_x, v_y, v_z]^T$表示被测目标沿各个轴向的运动速度；$P' = (x, y, z)^T$表示解算坐标；$P = (x_T, y_T, z_T)^T$为被测目标的真实位置坐标；$T_n = (x_n, y_n, z_n)^T$为测站坐标；测站之间的时间同步误差为t_n，被测目

标在运动过程中，各个测站的测量均有下式成立：

$$\begin{cases} \alpha_n = \arctan\left(\dfrac{y_T - v_y t_n - y_n}{x_T - v_x t_n - x_n}\right) \\ \beta_n = \arctan\left(\dfrac{z_T - v_z t_n - z_n}{\sqrt{(y_T - v_y t_n - y_n)^2 + (x_T - v_x t_n - x_n)^2}}\right) \\ a = \arctan\dfrac{v_y}{v_x} \\ b = \arctan\dfrac{v_z}{\sqrt{(v_x)^2 + (v_y)^2}} \\ v = \sqrt{(v_x)^2 + (v_y)^2 + (v_z)^2} \end{cases} \quad (10\text{-}13)$$

式中，a、b 表示运动轨迹相对于全局坐标系的观测角度；$t_1, t_2, t_3, \cdots, t_n$ 表示第 n 个测站测得被测目标与时间基准的差值，则误差可表示为

$$\begin{cases} \delta_{s_x} = x_T - x \\ \delta_{s_y} = y_T - y \\ \delta_{s_z} = z_T - z \end{cases} \quad (10\text{-}14)$$

$$\delta_s = \sqrt{\delta_{s_x}^2 + \delta_{s_y}^2 + \delta_{s_z}^2}$$

结合上述公式可得：被测目标运动所造成的动态误差与被测目标的运动速度大小和方向、测站间的时间误差存在关联。

测量系统的动态误差 δ 可表示为

$$\delta = \sqrt{\delta_s^2 + \delta_m^2} \quad (10\text{-}15)$$

10.3.3 仿真分析

1. 测站布局对动态误差的影响

由前面章节的分析可知，测站的布局形式会对动态误差产生影响。以三站系统为例，测站的位置摆放可分为共线和非共线两种。在共线布局中，常见的布局方式为 I_3 型布局，测站前方的区域为待测区域。而在非共线布局中，为了让每个测站在测量中起到相同的作用，将

$d \times d$ 的待测区域接到椭圆的圆周上,所以 C_3 型布局方式是三个测站呈对称分布,而 L 型布局方式是三个测站关于待测区域的对角线呈对称分布,如图 10-4 所示。

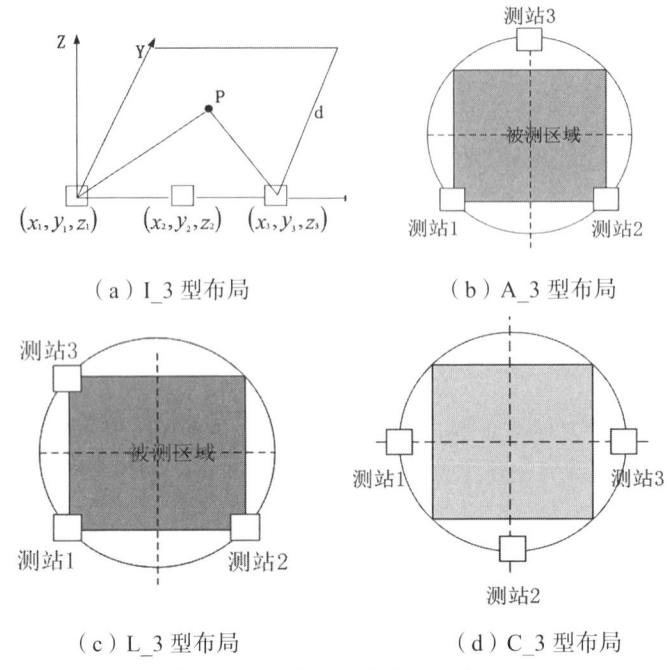

(a)I_3 型布局

(b)A_3 型布局

(c)L_3 型布局

(d)C_3 型布局

图 10-4 三站系统的布局方式

将三个测站以上述四种不同的布局方式进行放置,测量区域为 10m×10m×2m 被测目标的运动速度一致,测站的测角不确定度均为2″。得到的仿真结果如图 10-5 所示。

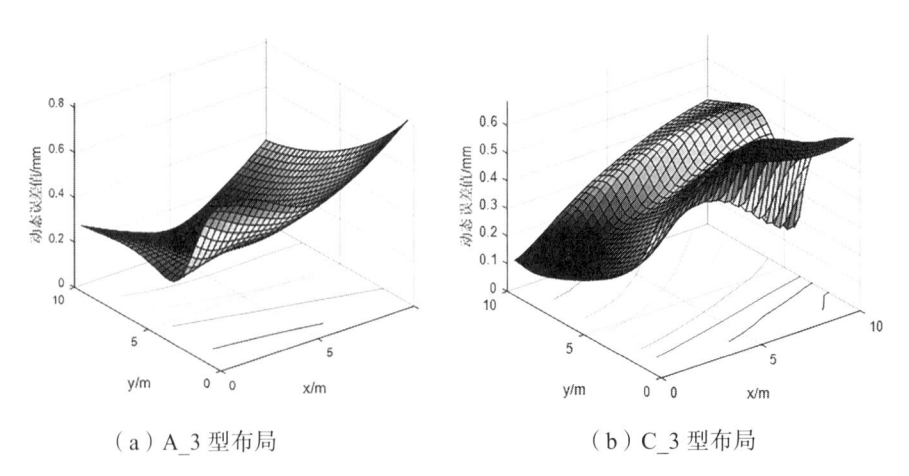

(a)A_3 型布局

(b)C_3 型布局

图 10-5 不同布局形式下的仿真结果

(c) L_3 型布局　　　　　　　　　(d) I_3 型布局

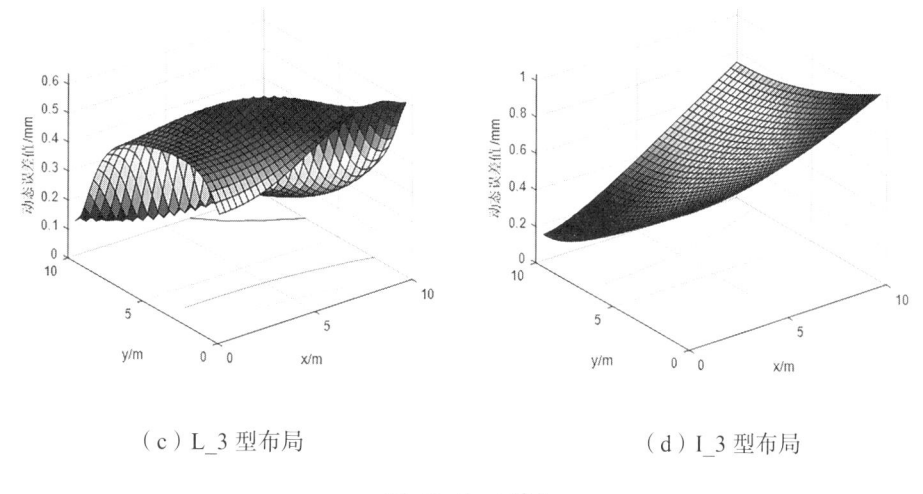

图 10-5 （续）

由图 10-5 可知，在 I_3 型布局下测量区域内的最大误差值不超过 1mm，并且动态误差值在沿 X 轴逐渐增大，沿 Y 轴逐渐减小。在 A_3 型布局下，测量区域内的动态误差值最大不超过 0.8mm，动态误差的最小值位于三角形的几何中心，并且区域内动态误差值以测站组成三角形的中线相对称。而在 C_3 型布局下，测量区域内的动态误差值最大不超过 0.6mm。其动态误差值最大值集中在右上角和右下角区域。在 L_3 型布局下，动态误差最大值集中在下半圆区域内。在这四种布局下，测量区域内的最大动态误差值均出现在边界位置。由此可得出：在由多个测站组成的测量系统中，测站布局方式的不同会对测量区域内的动态误差值存在影响。

2. 运动速度大小与动态误差的关系

基于上述所建立的动态误差模型，在 MATLAB 中进行仿真实验。建立了 2~4 个测站组成的测量网络，测站分别以 I_2、C_3、C_4 三种形式进行放置。在同一种布局方式下，被测目标在测量区域内以不同的速度移动，分别为 0.05m/s、0.1m/s、0.2m/s。测站的测角不确定度均为 2″。得到的仿真结果如图 10-6 所示。

(a) 两站系统仿真图

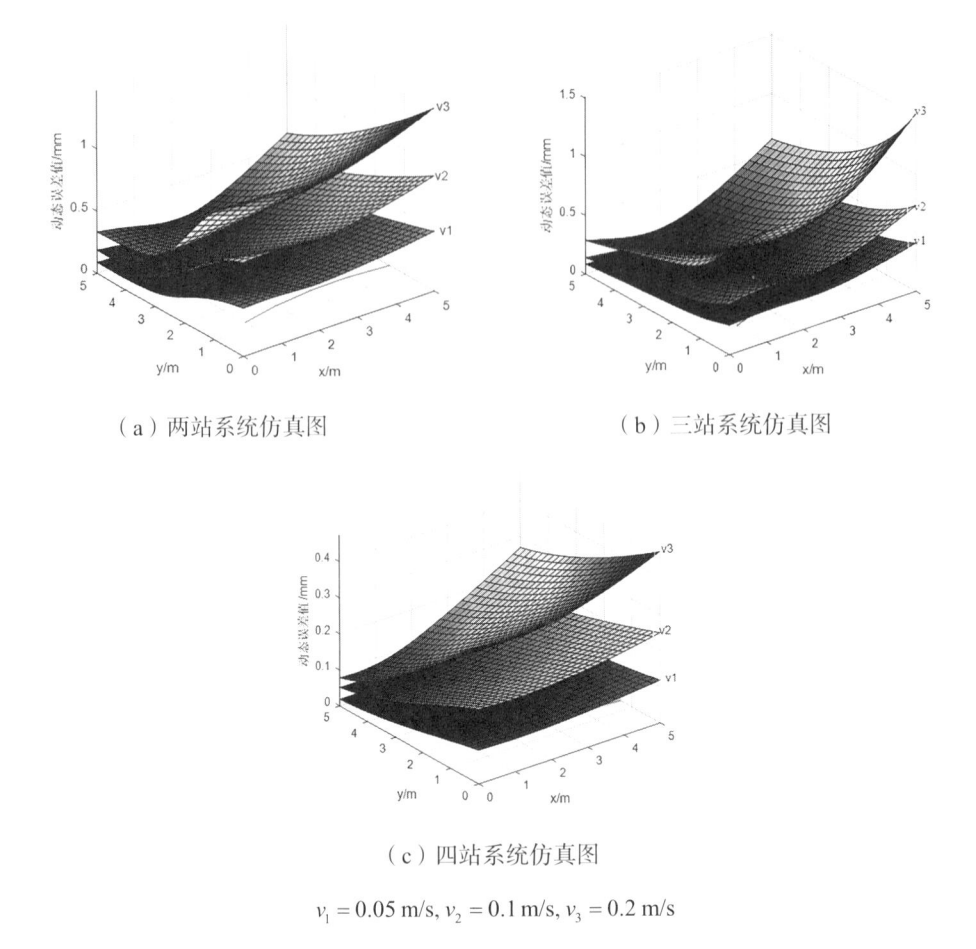

(b) 三站系统仿真图

(c) 四站系统仿真图

$v_1 = 0.05$ m/s, $v_2 = 0.1$ m/s, $v_3 = 0.2$ m/s

图 10-6 不同运动速度下测量区域内的动态误差仿真

由图 10-6 可知，动态误差与被测目标的运动速度呈线性关系。随着被测目标速度的增加，动态误差也会增大，并且在三种布局下，动态误差值在测量区域内的最大值分布在左下角和右上角两个区域内；最小值分布在测站组成的外接圆的左半圆。

10.4 动态误差模型的验证

本实验的目的在于，在当前的实验环境下，使用 wMPS 对被测量空间上的某些点进行测量，验证基于本节所提出的动态误差模型在实际条件下的可行性及有效性。在具体实验过程中，将激光跟踪仪和

wMPS 的发射站均分布在被测量空间的四周，以完成对被测区域的覆盖测量。

直线度误差是指被测实际要素的形状对其理想形状的变动量，可根据实验测得的坐标信息与实际位置信息的偏差值，再根据最小二乘法进行评定得出。在动态测量过程中，被测目标的运动轨迹与真实轨迹的偏离程度可根据测量信息得出。因此，选用直线度误差来衡量系统的动态误差模型的适用性。

直线导轨具有良好的运动性能，运动平稳、速度可控，并且运行过程中生成的直线轨迹精度较高。因此，将 wMPS 测量系统的接收器安装在直线导轨上以一定的速度运动，使得发射站对被测目标进行覆盖测量。最终测量系统可得出接收器在直线导轨上的运动轨迹。对 wMPS 测量系统测得的运动轨迹进行分析可得出在此运动轨迹下的导轨直线度。将之与仿真结果对比以验证模型的适用性。

本实验以相距 6m 的双发射站组成测量网络，在两发射站前约 5m 处放置直线导轨，固定在大理石平台上，导轨的型号为 MTS323，该导轨最大行程为 1000mm，经干涉仪检测该导轨的直线度误差优于 0.1mm，发射站测角不确定度为2″，建立实验平台，如图 10-7 所示。

图 10-7　实验平台

为了验证 wMPS 的动态测量精度，对被测目标进行了匀速等间距的采样测量，设计了以下 4 组实验，每组实验的速度不同，分别是 0.01m/s、

0.02m/s、0.03m/s、0.04m/s，发射站的测角不确定度为2″。每组实验去程回程运动各一次。由此测得被测目标的运动轨迹与仿真结果对比，见表10-1。

表 10-1 仿真与实验对比结果

运动速度（m/s）	直线度误差 /mm		
	仿真值	实验值	差值
0.01	0.46	0.52	0.06
−0.01	0.55	0.52	−0.03
0.02	0.54	0.57	0.03
−0.02	0.52	0.57	0.05
0.03	0.71	0.65	−0.06
−0.03	0.63	0.64	0.01
0.04	0.70	0.69	−0.01
−0.04	0.66	0.70	0.04

表10-1中的最后一列为实际实验结果与仿真结果的偏差值。由表10-1可以看出，在4组实验中，实验结果与仿真结果基本吻合，最大偏差为0.06mm，验证了动态误差模型的合理性。

10.5 本章小结

本章首先阐述了基于角度交会测量系统的多站测量原理，并从原理上分析了影响动态测量误差的两种因素：由测站观测角误差引起的误差和由被测目标运动引起的误差。然后通过建立动态误差模型预测被测目标的动态误差并进行了仿真实验。最后，在实验室条件下，以直线导轨作为运动平台设计了验证实验，证明了动态误差模型的适用性。

第 11 章 基于萤火虫算法的动态测量组网优化

近年来国内外研究机构已经在测站布局优化算法的研究上有所成就，中北大学潘烨炀针对传统基站布局条件下定位精度不高的问题，提出了一种基于自适应遗传算法的基站最优布局方案。该方案通过在遗传算法中引入选择、交叉和变异操作，以几何分布因子 GDOP 为适应度函数，实现了地面基站的最优布局[182]。天津大学郑迎亚以测量矩阵的条件数为优化目标，采用遗传算法作为优化工具，实现了指定测量空间下的最优网络布局[107]。湖北工业大学岳翀以系统定位精度、覆盖度和使用成本作为多目标优化函数，将进化代数衰减因子与自适应遗传算法相结合，根据多目标函数建立改进自适应遗传算法优化流程，在空间布局优化设计中有效提高了系统的测量性能[129]。然而，人工神经网络、遗传算法、模拟退火算法、蚁群优化算法、粒子群优化算法等的基本原理多源于自然机理，因此被称为智能优化算法或者高级启发式算法。由于这些算法是建立在自然界中生物智能基础上的随机探索算法，因此易受生物进化过程中遗传信息的传递规律影响，以"优胜劣汰"的自然选择机制编写相应的程序进行迭代寻求最优解。

自然界蕴含着丰富的信息，人们从生态系统中生物之间的相互通信得到了一定的启发，如动物进化、神经元系统、免疫、DNA 信息以及生物界其他群体协作，根据其模仿设计求解问题的算法称为智能计算方法，包括人工免疫算法、粒子群优化算法和萤火虫算法等。这些群体中的个体通过相互协作进行分布问题的求解称为群智能优化算法。

群智能优化算法是模拟动物群体觅食或个体之间进行信息交互的过程。粒子群优化算法是对鸟类觅食过程中的迁移与聚集行为的模拟，通过鸟类之间集体合作和竞争达到寻优目的。布谷鸟算法是模拟布谷鸟寻找鸟巢放置鸟蛋的行为，并结合一些鸟类的 Levy 随机搜索行为而设计的优化算法。萤火虫算法（firefly algorithm，FA）是群智能算法中比较新颖的一种优化算法，它是一种模拟萤火虫群体的发光特征及其表现特征设计的高级启发式算法。该算法的基本思想是模拟自然界中萤火虫的发光特性，寻找周围发光更亮的萤火虫，逐渐向发光最亮的萤火虫位置移动，实现搜索最优解。其结构简单、流程清晰，需要调整的参数较少且具有良好的寻优搜索能力[183]。

群智能优化算法的优点主要体现在以下几个方面。

（1）算法思想简单，容易实现。

（2）以非直接的信息交流方式确保信息的拓展性。

（3）具有并行式和分布式特点，可利用多处理器实现。

（4）对问题的连续性无特殊要求，可处理离散域的问题。

（5）无集中控制约束，不会因为个别个体的问题影响整个问题的求解，使得系统具有更强的鲁棒性。

11.1 优化模型建立

根据第 10 章中介绍的动态误差模型，结合实际工程应用中测站布站需要考虑的问题，应该根据目标轨迹和测量系统的实际工作条件进行优化布站。

（1）测站性能的约束。每个测站都有自身相应的技术指标和保精度的测量条件，如跟踪角速度、工作仰角等，在测站位置选择时，必须要充分考虑这些指标的要求，以保证观测角精度控制在一定的精度范围内。

（2）布站区域的约束。布站区域约束包括两种：一种是安全区域约束，安全区域是指为了保证测试设备和人员的安全，在被试品的射击区域内不允许布站；另一种是地形约束，地形约束是指在某些区域不适合布站。例如，在光学观测方向不应有烟尘排放设施和高亮度背景光，否则会严重影响光测设备的作用距离；有些地方的地质水文条件、生活依托条件也不适合布站。

虽然上述两种情况的工程背景不同，但由于都是对布站区域的限制，因此在实际应用时可归为一种情况处理。根据被测目标的覆盖区域以及周围的具体情况，给出可以布站的范围，即变量的取值范围在此范围内给定一个或多个具体的区域 D，在该区域内不能布站；而在该区域外，则可以布站。

测量系统的布局优化目标的建立实质上是在第 10 章构造的误差模型的基础上附加上述约束条件形成的，用数学语言描述为

$$\text{Min} f(\tilde{x}) = \delta = \sqrt{\delta_s^2 + \delta_m^2} \\ \text{subject to } g_1(\tilde{x}) \neq D \tag{11-1}$$

式中，x 表示测站坐标；D 表示不能布站的区域范围；f 值表示被测区域在此种布局下的动态误差值大小，f 值越小，表明对此被测区域这种优化布局较优；δ_s 和 δ_m 分别表示静态误差和动态误差。本节优化的目的是在测量区域下获得一种 f 值较小的空间任意布局。

从式（11-1）可以看出，这是一个复杂的非线性规划问题，传统的优化算法的优化结果往往不甚理想，容易陷入局部最优。智能算法在求解该类问题时具有明显的优势。

11.2 萤火虫算法的基础知识

11.2.1 算法原理

FA 算法是一种启发式算法，灵感来自萤火虫闪烁的行为。萤火虫闪光的主要目的是作为一个信号系统以吸引其他的萤火虫。具体地讲，萤火虫个体通过感知有效范围内其他萤火虫的发光亮度和频率来确定

其存在和吸引力。目前这一算法已成功应用于工程、计算机及管理等领域。

在优化问题中，将空间各点看成萤火虫，利用发光强的萤火虫会吸引发光弱的萤火虫的特点，在发光弱的萤火虫向发光强的萤火虫移动的过程中完成位置的迭代，从而找出最优位置，即完成了寻优过程。

在此过程中，将萤火虫的某些特征理想化，以满足以下条件。

（1）所有萤火虫都是同一性别且相互吸引。

（2）吸引度只与发光亮度和距离有关，发光亮度高的萤火虫会吸引周围发光亮度低的萤火虫，但是随着距离的增大吸引度逐渐减小，发光亮度高的萤火虫会做随机运动。

（3）发光亮度的高低由目标函数决定。

11.2.2 算法操作

FA 算法的基本假设是萤火虫的发光亮度与当前位置有关，位置越好发光亮度越高，同时具有更大的吸引力度，从而能吸引在其范围内亮度较低的其他萤火虫向其靠近，而且它们之间的相对亮度与吸引力度和距离成反比。

其具体的操作过程就是建立萤火虫 i 的绝对亮度 I_i 和目标函数之间的联系。一般情况下，目标函数值表示萤火虫的绝对亮度，即 $I_i = f(x)$，$x = (x_{i1}, x_{i2}, \cdots, x_{in})$。如果萤火虫 i 的绝对亮度大于萤火虫 j 的绝对亮度，则萤火虫 i 会吸引萤火虫 j 向其移动，此时萤火虫 i 对萤火虫 j 的吸引力记为 β_{ij}，可表示为

$$\beta_{ij} = \beta_0 e^{\gamma r_{ij}^2} \tag{11-2}$$

式中，β_0 为最大吸引力；γ 为光吸收系数；r_{ij} 为萤火虫 i 到萤火虫 j 的笛卡儿距离，即

$$r_{ij} = \|x_i - x_j\| = \sqrt{\sum_{k=1}^{d}(x_{ik} - x_{jk})^2} \tag{11-3}$$

式中，d 为变量的维数；x_i、x_j 为萤火虫 i 和萤火虫 j 所处的空间位置。

由于萤火虫 i 吸引萤火虫 j 而向 i 移动，因此萤火虫 j 的位置更新公式为

$$x_j(t+1) = x_j(t) + \beta_{ij}(x_i(t) - x_j(t)) + \alpha \varepsilon_j \qquad (11-4)$$

式中，t 为迭代次数；β_{ij} 为萤火虫 i 对萤火虫 j 的吸引力；α 为常数，$\alpha \in [0,1]$；ε_j 是由均匀分布得到的随机数向量。

11.2.3 算法步骤

FA 算法的具体实现过程描述如下：

（1）系统初始化，生成萤火虫的初始种群、位置信息，设置 α、β_0、γ 等系数。

（2）计算每个萤火虫的亮度，即目标函数值。

（3）根据式（11-3）更新萤火虫位置，最亮的萤火虫随机移动。

（4）计算个体位置更新后每个萤火虫的亮度。

（5）如果满足结束条件，则循环结束，返回群体中的最佳个体，即所求问题的全局最优解，否则转步骤（3）。

FA 算法流程图如图 11-1 所示。

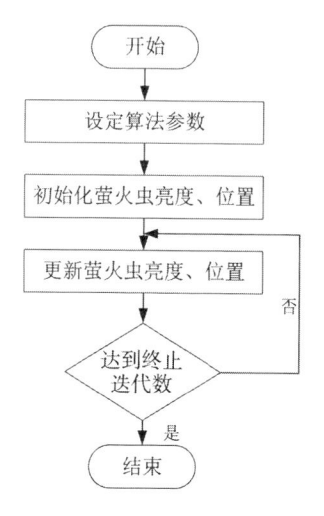

图 11-1　FA 算法流程图

11.3 算法仿真

11.3.1 测量区域建立

假设被测区域为某高度的平面，如图 11-2 所示。设被测区域为边界 $p \times q$ 的矩形，建立局部坐标系，以 OA 方向为 X 轴正向，OC 方向为 Y 轴正向，则被测区域可表示为 $M = \{(X, Y, Z \mid X \in (0, q), Y \in (0, p), Z = h)\}$，其中 h 为被测区域高度。

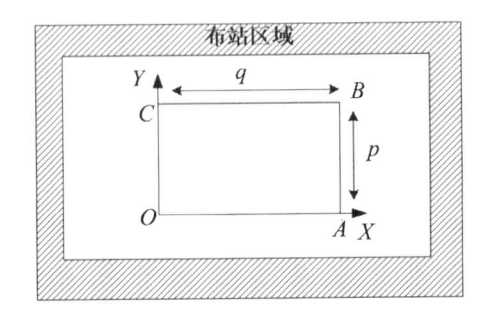

图 11-2 测量区域模型

假设被测区域中 $q = 5$ m, $p = 5$ m, $h = 3$ m，则被测区域在全局坐标系下可以表示为 $M = \{(X, Y, Z \mid X \in (0, 5), Y \in (0, 5), Z = 3)\}$，仿真时可假设被测区域内的运动目标都进行匀速直线运动，则下文使用 11.2 节中提出的基于惯性权重系数的改进 FA 算法，并基于这一被测区域模型对实际测量中使用的四站布局进行仿真和分析。

11.3.2 仿真结果

下面利用前文所提出的空间约束模型对 2～4 个测站优化目标运用 FA 算法进行仿真分析，优化前的布局选取 I_2、C_3、C_4。在 FA 算法中，将种群的范围设置为 50，最大进化次数为 100，$\alpha = 0.1$，$\beta = 1$，$\gamma = 1$，测站测角不确定度为 2″。

1. 两站系统

选取测站 1 的布站区域为 $M_1 = \{(X,Y,Z \mid X \in (-1,1.5), Y \in (-2.5,-0.5), Z \in (1,2))\}$，测站 2 的布站区域为 $M_2 = \{(X,Y,Z \mid X \in (3.5,6.5), Y \in (-2.5,-0.5)\}$，单位为 m，两站系统布局示意图如图 11-3 所示。

图 11-3 两站系统布局示意图

（1）被测目标的运动速度 $v = 0.2$ m/s，两站系统优化后算法最优解收敛图如图 11-4（a）所示；两站系统优化前后测站位置如图 11-4（b）所示。

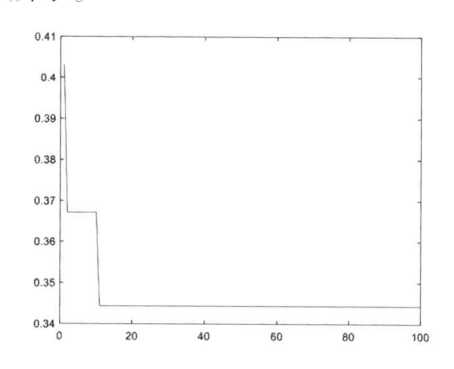

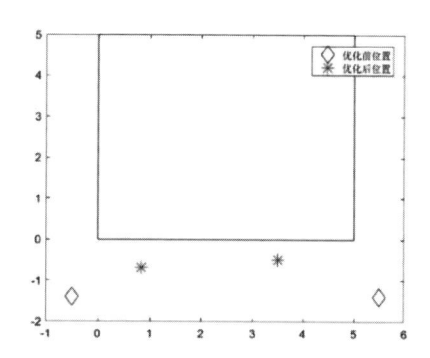

（a）两站系统优化后算法最优解收敛图　　（b）两站系统优化前后测站位置

图 11-4 被测目标运动时两站系统布局优化仿真结果图

被测目标运动时两站系统优化前后参数对比见表 11-1。

表 11-1 被测目标运动时两站系统优化前后参数对比

对比数据	优化前参数	FA 优化后参数
测站 1 坐标 /m	（-0.5,1.4,1.5）	（0.83,-0.69,1.70）
测站 2 坐标 /m	（5.5,-1.4,1）	（3.52,-0.50,1.38）
目标值 /mm	0.4	0.34

（2）被测目标的运动速度$v = 0$ m/s，两站系统优化后算法最优解收敛图如图 11-5(a)所示；两站系统优化前后测站位置如图 11-5(b)所示。

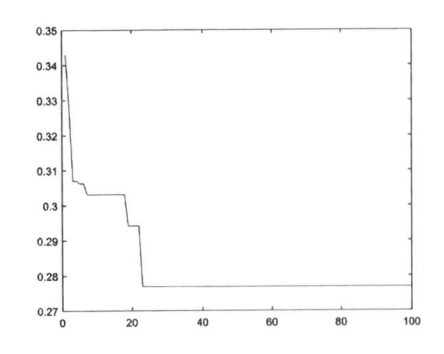

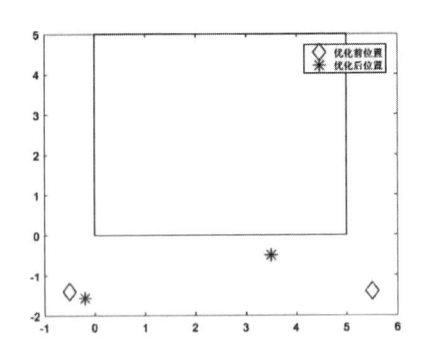

（a）两站系统优化后算法最优解收敛图　　　　（b）两站系统优化前后测站位置

图 11-5　被测目标静止时两站系统布局优化仿真结果图

被测目标静止时两站系统优化前后参数对比见表 11-2。

表 11-2　被测目标静止时两站系统优化前后参数对比

对比数据	优化前参数	FA 优化后参数
测站 1 坐标 /m	（-0.5,1.4,1.5）	（-0.18,-1.55,1.70）
测站 2 坐标 /m	（5.5,-1.4,1）	（3.57,-0.58,1.38）
目标值 /mm	0.35	0.28

2. 三站系统

选取测站 1 的布站区域为 $M_1 = \{(X,Y,Z) \mid X \in (-2,-0.5), Y \in (0.5,3.5), Z \in (1,2)\}$，测站 2 的布站区域为 $M_2 = \{(X,Y,Z) \mid X \in (1,3.5), Y \in (-3,-1), Z \in (1,3)\}$，测站 3 的布站区域为 $M_3 = \{(X,Y,Z) \mid X \in (4.5,6.5), Y \in (0.5,3), Z \in (1,3)\}$，单位为 m。三站系统布局示意图如图 11-6 所示。

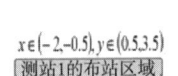

图 11-6　三站系统布局示意图

（1）被测目标的运动速度 $v = 0.2$ m/s，三站系统优化后算法最优解收敛图如图 11-7（a）所示；三站系统优化前后测站位置如图 11-7（b）所示。

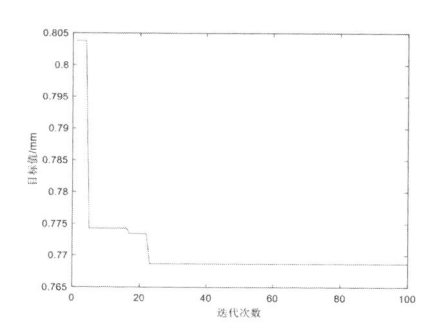

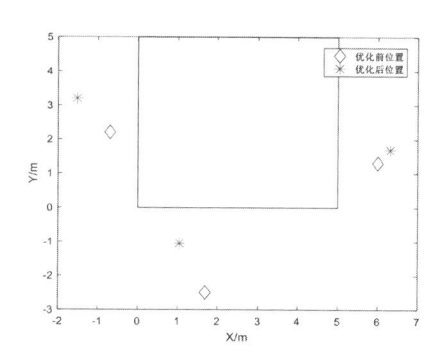

(a) 三站系统优化后算法最优解收敛图　　(b) 三站系统优化前后测站位置

图 11-7　被测目标运动时三站系统布局优化仿真结果图

被测目标运动时三站系统优化前后参数对比见表 11-3。

表 11-3　被测目标运动时三站系统优化前后参数对比

对比数据	优化前参数	FA 优化后参数
测站 1 坐标 /m	（-0.7,2.2,1）	（-1.52,3.20,1.94）
测站 2 坐标 /m	（1.74,-2.95,1）	（1.05,-1.05,2.51）
测站 3 坐标 /m	（6,1.3,1）	（6.31,1.70,1.50）
目标值 /mm	0.8	0.77

（2）被测目标的运动速度 $v = 0$ m/s，三站系统优化后算法最优解收敛图如图 11-8（a）所示；优化前后测站位置如图 11-8（b）所示。

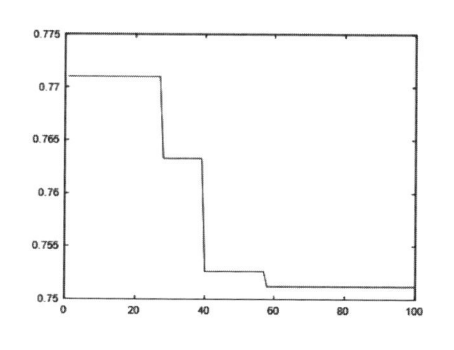

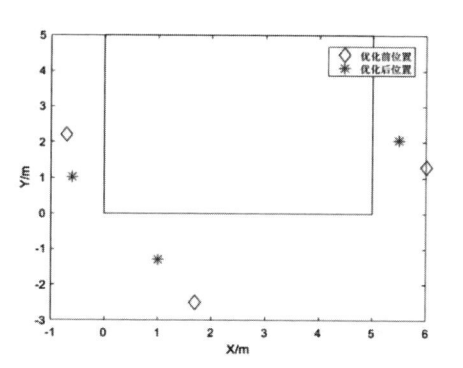

(a) 三站系统优化后算法最优解收敛图　　(b) 三站系统优化前后测站位置

图 11-8　被测目标静止时三站系统布局优化仿真结果图

被测目标静止时三站系统优化前后参数对比见表 11-4。

表 11-4 被测目标静止时三站系统优化前后参数对比

对比数据	优化前参数	FA 优化后参数
测站 1 坐标 /m	(-0.7,2.2,1)	(-0.59,1.02,1.02)
测站 2 坐标 /m	(1.74,-2.95,1)	(1.04,-1.29,1.59)
测站 3 坐标 /m	(6,1.3,1)	(5.50,2.05,1.05)
目标值 /mm	0.77	0.75

3.四站系统

选取测站1的布站区域为 $M_1 = \{(X,Y,Z \mid X \in (-3,-0.5), Y \in (0.5,3.5), Z \in (1,2))\}$，测站2的布站区域为 $M_2 = \{(X,Y,Z \mid X \in (-1,1.5), Y \in (-3,-1), Z \in (1,3))\}$，测站3布站区域为 $M_3 = \{(X,Y,Z \mid X \in (3.5,5.5), Y \in (-3,-1), Z \in (1,3))\}$，测站4的布站区域为 $M_4 = \{(X,Y,Z \mid X \in (6,8), Y \in (0.5,3), Z \in (1,2))\}$，单位为 m。四站系统布局示意图如图 11-9 所示。

（1）被测目标的运动速度为 $v = 0.2$ m/s，四站系统优化后算法最优解收敛图如图 11-10(a)所示；四站系统优化前后测站位置如图 11-10(b)所示。

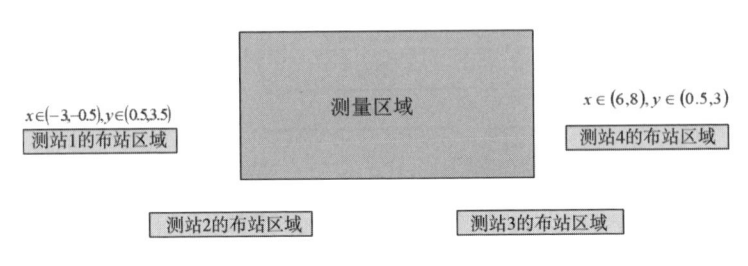

图 11-9 四站系统布局示意图

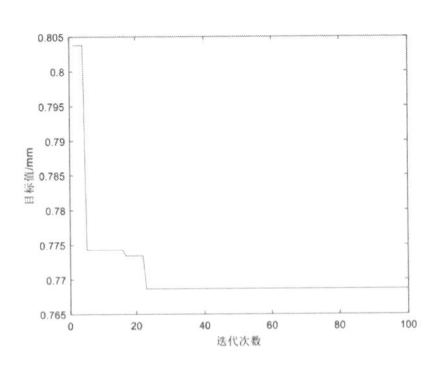

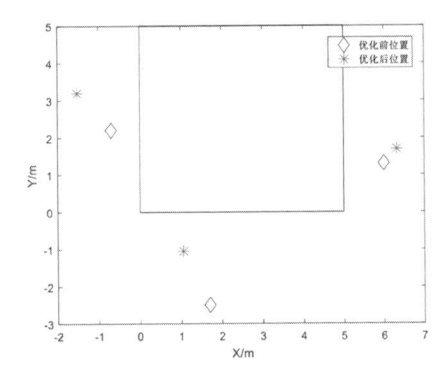

（a）四站系统优化后算法最优解收敛图　　（b）四站系统优化前后测站位置

图 11-10 被测目标运动时四站系统布局优化仿真结果图

被测目标运动时四站系统优化前后参数对比见表11-5。

表 11-5 被测目标运动时四站系统优化前后参数对比

对比数据	优化前参数	FA 优化后参数
测站 1 坐标 /m	(-1.75,1.25,1)	(-1.88,2.19,1.17)
测站 2 坐标 /m	(0.74,-1.95,1)	(-0.14,-2.13,1.29)
测站 3 坐标 /m	(3.65,-1.2,1)	(4.73,-1.89,1.45)
测站 4 坐标 /m	(6.75,1.5,1)	(6.34,1.68,1.35)
目标值 /mm	0.73	0.62

（2）被测目标的运动速度为 v=0m/s，四站系统优化后算法最优解收敛图如图11-11（a）所示；四站系统优化前后测站位置如图11-11（b）所示。

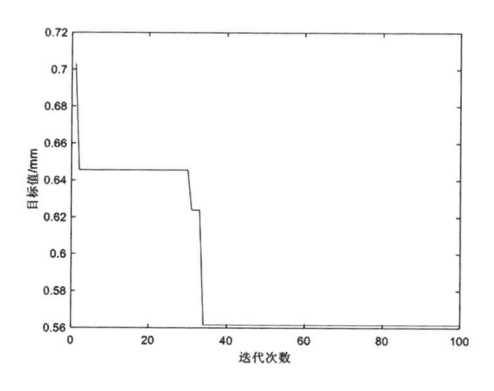

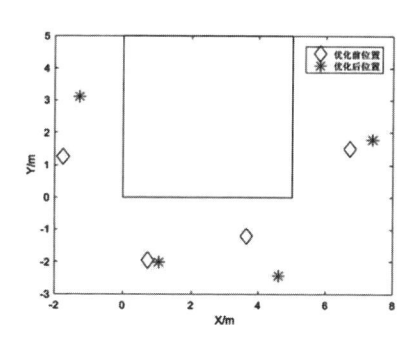

（a）四站系统优化后算法最优解收敛图　　（b）四站系统优化前后测站位置

图 11-11　被测目标静止时四站系统布局优化仿真结果图

被测目标静止时四站系统优化前后参数对比见表11-6。

表 11-6　被测目标静止时四站系统优化前后参数对比

对比数据	优化前参数	FA 优化后参数
测站 1 坐标 /m	(-0.75,-0.25,1)	(-1.26,3.10,1.64)
测站 2 坐标 /m	(2.4,-0.25,1)	(1.07,-2.0,2.7)
测站 3 坐标 /m	(2.4,2.7,1)	(4.60,-2.43,1.43)
测站 4 坐标 /m	(-0.75,2.7,1)	(7.40,1.78,1.30)
目标值 /mm	0.71	0.56

根据上述算法得出的收敛图可以看出，在两站、三站和四站系统中，当被测目标以 $v = 0.2$ m/s 运动时，使用 FA 算法，两站系统的目标值从 0.4mm 减小到 0.34mm，三站系统的目标值从 0.8mm 减小到 0.77mm，四站系统的目标值从 0.73mm 减小到 0.62mm，表明测站在给定的布站区域内获得了较优的布局，而优化前后目标值的减小说明优化具有一定的效果。

当被测目标静止时，两站系统可在 20～30 代达到最优布局，目标值由 0.35mm 减小到 0.28mm；三站系统可在 60 代左右达到最优布局，目标值由 0.77mm 减小到 0.75mm；四站系统可在 30～40 代达到最优布局，目标值由 0.71mm 减小到 0.56mm。以上结果表明，在被测目标速度发生变化时，FA 算法也适用于测量系统的布局优化。

由上述分析可知，虽然 FA 算法在多站布局的收敛精度方面显示出优势。但是在求解实际应用中的各种问题时难以避免其他群智能优化算法的一些不足，如算法容易早熟收敛，容易陷入局部最优等需要优化的缺陷。通常认为，种群的多样性可以提供更多的进化机会，提高求解精度。因此，需要对算法进行改进以具有更好的收敛性，提高优化性能。

11.4 改进萤火虫算法

萤火虫的位置迭代在萤火虫优化过程中占举足轻重的地位，过大的步长会导致萤火虫移动过程中跳过全局最优值，搜索精度下降；过小的步长会提高它的局部寻优能力但无法得到全局最优值，并且影响算法的执行效率。此外，种群的多样性大大影响萤火虫寻优的速率和解的效果。1998 年，Shi 和 Eberhar 在 PSO 算法中提出惯性权重优化粒子群（LOGPSO）算法，以平衡算法的全局寻优能力和局部寻优能力。实验显示，较小的惯性权重使得种群多样性很快衰减，如果最优解在初始搜索区域，则很快能找到最优解；否则，陷入局部最优。而较大的惯性权重则使得种群趋向新的区域，增加种群多样性，粒子不容易聚合在一起，算法不容易陷入局部最优解，提高了算法的全局搜索能力。因此，自 FA 算法提出以来，学者们对如何选择惯性权重进行了大量研究，包括随机权重、线性递减权重、Sigmoid 函数递减权重和混沌权重等。Hassanzadeh 提出了随机权重的惯性因子，随机值分布在 [0.5,1] 之间，结果显示该算法比进化策略得到的结果精度更高。随机权重策略对算法的收敛性产生不确定性影响，不确定性相对较大。Senapati 提出了 Sigmoid 函数递增惯性权重及 Sigmoid 函数递减惯性权重，改进后的 FA 算法具有全局寻优的优越性，也增加了算法复杂度。Roeva 提出了惯性权重线性递减的 FA 算法，将从初始值 9 随迭代次数增加逐渐线性递减为 4，使得算法先全局搜索后局部搜索，获得高精度的解。

由此可知，在算法迭代初期，选取较大的 ω 值有利于算法的全局搜索，确定大致搜索范围后，容易在最优值附近局部寻优，这样可以提高 FA 算法的收敛精度和速度。本节根据 FA 算法及对数函数递减速度先快后慢的特点，提出惯性权重对数递减的 FA（LOGFA）算法。该算法在收敛速度和收敛精度上比传统的 FA 算法有明显的改进。

为了平衡 FA 算法的局部搜索和全局搜索能力，在位置更新中可以引入惯性权重。新的位置更新公式为

$$x_j(t+1) = \omega(t) * x_j(t) + \beta_{ij}(x_i(t) - x_j(t)) + \alpha \varepsilon_j \qquad (11-5)$$

权重的大小会影响萤火虫优化算法的局部搜寻能力和全局搜寻能力。权重比较大时，上一代萤火虫移动步伐对当前移动影响较大，萤火虫之间的吸引力影响较小，算法全局搜寻能力相对较强。而权重较小时，上一代萤火虫的移动步伐相对于吸引力的影响力较小，算法全局寻优能力相对减弱，局部寻优相对增强，即萤火虫在极值附近寻优能力增强，避免因移动步伐过大，在极值点附近反复振荡。而惯性权重递减可以满足这样的搜索要求，即

$$\omega_k = \omega_{\max} - \alpha \times (\omega_{\max} - \omega_{\min}) \log_{\text{iter}_{\max}} k \qquad (11-6)$$

式中，α 为对数调整因子；$\text{iter}_{\max}$ 为最大迭代次数；k 为当前迭代次数。

11.4.1 改进算法流程

基于 LOGFA 算法的流程图如图 11-12 所示。具体步骤如下：

（1）系统初始化生成萤火虫的初始种群、位置信息，设置 α、β_0、γ 初值。

（2）计算每只萤火虫的亮度，即目标函数值。

（3）根据式（11-2）更新权重，计算惯性权值。

（4）根据式（11-1）更新萤火虫位置，最亮的萤火虫随机移动。

（5）计算个体位置更新后萤火虫的亮度。

（6）如果满足结束条件，则循环结束，返回群体中的最佳个体就是所求问题的全局最优解，否则转步骤（3）。

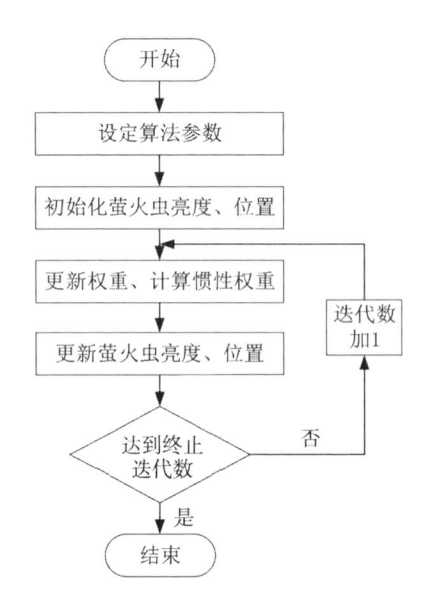

图 11-12　基于 LOGFA 算法的流程图

11.4.2 改进算法分析

通过仿真对上述优化算法进行进一步分析，验证所提出的改进算法对系统测站布局优化的有效性。本章的所有程序均是在同一台计算机上用 MATLAB 编写完成。

下面利用测量区域的约束条件对典型布局的优化目标运用 LOGFA 算法进行仿真分析。优化前的布局采用典型布局形式。在 LOGFA 算法中，将初始种群范围设置为 50，最大进化次数 $\text{iter}_{\max}=100$，最大权重系数 $\omega_{\max}=0.9$，最小权重系数 $\omega_{\min}=0.4$，最大吸引力 $\beta_0=0.2$，光吸收系数 $\gamma=1$，$\alpha=0.2$，测站测角不确定度为 $2''$。

1. 两站系统

（1）两站系统的初始布局与 11.3.2 小节所述的初始布局一致，被测目标以 $v=0.2$ m/s 运动时，基于 FA 算法的最优解收敛图如图 11-13（a）所示；基于 LOGFA 算法的最优解收敛图如图 11-13（b）所示；优化前后的测站位置如图 11-13（c）所示。

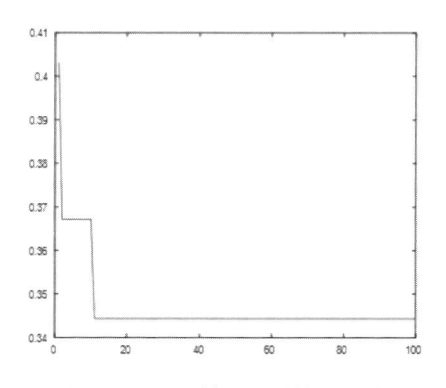

（a）基于 FA 算法的最优解收敛图 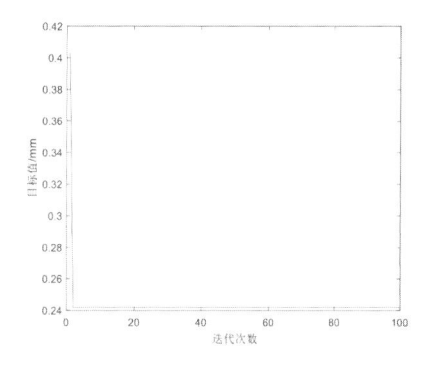　　（b）基于 LOGFA 算法的最优解收敛图

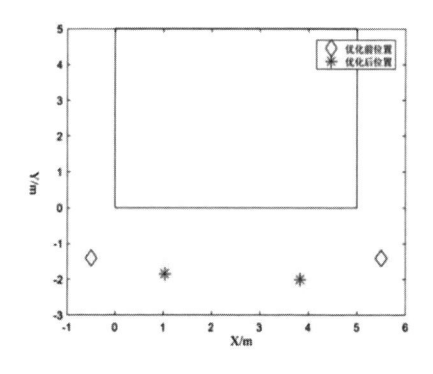

（c）优化前后的测站位置

图 11-13　被测目标运动时基于 LOGFA 算法的两站系统仿真结果图

被测目标运动时两站系统 LOGFA 优化前后参数对比见表 11-7。

表 11-7　被测目标运动时两站系统 LOGFA 优化前后参数对比

对比数据	优化前测站参数	LOGFA 优化后测站参数
测站 1 坐标 /m	(-0.7,2.2,1)	(1.07,-1.85,1.17)
测站 2 坐标 /m	(-0.7,-0.3,1)	(3.83,-2.16,1.91)
目标值 /mm	0.4	0.34

（2）两站系统的初始布局与 11.3.2 小节中所述的初始布局一致，被测目标以 $v=0$ m/s 运动时，基于 FA 算法的最优解收敛图如图 11-14（a）所示；基于 LOGFA 算法的最优解收敛图如图 11-14（b）所示；优化前后的测站位置如图 11-14（c）所示。

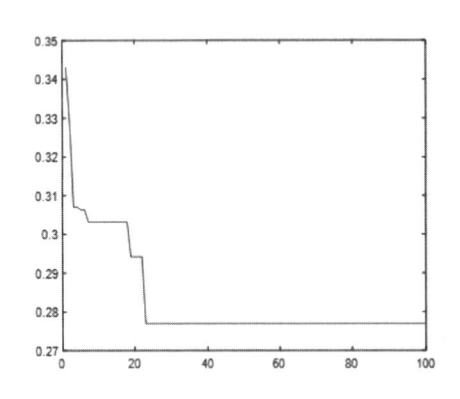

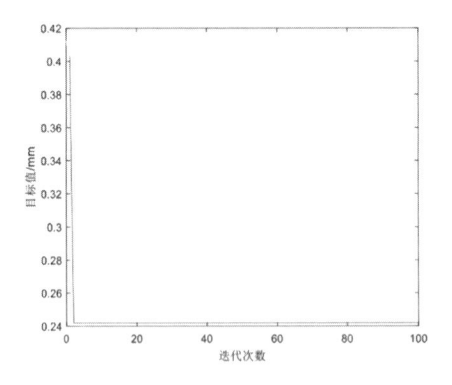

（a）基于 FA 算法的最优解收敛图　　　　（b）基于 LOGFA 算法的最优解收敛图

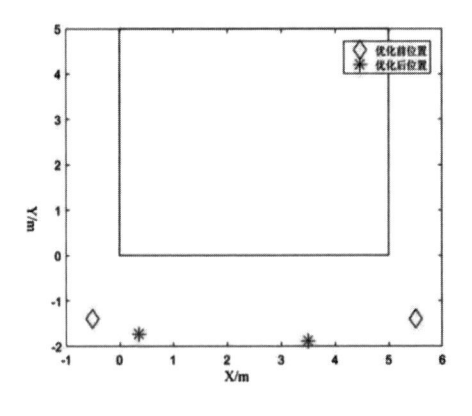

（c）优化前后的测站位置

图 11-14　被测目标静止时基于 LOGFA 算法的两站系统仿真结果图

被测目标静止时两站系统 LOGFA 优化前后参数对比见表 11-8。

表11-8 被测目标静止时两站系统LOGFA优化前后参数对比

对比数据	优化前测站参数	LOGFA优化后测站参数
测站1坐标/m	(-0.7,2.2,1)	(0.35,-1.73,1.43)
测站2坐标/m	(-0.7,-0.3,1)	(3.53,-1.88,1.08)
目标值/mm	0.4	0.24

2. 三站系统

（1）三站系统的初始布局与11.3.2小节中所述的初始布局一致，被测目标以$v=0.2$ m/s运动时，基于FA算法的最优解收敛图如图11-15(a)所示；基于LOGFA算法的最优解收敛图如图11-15（b）所示；优化前后的测站位置如图11-15（c）所示。

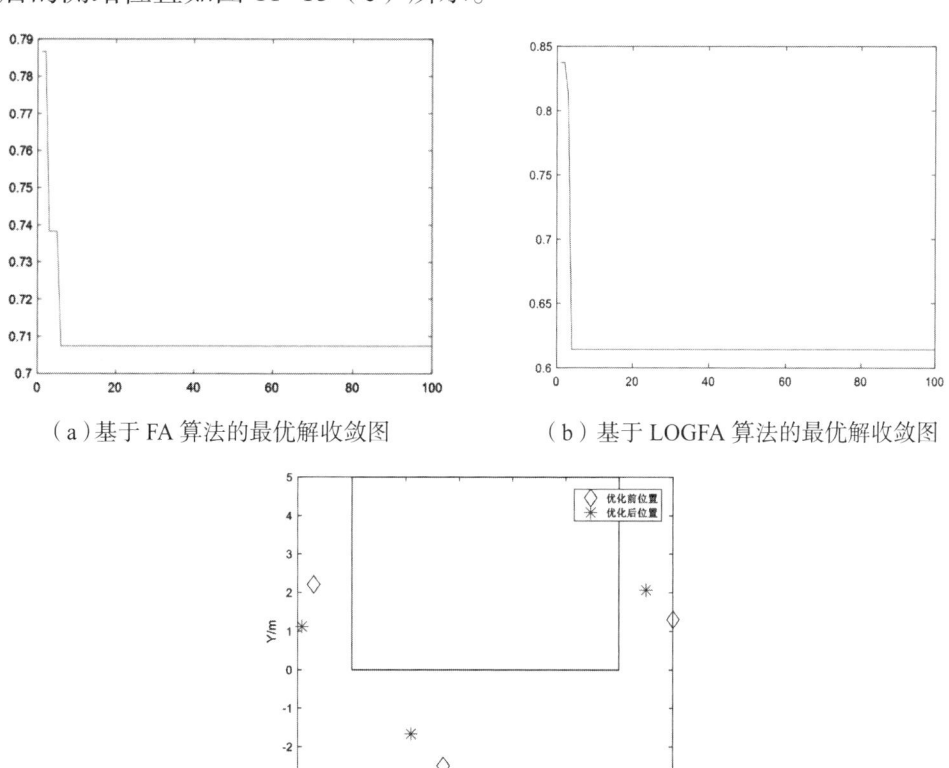

（a）基于FA算法的最优解收敛图　　（b）基于LOGFA算法的最优解收敛图

（c）优化前后的测站位置

图11-15 被测目标运动时基于LOGFA算法的三站系统仿真结果图

被测目标运动时三站系统 LOGFA 优化前后参数对比见表 11-9。

表 11-9　被测目标运动时三站系统 LOGFA 优化前后参数对比

对比数据	优化前测站参数	LOGFA 优化后测站参数
测站 1 坐标 /m	（-0.7,2.2,1）	（-0.91,1.12,1.39）
测站 2 坐标 /m	（-0.7,-0.3,1）	（1.11,-1.68,1.54）
测站 3 坐标 /m	（2.2,-0.3,1）	（5.50,2.07,1.60）
目标值 /mm	0.85	0.61

（2）三站系统的初始布局与 11.3.2 所述初始布局一致，被测目标以 $v = 0$ m/s 运动时，基于 FA 算法的最优解收敛图如图 11-16（a）所示；基于 LOGFA 算法的最优解收敛图如图 11-16（b）所示；优化前后的测站位置如图 11-16（c）所示。

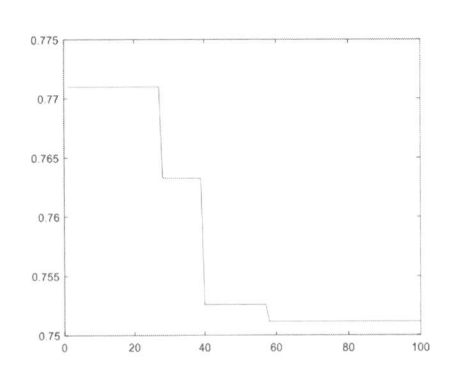

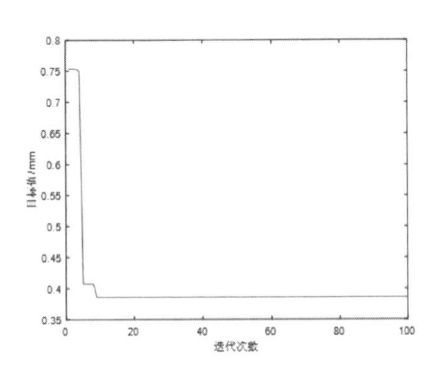

（a）基于 FA 算法的最优解收敛图　　（b）基于 LOGFA 算法的最优解收敛图

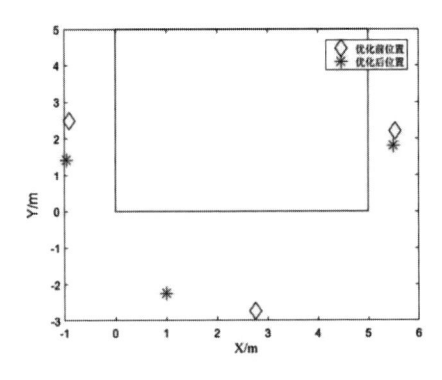

（c）优化前后的测站位置

图 11-16　被测目标静止时基于 LOGFA 算法的三站系统仿真结果图

被测目标静止时三站系统 LOGFA 优化前后参数对比见表 11-10。

表 11-10 被测目标静止时三站系统 LOGFA 优化前后参数对比

对比数据	优化前测站参数	LOGFA 优化后测站参数
测站 1 坐标 /m	（-0.7,2.2,1）	（-0.95,1.41,1.04）
测站 2 坐标 /m	（-0.7,-0.3,1）	（1.08,-2.24,1.53）
测站 3 坐标 /m	（2.2,-0.3,1）	（5.50,1.81,1.18）
目标值 /mm	0.75	0.38

3. 四站系统

在四站系统中，初始布局与 11.3.2 小节中所述的初始布局一致。

（1）被测目标以 $v = 0.2$ m/s 运动时，基于 FA 算法的最优解收敛图如图 11-17（a）所示；基于 LOGFA 算法的最优解收敛图如图 11-17（b）所示；优化前后的测站位置如图 11-17（c）所示。

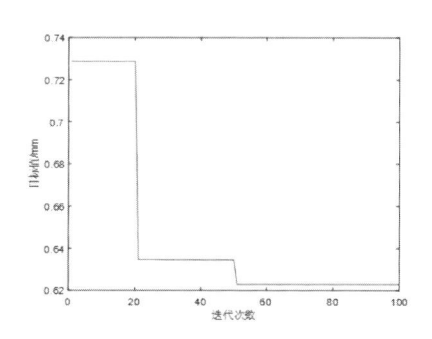

（a）基于 FA 算法的最优解收敛图　　（b）基于 LOGFA 算法的最优解收敛图

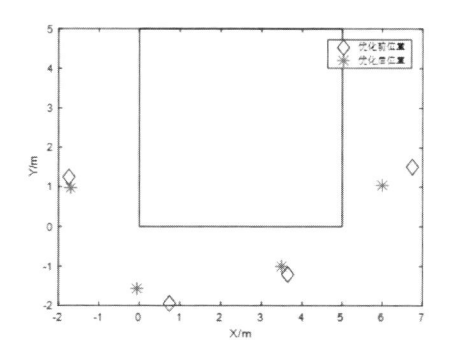

（c）优化前后的测站位置

图 11-17 被测目标运动时基于 LOGFA 算法的四站系统仿真结果图

被测目标运动时四站系统 LOGFA 优化前后参数对比见表 11-11。

表 11-11 被测目标运动时四站系统 LOGFA 优化前后参数对比

对比数据	优化前测站参数	LOGFA 优化后测站参数
测站 1 坐标 /m	（-0.75,0.25,1）	（-0.52,0.58,1）
测站 2 坐标 /m	（2.4,-0.25,1）	（-0.11,-1.08,0.2）
测站 3 坐标 /m	（2.4, 2.7,1）	（3.52,-1.19,1）
测站 4 坐标 /m	（-0.75,2.7,1）	（6.09,0.50,1）
目标值 /mm	0.72	0.6

（2）被测目标的运动速度 $v = 0$ m/s，基于 FA 算法的最优解收敛图如图 11-18（a）所示；基于 LOGFA 算法的最优解收敛图如图 11-18（b）所示；优化前后的测站位置如图 11-18（c）所示。

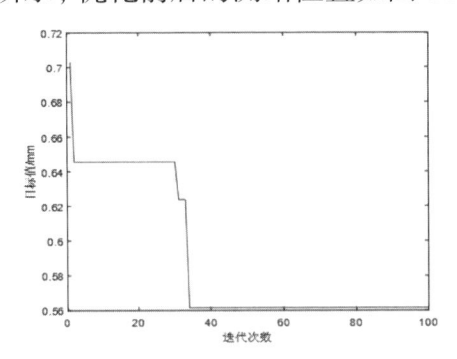

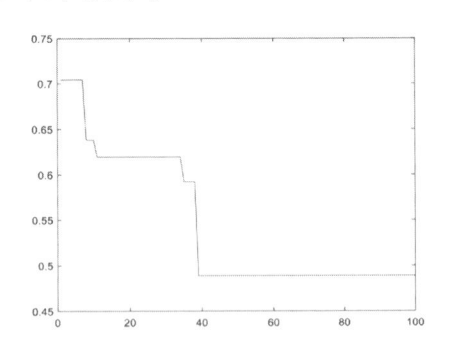

（a）基于 FA 算法的最优解收敛图　　（b）基于 LOGFA 算法的最优解收敛图

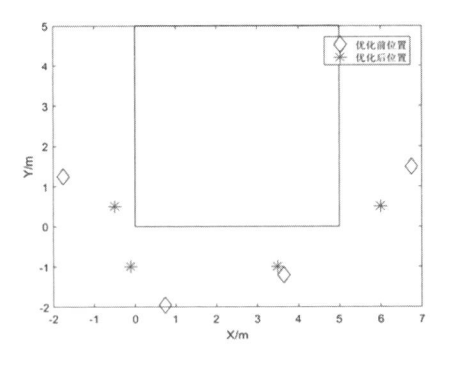

（c）优化前后的测站位置

图 11-18　被测目标静止时基于 LOGFA 算法的四站系统仿真结果图

被测目标静止时四站系统 LOGFA 优化前后参数对比见表 11-12。

表 11-12　被测目标静止时四站系统 LOGFA 优化前后参数对比

对比数据	优化前测站参数	LOGFA 优化后测站参数
测站 1 坐标 /m	(-0.75,0.25,1)	(-0.69,0.57,1.32)
测站 2 坐标 /m	(2.4,-0.25,1)	(0.60,-1.18,1.82)
测站 3 坐标 /m	(2.4, 2.7,1)	(3.58,-1.17,1)
测站 4 坐标 /m	(-0.75,2.7,1)	(6.34,0.54,1.29)
目标值 /mm	0.71	0.48

对上述仿真结果进行分析，在被测目标以 $v=0.2$ m/s 运动时，对比两站、三站、四站系统优化前与基于 LOGFA 算法优化后参数可以看出，两站系统目标值从 0.4mm 降低到 0.34mm；三站系统目标值从 0.85mm 降低到 0.61mm；四站系统目标值从 0.72mm 降低到 0.6mm。在收敛速度方面，使用 FA 算法进行寻优普遍要在 20 代以后才能获得最优解，而运用 LOGFA 算法在 20 代左右就已经获得了最优解，说明基于算法具有较快的收敛速度。对比表 11-1 和表 11-7、表 11-3 和表 11-9、表 11-5 和表 11-11 可知，改进 FA 算法优化后的目标值小于 FA 算法优化后的目标值。由前面的目标函数可知，目标值的降低表明测量系统的测量精度有所提升，因此，验证了改进算法的优势。

当被测目标静止时，从二站、三站、四站系统优化前与基于 LOGFA 算法优化后的参数可以看出，两站系统的目标值从 0.4mm 降低到 0.24mm，三站系统的目标值从 0.75mm 降低到 0.38mm，四站系统的目标值从 0.71mm 降低到 0.48mm。对比表 11-2 和表 11-8、表 11-4 和表 11-10、表 11-6 和表 11-12 中可以看出，改进 FA 算法优化后的目标值小于 FA 算法优化后的目标值，验证了算法改进后的效果。

由上述分析可知，速度不同时测量系统的布局优化结果是不同的，并且对被测目标在静态条件下的布局优化也是适用的。此外，为了实现多测站布局优化策略，即首先从现场待测空间的实际情况出发，设定全局参考坐标系，划定被测量空间的尺寸范围，获得待测区域在全局坐标系下的坐标范围；然后确定所需测站数，根据现场的遮挡情况及测站的最佳工作距离划定测站优化可行域；最后将这些参数送入布局优化算法中，进行解算获得网络布局的坐标最优参数。

11.5 实验验证

11.5.1 实验设计

在已经搭建好的接收器及发射站的基础上，联合现有实验设备构建实验平台，主要包含激光发射站、若干球形接收器，以及激光跟踪仪测量系统。实验以激光跟踪仪测量值为基准值，将优化前后 wMPS 测得的坐标信息依次与其进行对比，以验证布局优化算法的有效性。

在四站系统中，构建了被测空间为 5m×5m×3m 的三维空间场，激光跟踪仪和 wMPS 的发射站均分布在被测空间周围，测站呈半圆形排列放置。在被测空间内选取 20 个待测点，在每个待测点处均放置一个接收器，接收器固定在三脚架上以均匀分布在测量区域的每个平面，并且实验过程中保证三脚架及激光跟踪仪位置不变，这样只需变化测站位置以对其待测点进行对比测量。实验任务描述如图 11-19 所示。

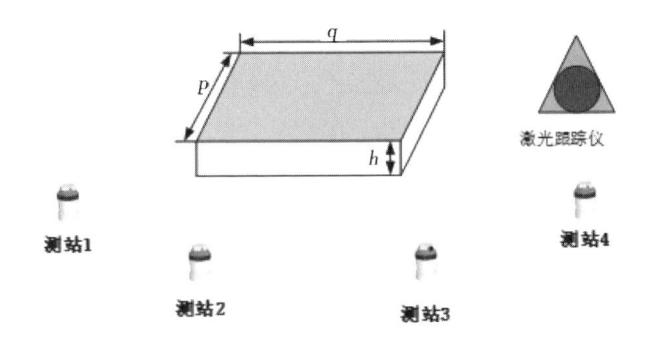

图 11-19 实验任务描述

基于上述方案搭建的实验现场图如图 11-20 所示。

图 11-20　实验现场图

11.5.2　实验步骤

将四个测站以半圆的形式放置作为初始布局。用激光跟踪仪和 wMPS 对被测点进行测量。利用前面介绍的优化算法对原始布局进行优化得出优化后的测站位置，保持被测点位置不变，移动测站到优化后的测站坐标位置处，再对被测点进行测量。具体实验流程如图 11-21 所示。

图 11-21　动态组网优化实验流程图

11.5.3 实验结果及分析

11.5.2 小节设置了四站系统的初始布局，下面利用优化算法将其布局进行优化，算法优化前后的测站布局图如图 11-22 所示。

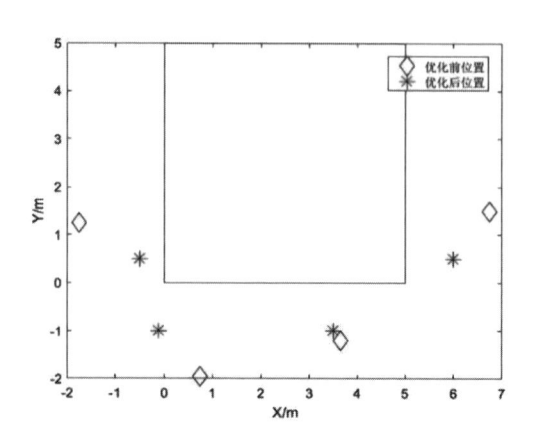

图 11-22 算法优化前后的测站布局图

将激光跟踪仪测得的数据与算法优化前后 wMPS 测量数据对比，结果见表 11-13。

表 11-13 测站优化前后 wMPS 与激光跟踪仪的数据对比（单位：mm）

点数	激光跟踪仪		wMPS 优化	dMag	Δd
1	(2554.79, -2426.04, -499.86)	前	(2554.44, -2426.52, -499.45)	0.72	0.42
		后	(2555.53, -2426.04, -500.00)	0.30	
2	(2582.65, -2410.78, 780.32)	前	(2582.10, -2410.89, 780.46)	0.58	0.21
		后	(2582.38, -2410.78, 780.08)	0.36	
3	(5020.26, -818.89, -512.09)	前	(-512.10, 5020.81, -818.43)	0.89	0.63
		后	(5020.41, -818.89, -511.89)	0.25	
4	(5020.64, -828.10, 768.18)	前	(768.18, 5020.22, -828.44)	0.79	0.64
		后	(5020.49, -828.10, 768.18)	0.15	
5	(7149.15, 497.72, -508.38)	前	(-508.38, 7148.81, 498.25)	0.66	0.15
		后	(7148.76, 497.72, -508.70)	0.50	
6	(7131.28, 513.76, 772.53)	前	(772.53, 7130.89, 513.68)	0.43	0.13
		后	(7131.42, 513.76, 772.26)	0.30	

续表

点数	激光跟踪仪	wMPS 优化		dMag	Δd
7	(8580.05, -1442.99, -403.17)	前	(8579.69, -1442.77, -403.49)	0.53	0.12
		后	(8579.64, -1442.99, -403.21)	0.41	
8	(8581.96, -1459.40, 858.49)	前	(858.49, 8581.73, -1460.22)	0.85	0.46
		后	(8582.21, -1459.40, 858.79)	0.39	
9	(6460.75, -2865.89, -403.09)	前	(-403.09, 6461.25, -2865.59)	0.59	0.15
		后	(6460.31, -2865.89, -403.12)	0.44	
10	(6448.08, -2841.39, 874.61)	前	(874.61, 6447.78, -2841.85)	0.71	0.29
		后	(6447.78, -2841.39, 874.91)	0.42	
11	(4250.59, -4278.14, -505.89)	前	(-505.89, 4251.13, -4278.65)	0.76	0.32
		后	(4250.31, -4278.14, -505.55)	0.44	
12	(4252.02, -4255.09, 774.07)	前	(774.07, 4252.10, -4254.54)	0.55	0.32
		后	(4252.25, -4255.09, 774.07)	0.23	
13	(5905.71, -5957.43, -381.64)	前	(-381.64, 5906.12, -5957.09)	0.63	0.42
		后	(5905.63, -5957.43, -381.84)	0.21	
14	(5925.94, -5924.99, 897.73)	前	(897.73, 5926.19, -5924.28)	0.76	0.31
		后	(5925.79, -5924.99, 898.15)	0.45	
15	(7500.34, -4837.87, -522.01)	前	(-522.01, 7500.86, -4837.76)	0.54	0.37
		后	(7500.27, -4837.87, -521.85)	0.17	
16	(7525.52, -4824.27, 757.37)	前	(757.37, 7525.32, -4823.88)	0.63	0.27
		后	(7525.86, -4824.27, 757.49)	0.36	
17	(9604.21, -3445.08, -448.15)	前	(-448.15, 9603.62, -3445.41)	0.71	0.46
		后	(9604.46, -3445.08, -448.13)	0.25	
18	(9626.95, -3421.09, 831.87)	前	(831.87, 9626.75, -3421.39)	0.62	0.19
		后	(9627.33, -3421.09, 832.05)	0.41	
19	(5808.92, -4475.83, -497.51)	前	(-497.51, 5809.66, -4475.74)	0.76	0.32
		后	(5809.14, -4475.83, -497.13)	0.44	
20	(5809.61, 4475.40, 783.38)	前	(783.38, 5809.28, -4475.18)	0.43	0.09
		后	(5809.89, -4475.40, 783.57)	0.34	

在表 11-13 中，dMag 为 wMPS 与激光跟踪仪测量结果之差，该

差值可以用来衡量 wMPS 的测量精度，Δd 为优化前后 dMag 之差。利用优化前后的 dMag 可绘制四站系统优化前后比对误差，如图 11-23 所示。

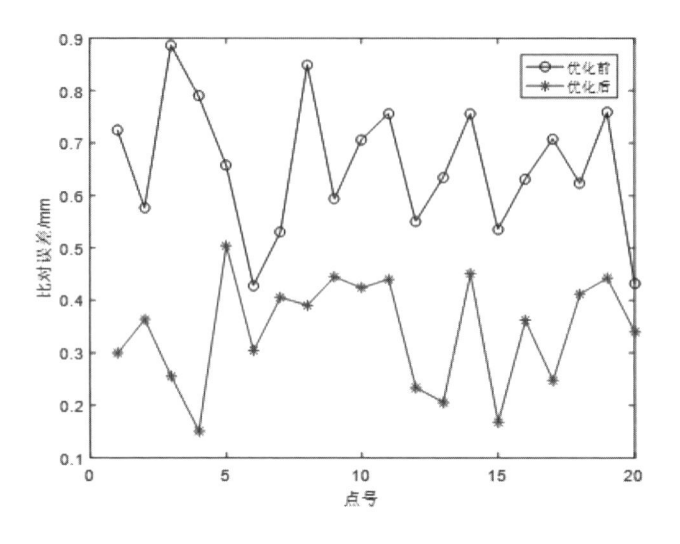

图 11-23　四站系统优化前后的比对误差

通过图 11-23 和表 11-13 可以看出，在四站系统中，优化前的最大比对误差为 0.89mm，平均比对误差为 0.66mm；优化后的最大比对误差为 0.50mm，平均比对误差为 0.34mm；优化前后最大比对误差之差为 0.64mm，平均比对误差之差为 0.31mm。通过以上分析可知，在经过算法优化布局后，wMPS 的测量精度有所提升，同时验证了布局优化算法的有效性。

11.6　本章小结

本章首先基于第 10 章中所建立的动态误差模型结合现实测量条件中存在的约束问题建立了优化目标模型，然后对现有的布局优化手段进行了简述，介绍了 FA 算法的基本原理、操作步骤。通过建立空间约束模型，运用 FA 算法在 MATLAB 仿真平台上对典型布局进行仿真分析发现，FA 算法在布局优化中存在的不足在于：算法容易早熟收敛，容易陷入局部最优等需要优化的缺陷。

　　针对 FA 算法中存在的上述问题，首先研究了 LOGFA 算法，并给出了该算法的优化流程；然后在 MATLAB 仿真平台上运用提出的算法对两站系统、三站系统、四站系统进行了仿真分析及验证；最后根据实验环境结合现有设备搭建了测量实验平台，运用四个测站构建测量场，对优化前后的被测点的误差值进行比较分析，并与激光跟踪仪测得的结果进行精度比对，实验结果显示，用 LOGFA 算法优化后的测站布局测得数据与激光跟踪仪测得数据的比对误差较优化前布局的比对误差有所减小，因此可证明上述优化算法的有效性。

第 12 章 网络优化在飞机制造精密测量中的应用

12.1 钢架测量

12.1.1 任务描述

本次实验的目的是通过在现场分别使用 wMPS 和激光跟踪仪对钢架上某些关键点进行测量和比对，验证 wMPS 在飞机装配现场条件下的应用可行性及成熟度，并根据现场要求完善现有 wMPS。实验中所使用的钢架是对飞机机身部件的模拟，其质量和监控点与真实机身一致。机身模拟件测量任务图如图 12-1 所示。由于钢架结构复杂，被测点均在钢架的上平面，因此用简化的模型代替实际钢架结构，激光跟踪仪和 wMPS 分布在钢架的周围，以对其关键点进行比对测量。

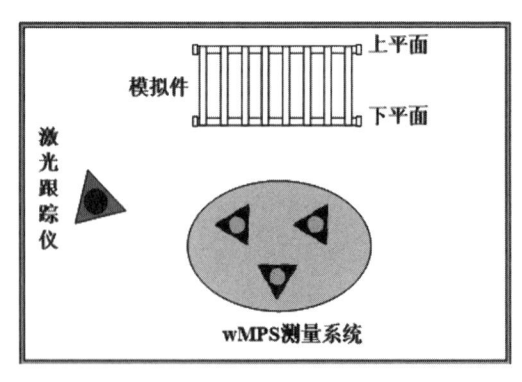

图 12-1 机身模拟件测量任务图

12.1.2 网络布局设计

钢架上的被测点分布在3m×5m的矩形区域内，实验中使用3个发射站，接收器的有效工作距离为[5m,15m]，在第一次布局过程中，3个发射站基本属于共线I型分布，根据第4章的分析，当发射站为3个时，优化的间距为[11m,15m]，取间距$d=12$m，此时的覆盖面积大于被测区域，可对被测区域内所有点进行测量。图12-2所示为I型网络布局及被测点分布。

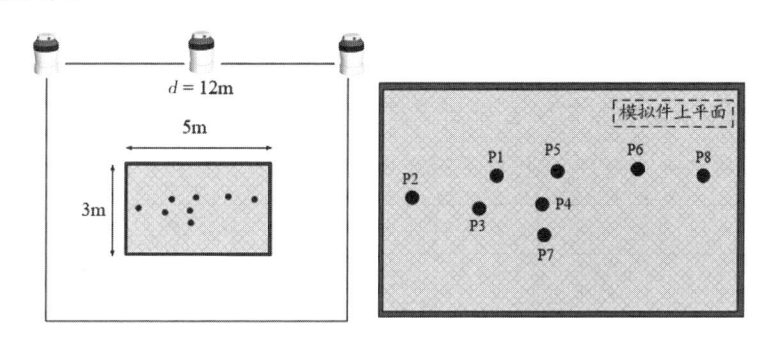

图 12-2　I型网络布局及被测点分布

为了对比I型网络布局和C型网络布局的优劣，在第二次布局过程中，3个发射站属于C型网络布局，并且左右两站在被测区域中心的夹角为90°，根据第3章的分析，当夹角为180°时，测量随机误差最小，在[80°,180°]区间，误差变化趋势较缓。实验中使用的是单向球形接收器，因此夹角不宜过大，取90°较为适宜。图12-3所示为C型网络布局及被测点分布。

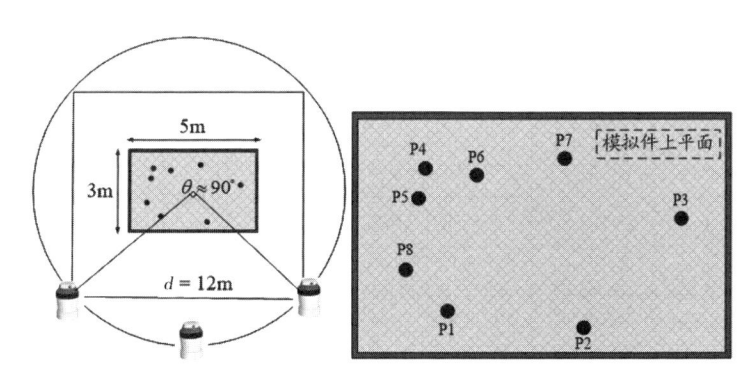

图 12-3　C型网络布局及被测点分布

12.1.3 实验结果及分析

1. 三站 I 型网络

按照图 12-3 所示的方案将发射站固定好之后，通过全局定向得到各发射站之间的平移矩阵为

$$T = \begin{bmatrix} 0 & 0 & 0 \\ 2722.423189398160 & -4877.633692669242 & 203.626189712625 \\ -1526.340443291887 & 5077.139052492901 & 519.157859966419 \end{bmatrix}$$

（12-1）

wMPS_I 型网络和激光跟踪仪测量结果比对见表 12-1。

表 12-1 wMPS_I 型网络和激光跟踪仪测量结果比对（单位：mm）

点号		X	Y	Z	dX	dY	dZ	GDOP
1	wMPS	7956.96	3400.48	−619.14	−0.23	−0.03	0.04	0.24
	Tracker	7957.19	3400.50	−619.18				
2	wMPS	8099.51	4781.23	−598.98	−0.11	−0.20	−0.03	0.23
	Tracker	8099.62	4781.43	−598.95				
3	wMPS	8950.43	3740.63	−610.41	0.19	−0.12	0.00	0.23
	Tracker	8950.24	3740.74	−610.41				
4	wMPS	9290.83	2747.44	−623.63	0.16	−0.03	−0.02	0.16
	Tracker	9290.67	2747.47	−623.61				
5	wMPS	8297.04	2407.07	−632.50	−0.35	−0.09	−0.02	0.36
	Tracker	8297.39	2406.98	−632.48				
6	wMPS	8744.96	1101.78	−649.24	−0.33	0.25	0.03	0.42
	Tracker	8745.30	1101.53	−649.27				
7	wMPS	10391.77	2775.16	−619.22	0.47	−0.17	0.02	0.50
	Tracker	10391.30	2775.32	−619.24				
8	wMPS	9703.75	98.03	−659.46	0.20	0.19	−0.02	0.28
	Tracker	9703.55	97.84	−659.44				
Average								0.30

2. 三站 C 型网络

图 12-3 所示的 C 型网络中通过全局定向得到各发射站之间的平移矩阵为

$$T = \begin{bmatrix} 0 & 0 & 0 \\ -1092.63977704672 & 5882.33132276671 & 72.48333833450 \\ 1536.71139813848 & 11491.44898960558 & -697.75547423808 \end{bmatrix}$$

(12-2)

wMPS_C 型网络和激光跟踪仪测量结果比对见表 12-2。

表 12-2　wMPS_C 型网络和激光跟踪仪测量结果比对（单位：mm）

点号		X	Y	Z	dX	dY	dZ	GDOP
1	wMPS	8309.59	2645.79	-349.28	-0.09	0.04	-0.07	0.12
	Tracker	8309.68	2645.76	-349.21				
2	wMPS	6696.37	4160.18	-369.31	-0.01	0.16	0.00	0.16
	Tracker	6696.38	4160.01	-369.32				
3	wMPS	4377.46	3794.65	-395.74	0.02	0.17	-0.01	0.18
	Tracker	4377.45	3794.47	-395.73				
4	wMPS	7230.23	594.31	-350.53	-0.03	-0.03	0.07	0.09
	Tracker	7230.26	594.34	-350.60				
5	wMPS	7618.11	925.38	-347.67	-0.13	-0.08	-0.03	0.16
	Tracker	7618.24	925.46	-347.64				
6	wMPS	6672.05	1248.40	-360.10	-0.07	-0.18	-0.02	0.20
	Tracker	6672.12	1248.58	-360.08				
7	wMPS	5328.91	1892.97	-376.45	0.23	-0.15	-0.05	0.28
	Tracker	5328.68	1893.12	-376.4				
8	wMPS	8479.62	1660.68	-340.51	-0.13	0.03	0.03	0.14
	Tracker	8479.75	1660.65	-340.54				
Average								0.17

从上述两种不同网络结构的测量结果可以看出，在三站系统中，I 型网络的平均比对误差为 0.30mm，最大比对误差为 0.50mm；而 C 型网络的平均比对误差为 0.17mm，最大比对误差为 0.28mm。因此，C 型网络比 I 型网络的约束更有效，对精度的控制作用更强。

12.2 飞机水平姿态测量

12.2.1 任务描述

本次实验的目的是利用 wMPS 测量飞机关键点，并与数模理论值进行比对，然后对飞机的水平姿态作出评价，是 wMPS 在飞机制造过程中的一个重要应用。图 12-4（a）所示为机身两侧待测关键点分布图，左右两侧各有 14 个测点。其中，公共基准点 5 个，分别为 T1 左、T1 右、T2 左、T2 右和 T6。

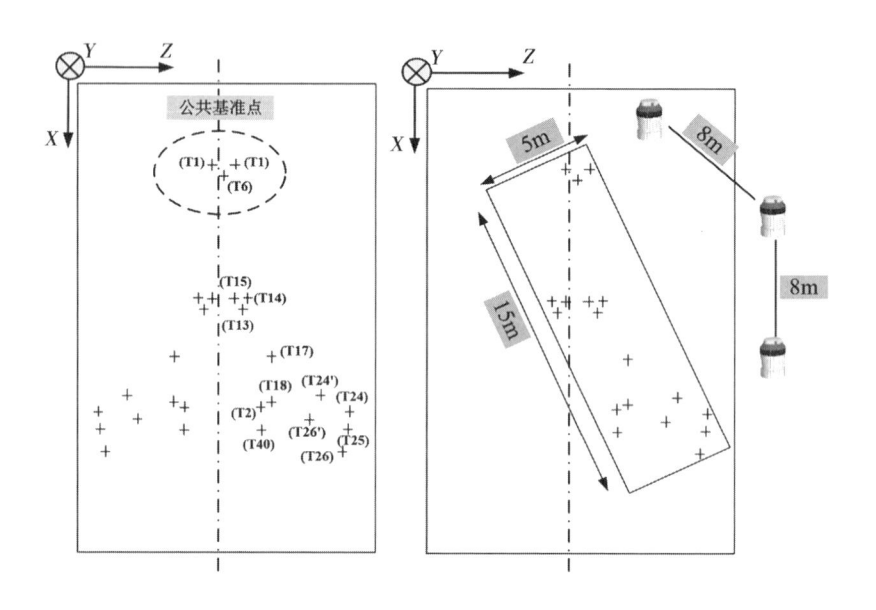

（a）机身两侧待测关键点分布图　　（b）机身右侧网络布局图

图 12-4　飞机水平姿态测量实验

12.2.2 网络布局设计

下面以右侧数据为例进行分析，测量数据大约包括在 15m×5m 的矩形区域中，实验中使用全向矢量棒进行测量，其有效工作距离为 [3m,18m]，实验方案设计流程如下：

（1）根据第5章的间距优化理论，计算优化目标大于2的间距区间为[10m,16m]。

（2）参照钢架测量实验中的C型网络布局，综合机身周围空间的限制，采用三站C型网络布局，两侧站距离中间站约为8m，此时左右两站到被测区域中心的交会角约为90°，被测关键点均在测站有效测量范围内。

（3）在被测区域中选取足够多的定向点进行全局定向。

（4）对机身右侧数据进行测量。

（5）对机身左侧采用类似网络布局进行测量。

（6）通过公共基准点的测量将所有数据统一到基准坐标系下，并和数模理论数据进行比对。

图12-4（b）所示为机身右侧网络布局图。

12.2.3 实验结果及分析

飞机水平姿态关键点测量结果和数模理论值比较结果见表12-3。

表12-3 飞机水平姿态关键点测量结果和数模理论值比较结果（单位：mm）

点号		X	Y	Z	dX	dY	dZ	GDOP
T1左	实测	2346.93	−0.49	−654.19	0.38	−0.49	0.50	0.80
	理论	2346.55	0	−654.69				
T1右	实测	2346.20	0.67	655.41	−0.35	0.67	0.72	1.04
	理论	2346.55	0.00	654.69				
T6	实测	2896.37	−643.66	−0.73	0.37	−0.68	−0.73	1.06
	理论	2896.00	−642.98	0.00				
T15左	实测	8625.54	−709.11	−619.82	−2.60	1.29	3.53	4.57
	理论	8628.14	−710.40	−623.35				
T15右	实测	8625.91	−709.60	619.41	−2.23	0.8	−3.94	4.60
	理论	8628.14	−710.40	623.35				
T14左	实测	8591.19	−606.87	−1403.07	−2.75	6.83	3.96	8.36
	理论	8593.94	−613.70	−1407.03				

续表

点号		X	Y	Z	dX	dY	dZ	GDOP
T14 右	实测	8589.66	−606.86	1404.38	−4.28	6.84	−2.65	8.49
	理论	8593.94	−613.70	1407.03				
T13 左	实测	9150.57	−1165.58	−1101.55	−5.96	6.7	0.37	8.97
	理论	9156.53	−1172.28	−1101.92				
T13 右	实测	9150.18	−1167.96	1106.28	−6.35	4.32	4.36	8.83
	理论	9156.53	−1172.28	1101.92				
T17 左	实测	11378.61	−55.02	−2759.33	2.07	−2.8	0.67	3.54
	理论	11376.54	−52.22	−2760.00				
T17 右	实测	11370.59	−47.82	2758.69	−5.95	4.4	−1.31	7.51
	理论	11376.54	−52.22	2760.00				
T18 左	实测	13513.78	−56.28	−2755.72	2.17	−5.3	4.28	7.15
	理论	13511.61	−50.98	−2760.00				
T18 右	实测	13515.72	−49.14	2753.14	4.11	1.84	−6.86	8.20
	理论	13511.61	−50.98	2760.00				
T24' 左	实测	13191.50	−49.27	−5502.01	0.54	9.34	2.51	9.69
	理论	13190.96	−58.61	−5504.52				
T24' 右	实测	13191.33	−51.52	5500.51	0.37	7.09	−2.01	7.38
	理论	13190.96	−58.61	5504.52				
T24 左	实测	13970.30	−60.82	−7145.02	−0.73	2.95	5.55	6.33
	理论	13971.03	−63.77	−7150.57				
T24 右	实测	13970.69	−60.87	7143.21	−0.34	2.9	−7.36	7.92
	理论	13971.03	−63.77	7150.57				
T25 左	实测	14795.86	−49.93	−7011.44	−3.28	1.28	9.22	9.87
	理论	14799.14	−51.21	−7020.66				
T25 右	实测	14798.93	−49.32	7011.57	−0.21	1.89	−9.09	9.29
	理论	14799.14	−51.21	7020.66				
T26' 左	实测	14347.33	−36.76	−4861.62	1.25	6.08	4.19	7.49
	理论	14346.08	−42.84	−4865.81				
T26' 右	实测	14349.60	−38.76	4860.43	3.52	4.08	−5.38	7.61
	理论	14346.08	−42.84	4865.81				

续表

点号		X	Y	Z	dX	dY	dZ	GDOP
T26 左	实测	15881.13	−5.22	−6741.33	0.28	−2.75	6.98	7.51
	理论	15880.85	−2.47	−6748.31				
T26 右	实测	15888.34	−4.64	6741.46	7.49	−2.17	−6.85	10.38
	理论	15880.85	−2.47	6748.31				
T2 左	实测	13760.02	−355.00	−2158.36	0.02	0	0	0
	理论	13760.00	−355.00	−2158.36				
T2 右	实测	13759.97	−354.99	2158.37	−0.03	0.01	0.01	0.03
	理论	13760.00	−355.00	2158.36				
T40 左	实测	14833.07	−754.38	−2188.63	−4.79	−4.38	1.37	6.63
	理论	14837.86	−750.00	−2190.00				
T40 右	实测	14843.61	−756.91	2187.24	5.75	−6.91	−2.76	9.40
	理论	14837.86	−750.00	2190.00				

从测量数据对比结果看，相对数模理论数据，整体测量误差控制在 10mm 之内，平均误差为 6mm。机身上的 5 个基准点 T6、T1 左、T1 右、T2 左、T2 右，与数模理论值偏差较小。与理论值偏差较大的点 T24 左、T24 右、T25 左、T25 右、T26 左、T26 右、T24' 左、T24' 右，均分布在飞机机翼上。

分析误差较大的原因可能来源于以下几点。

（1）对飞机左右两侧的测量不在同一天，飞机状态可能发生变化。

（2）矢量棒加工工艺不够完善，尖端没有进行硬化处理，长时间使用后，会损失测量精度。

（3）所测飞机为试飞过的飞机，测量点的实际值与数模理论值可能有一定偏差。

（4）由于接收器工作距离的限制，飞机机翼上的大多数基准点处于接收器的极限位置处，并且由于机身外围空间的限制，使得这些点相对测站位置不在最佳测量区域内。

从上述实验可以看出，通过典型布局进行组合式全局网络优化的方法是可行的，各测量子域通过一系列的公共基准点转换到全局坐标系下。由于现场条件的复杂，难以用数学模型进行详尽描述，因此允许实际布局和理论设计有一定的偏差。通常间距变化 1m 左右对整体测量性能的影响不大。

12.3 本章小结

本章在现有硬件平台的基础上，针对飞机制造装配过程中两个具体的应用实例验证了基于典型布局的全局网络优化的可行性，并对实验过程和实验结果进行了阐述和分析。在钢架测量实验中，分析比较了三站 I 型网络布局和 C 型网络布局的误差特性，在 15m 测量范围中，C 型网络布局和激光跟踪仪比对误差在 0.2mm 以内。基于钢架测量的实验结果，在飞机水平姿态的测量中，采用左右对称的 C_3 典型布局实现了整机组合测量。在该实验中，由于现场环境的干扰以及测量系统硬件水平的限制，无法对测量结果进行精确的定量分析及评估，只能对其进行定性分析。

第 13 章 总结与展望

13.1 总结

测量网络优化问题是分布式坐标测量系统在使用过程中面临的重大问题，因具体定位技术、测量任务、测量要求和环境因素的不同而呈现不同的解决方法或手段。本书以 wMPS 为载体，围绕测量网络优化设计这一主题，对 wMPS 网络优化问题进行了研究。首先对经纬仪测量系统、数字近景摄影测量系统、激光跟踪干涉测量系统、移动空间坐标测量系统、wMPS 等分布式坐标测量系统布局优化的现状进行了总结。其次从约束分析、优化目标和优化手段三方面对网络优化问题进行了描述，分析了智能优化算法在布局优化中的应用，并指出 wMPS 布局优化时存在的主要问题。围绕"以多约束函数为优化目标、对动/静态下的 wMPS 组网布局优化"问题展开研究，本书主要成果如下：

（1）研究了发射站测角误差模型，建立了误差传递模型。通过分析发射站结构参数对系统测角精度的影响，指出如何选择发射站中的光平面倾角和夹角。对发射站测角误差进行了理论分析，建立了激光平面与转轴不交于同一点的测角模型，通过实验获得了系统标定结构参数的不确定度，并据此进行了模型仿真，获得测角误差分布，通过双站和多站的误差传递，为分析系统误差提供了理论基础。

（2）研究了基于数据拟合的检定误差补偿算法和基于控制场的标定误差补偿算法。通过对检定平台采集的数据进行分析，提出了拟合方程，利用最小二乘法获得了方程参数，在一定程度上消除了未严格调同轴对检定的影响，可以降低调整的难度，提高检定效率。基于控制场的补偿算法，利用多个控制点降低系统标定对测量结果的影响，可使系统控制测量精度，从而更适应现场应用。

（3）在定位误差分析的基础上，将 2～4 个测站组成的小型网络作为典型单元进行研究，针对平面测量区域，分析了 2～4 个测站组成的典型布局及误差特性，通过在实验室条件下的多种测站组合实验的结果表明，四站的整体测量精度最高，三站 L 型布局对两站布局测量精度的增强幅度约为 40%，四站对三站测量精度的提高大部分处于 20% 以内。研究了一种在典型布局中权衡测量精度与有效测量区域的间距优化方法。基于典型布局的分析，提出基于典型布局实现全局网络优化的思想，在布站过程中根据典型布局的测量特性以及对被测区域的分析，将大范围的被测区域分割为若干个子域，每个子域采取尽可能少的测站且能满足测量要求的布局，通过多个子域的组合实现全局网络优化。

（4）探索了启发式算法在组网布局优化模型中的应用。在自然选择类算法中提出了一种基于进化代数衰减因子的改进自适应遗传算法，并给出算法优化流程。改进后的自适应遗传算法中的交叉和变异概率既能够随着进化代数和适应度值而自动改变，又能使算法跳出局部最优，克服早熟的影响。在群智能优化算法中，提出了模拟退火 - 粒子群算法的混合算法，并设计了算法优化流程。混合后的算法具有收敛速度快，搜索范围广等特点。在此基础上提出一种多站优化策略，将算法应用于 wMPS 多测站布局中，并进行了实验验证。

（5）在静态误差模型研究的基础上建立了系统动态误差模型，分析了动态测量误差的特性和误差源，对测站观测角误差和由被测目标运动引起的动态误差进行了仿真分析。以此为基础建立优化模型，采用基于 LOGFA 算法进行测站的布局优化来减小系统动态测量误差，并进行了实验验证。

（6）开展了网络优化方法在飞机制造装配过程中的具体应用，验证了基于典型布局的全局网络优化方法的可行性。在钢架测量实验中，分析比较了三站 I 型网络布局和 C 型网络布局的误差特性，在 15m 测量范围中，C 型网络布局和激光跟踪仪比对误差在 0.2mm 以内。基于钢架测量的实验结果，在飞机水平姿态的测量中，采用左右对称的 C_3 典型布局实现了整机组合测量。

13.2 展望

多站分布式测量仪器以空间多几何量观测为基础，构成多重传感耦合、立体拓扑交联的高精度整体测量网络，具有系统伸缩性好、现场适应性强、多任务并行、自动高效率等突出原理优势，是目前大尺寸空间测量定位的最佳选择。多基站测量网络优良的静态测量能力能够满足大部分准静态测量需求，但面对大型智能制造环境中连续跟踪、高精度实时获取的动态测量需求，动态测量性能受到严重制约，在动态测量方面仍存在原理缺陷：多站、多观测量融合的测量原理导致动态过程中产生观测量不同步、几何约束变化等问题，破坏了空间多观测量的严格交会条件；同时，其测量频率无法满足动态过程中的数据更新速率需求。在未来多部件、大空间、实时协同的智能制造背景下，动态测量能力将成为测量定位技术深度融入制造过程的必备条件，必须从根本上解决动态测量问题。对于分布式测量仪器，其动态测量误差分析理论仍然不健全，动态误差模型修正、动态误差评定方法、动态误差的溯源及校准是未来需要继续深入研究的内容。

参 考 文 献

［1］ 黄桂平.大尺寸三坐标测量方法与系统［J］.宇航计测技术，2007，27（4）：1-7.
［2］ 李广云.非正交系坐标测量系统原理及进展［J］.测绘信息与工程，2003，28（1）：4-10.
［3］ 马骊群，王立鼎，靳书元，等.工业大尺寸测量仪器的溯源现状及发展趋势［J］.计测技术，2006，26（6）：1-5.
［4］ 叶声华，邾继贵，张滋黎，等.大空间坐标尺寸测量研究的现状与发展［J］.计量学报，2008，29（4A）：1-6.
［5］ Estler W T, Edmundson K L, Peggs G N, et al. Large-Scale Metrology -An Update［J］.CIRP Annals -Manufacturing Technology, 2002, 51（2）：587-609.
［6］ Xiong Z, Zhu J G, Zhao Z Y, et al. Workspace measuring and positioning system based on rotating laser planes［J］.MECHANIKA, 2012, 18（1）：94-98.
［7］ Mautz R. Overview Of Current Indoor Positioning Systems［J］.Geodesy and Cartography, 2009, 35（1）：18-22.
［8］ Franceschini F, Galetto M, Maisano D, et al. Distributed Large-Scale Dimensional Metrology: New Insights［M］.Germany: Springer, 2011.
［9］ 中华人民共和国国务院.国家中长期科学和技术发展规划纲要（2006—2020）［M］.北京：中国法治出版社，2006.
［10］ 郭恩明.国外飞机柔性装配技术［J］.航空制造技术，2005，29（29）：28-32.
［11］ 秦龙刚，陈允全，姚定.飞机装配先进定位技术［J］.航空制造技术，2009（14）：55-57.
［12］ 于勇，陶剑，范玉青.大型飞机数字化设计制造技术应用综述［J］.航空制造技术，2009（11）：56-60.
［13］ 黄若波，张杰.基于全站仪和船舶3D设计系统的三维精度测量技术研究［J］.造船技术，2011（4）：14-16.

[14] 申玫，管官.一种船体分段测量点云自动匹配的算法［J］.造船技术，2011（4）：17–19.

[15] 张南知.驳船分段划分与建造［J］.造船技术，1993（5）：20–22.

[16] 李宗春，汤廷松，张冠宇.电子经纬仪交会测量系统在大型天线精密安装测量中的应用［J］.海洋测绘，2005，25（1）：26–30.

[17] 马伯渊，杨青，王伟.大型抛物面天线面板安装调整的计算方法研究［J］.机械科学与技术，2003，22（增刊）：10–13.

[18] 黄桂平，李广云.电子经纬仪工业测量系统定向及坐标解算算法研究［J］.测绘学报，2008，32（3）：256–260.

[19] 邾继贵，张滋黎，耿娜，等.双经纬仪三维坐标测量系统设计［J］.传感技术学报，2010，23（5）：660–664.

[20] 陆敬舜.型架双经纬仪三维测量法［J］.南京航空航天大学学报，1994，26（5）：628–634.

[21] 张明，赵辉，杨晓新.采用经纬仪测量空间点三维坐标的仿真研究［J］.宇航计测技术，1997，17（4）：18–22.

[22] 聂钢，吴序堂，毛世民.双经纬仪三维测量最佳布局［J］.宇航计测技术，1999，19（3）：25–29.

[23] 张增太，魏超，李明荣.双经纬仪测量系统在测量精密骨架中的使用［J］.电子机械工程，2007，23（2）：1–5.

[24] 崔书华，胡绍林，李果.光电经纬仪布站分析及优化［J］.光学与光电技术，2007，5（5）：12–15.

[25] 侯宏录，周德云.光电经纬仪异面交会测量及组网布站优化设计［J］.光子光报，2008，37（5）：1023–1028.

[26] HOU H L, Wang W. Multi–photoelectric Theodolite Deployment Optimization of Intersection Measurement［D］. Proceedings of the 4th IEEE Conference on Industrial Electronics and Applications, 2009.

[27] 姜涛，刘勇，王海峰.基于遗传算法的多台光电经纬仪优化布站研究［J］.计算机仿真，2009，26（5）：28–31.

[28] 张军，曹殿广，郑玉新，等.交会测量布站优化与数值分析［J］.测绘科学，2011，36（3）：119–121.

[29] 王耀华，陈继华.经纬仪交会测量系统的图形结构评价［J］.测绘通报，2011，6.

[30] 刘鑫伟，王铎，杨健强.经纬仪布站位置对交会测量结果影响的分析［J］.

光电技术应用，2012，27（5）：64-68.

[31] 王克选. 双站交会测量精度分析与布站选择[J]. 河南科技，2020.

[32] 邹道磊，袁文艳，王兰英. 绝对定向图形结构对经纬仪测量系统精度的影响[J]. 测绘与空间地理信息，2023，46（10）：181-185.

[33] 吴斌. 大型物体三维形貌数字化测量关键技术研究[D/OL]. 天津：天津大学，2002.

[34] 郑继贵，叶声华. 工业现场近景数字摄影视觉精密测量[J]. 地理空间信息，2004，2（6）：11-14.

[35] 黄桂平，钦桂勤，卢成静. 数字近景摄影大尺寸三坐标测量系统V-STARS的测试与应用[J]. 宇航计测技术，2009，29（2）：5-10.

[36] Tarbox G H, Gottschlich S N, Planning for complete sensor coverage in inspection [J].Computer Vision and Image Understanding, 1995, 61（1）：84-111.

[37] Mason S O, Gruen A. Automating the Sensor Placement Task for Accurate Dimensional Inspection [D].Proceedings of the 1994 Second CAD-Based Vision Workshop, 1994.

[38] Olague G, Mohr R. Optimal Camera Placement to Obtain Accurate 3D Point Positions [D].Proceedings of 14th International Conference on Pattern Recognition, 1998.

[39] Olague G, Mohr, R. Optimal Camera Placement for Accurate Reconstruction, [R].INRIA, Report N3338, 1998.

[40] Olague G. Autonomous Photogrammetric Network Design Using Genetic Algorithms [J].EvoWorkshops, 2001,（2037）：353-363.

[41] Dunn E, Olague G. Evolutionary Computation for Sensor Planning: The Task Distribution Plan [J]. EURASIP Journal on Applied Signal Processing, 2002, （8）：748-756.

[42] Dunn E, Olague G. Multi-objective Sensor Planning for Efficient and Accurate Object Reconstruction [J].EvoWorkshops, 2004,（3005）：312-321.

[43] Saadat-Seresht M, Samdzadegan F, Azizi A, et al. CAMERA PLACEMENT FOR NETWORK DESIGN IN VISION METROLOGY BASED ON FUZZY INFERENCE SYSTEM [D].Proceeding of the Robotics Conference, 2004.

[44] Dunn E, Olague G. Pareto Optimal Camera Placement for Automated Visual Inspection [D].Proceedings of International Conference on Intelligent Robots

and Systems, 2005.

［45］ Olague G, Dunn E. DEVELOPMENT OF A PRACTICAL PHOTOGRAMMETRIC NETWORK DESIGN USING EVOLUTIONARY COMPUTING［J］. Photogrammetric Record, 2006,（17）: 213–232.

［46］ Olague G, Dunn E, Lutton E. Parisian camera placement for vision metrology［J］. Pattern Recognition letters, 2006,（27）: 1209–1219.

［47］ 黄玮，孙世维. 线阵CCD交汇测量精度分析［J］. 光学精密工程，1995，3（3）: 95–100.

［48］ 吕海宝，杨华勇，黄锐，等. 多CCD交汇测量技术研究［J］. 光电工程，1998，25（2）: 14–19.

［49］ 颜树华, 叶湘滨, 王跃科. CCD光靶交汇测量精度的理论研究［J］. 光电子·激光，1999，10（4）: 328–332.

［50］ 王君，吕乃光，邓文怡，等. 视觉测量仿真系统及其网络布局优化研究［J］. 光学技术，2008，34（1）: 36–40.

［51］ 汪大宝，刘上乾，王会峰. 双线阵CCD交汇测量系统结构优化与精度分析［J］. 光学技术，2008，34（增刊）: 29–31.

［52］ Galantucci L, Lavecchia F, Percoco G, et al. New method to calibrate and validate a high-resolution 3D scanner based on photogrammetry［J］. Precision Engineering, 2013, 38（2）: 279–291.

［53］ Ahn H, Chang Y, Kim K, et al. Measurement of three-dimensional perioral soft tissue changes in dentoalveolar protrusion patients after orthodontic treatment using a structured light scanner［J］. The Angle Orthodontist, 2014: in Press.

［54］ Aydin C, Designing building facades for the urban rebuilt environment with integration of digital close-range photogrammetry and geographical information systems［J］. Automation in Construction, 2014, 43（0）: 38–48.

［55］ 张国雄，林永兵，李杏华，等. 四路激光跟踪干涉三维坐标测量系统［J］. 光学学报，2003，3（9）: 1030–1036.

［56］ 隋修武，张国雄，李杏华，等. 四路激光跟踪柔性坐标测量系统的跟踪器设计［J］. 仪器仪表学报，2005，26（12）: 1254–1258.

［57］ 林永兵，张国雄，李真，等. 四路激光跟踪测量系统最佳测量区域和系统自标定［J］. 中国激光，2002，29（11）: 1006–1011.

［58］ Takatsuji T, Koseki Y, Goto M. Restriction on the arrangement of laser trackers in laser trilateration［J］. Meas. Sci. Technol., 1998（9）: 1357–1359.

[59] 胡朝晖，王佳，期永东，等.纯距离法激光跟踪坐标测量系统的布局与仿真[J].光学技术，2000，26（5）：395-399.

[60] Lin Y B, Zhang G X. The Optimal Arrangement of Four Laser Tracking Interferometers in 3D Coordinate Measuring System Based on Multi-lateration,[D].Proceedings of International Symposium on Vimal Environments, Human-Computer Interfaces, and Measurement Systems, Lugano, Switzerland, 2003.

[61] 林永兵，张国雄，李真，等.四路激光跟踪三维坐标测量系统最佳布局[J].中国激光，2002，29（11）：1000-1006.

[62] Zhang D F, Rolt S, Maropoulos P G. Modelling and optimization of novel laser multilateration schemes for high-precision applications[J]. Meas. Sci. Technol., 2005(16): 2541-2547.

[63] 胡进忠，余晓芬，任兴，等.基于激光多边法的坐标测量系统最佳布局[J]. Chinese Journal of Lasers, 2014, 41（7）：708001--1.

[64] 王金栋，孙荣康，曾晓涛，等.激光跟踪多站分时测量基站布局研究[J]. Chinese Journal of Lasers, 2018, 45（4）：404005--1.

[65] 任瑜，刘芳芳，傅云霞，等.激光多边测量网布局优化研究[J]. Laser & Optoelectronics Progress, 2019, 56（1）：011201.

[66] 梁楚彦，缪东晶，李建双，等.多边法坐标测量系统关键布局参数对测量精度影响的研究[J].计量学报，2023，44（7）：1009-1018.

[67] Fiorenzo F, Domenico M, Luca M. Mobile spatial coordinate measuring system（MScMS）and CMMs: a structured comparison[J]. Int. J. Adv. Manuf Technol, 2009(42): 1089-1102.

[68] Franceschini F, Galetto M, Maisano D, et al. A review of localization algorithms for distributed wireless sensor networks in manufacturing[J]. Int J Comput Integr Manuf, 2009, 22（7）：698-716.

[69] Fiorenzo F, Maurizio G, Domenico M, et al. Mobile spatial coordinate measuring system（MScMS）—introduction to the system[J]. International Journal of Production Research, 2009, 47（14）：3867-3889.

[70] Fiorenzo F, Maurizio G, Domenico M, et al. On-line diagnostics in the Mobile Spatial coordinate Measuring System（MScMS）[J]. Precision Engineering, 2009, 33（4）：408-417.

[71] Fiorenzo F, Maurizio G, Domenico M, et al. THE PROBLEM OF

DISTRIBUTED WIRE LESS SENSORS POSITIONING IN THE MOBILE SPATIAL COORDINATE MEASURING SYSTEM（MSCMS）[D]. Proceedings of the 9th Biennial ASME Conference on Engineering Systems Design and Analysis, 2008.

［72］ http://www.nikonmetrology.com.

［73］ A. I. Inc., 局域GPS三维精密测量及控制系统简介.

［74］ 力丰（集团）有限公司.Metris_iGPS为飞机损坏定位及判断带来革命［J］.模具工程，2008,（10）：27-28.

［75］ 力丰制造科技有限公司.韩国主要造船商使用MetrisiGPS大型测量系统.

［76］ ArcSecond Inc, Error Budget and Specifications, Whitepaper, 2002.

［77］ Muelaner J, Hughes B, Forbes A, et al. iGPS Capability Study, 2008.

［78］ Maisano D A, Jamshidi J, Franceschini F, et al. Indoor GPS : system functionality and initial performance evaluation［J］. Int. J. Manufacturing Research, 2008, 3（3）: 335-349.

［79］ Maisano D A, Jamshidi J, Franceschini F, et al. A comparison of two distributed large-volume measurement systems : the mobile spatial co-ordinate measuring system and the indoor global positioning system［J］. Porc.IMechE Part B: J. Engineering Manufacture, 2008,（223）: 511-521.

［80］ Muelaner J E, Jamshidi J, Wang Z, et al. VERIFICATION OF THE INDOOR GPS SYSTEM BY COMPARISON WITH POINTS CALIBRATED USING A NETWORK OF LASER TRACKER MEASUREMENTS［D］. Proceedings of DET,2009.

［81］ Wang Z, Mastrogiacomo L, Franceschini F, et al. Experimental comparison of dynamic tracking performance of iGPS and laser tracker［J］. Int J Adv Manuf Technol, 2011.

［82］ Muelaner, J E, Wang Z, Jamshidi J, et al. Study of the uncertainty of angle measurement for a rotary-laser automatic theodolite（R-LAT）［J］. Porc. IMechE Part B: J. Engineering Manufacture, 2009, 223（3）: 217-229.

［83］ Ferri C, Mastrogiacomo L, Faraway J. Sources of variability in the set-up of an indoor GPS［J］. International Journal of Computer Integrated Manufacturing, 2010, 23（6）: 487-499.

［84］ Muelaner J E, Wang Z, Martin O, et al. Estimation of uncertainty in three-dimensional coordinate measurement by comparison with calibrated points

[J].Measurement Science and Technology,2010,(21):1-10.

[85] 刘志刚,刘中正,许耀中,等.基于双旋转激光平面发射机网络的定位系统误差补偿方法[P].中国,发明专利,200810231910.5,2009-04-22.

[86] 刘志刚,许耀中,王民刚,等.基于双旋转激光平面发射机网络的空间定位方法[P].中国,发明专利,200810150383.5,2008-12-24.

[87] 王玉振,张建军,尚延生.局域GPS技术应用与工业测量[J].北京测绘,2006(3):38-40.

[88] 吴晓峰,张国雄.室内GPS测量系统及其在飞机装配中的应用[J].航空精密制造技术,2006,42(5):1-5.

[89] 吕景亮,张春富,唐文彦,等.Indoor GPS工业测量系统自标定技术研究[J].计量学报,2011,32(1):12-15.

[90] 秦世伟,谷川.Indoor GPS技术及其在工业领域的应用[J].铁道勘察,2008,(3):31-34.

[91] 熊芝,杨凌辉,王希花,等.室内空间测量定位系统在飞机制造装配中的应用[J].航空制造技术,2011,(21):60-63.

[92] 杨凌辉,杨学友,邾继贵,等.基于光电扫描的工作空间测量定位系统误差分析[J].光电子·激光,2010,21(12):1829-1833.

[93] 杨凌辉,杨学友,劳达宝,等.采用光平面交汇的大尺寸坐标测量方法[J].红外与激光工程,2010,39(6):1105-1109.

[94] YANG L H, YANG X Y, ZHU J G, et al. Novel Method for Spatial Angle Measurement Based on Rotating Planar Laser Beams[J]. CHINESE JOURNAL OF MECHANICAL ENGINEERING, 2010, 23(6):758-764.

[95] 劳达宝,杨学友,邾继贵,等.扫描平面激光坐标测量系统校准方法的优化[J].光学精密工程,2011,19(4):870-877.

[96] 劳达宝,杨学友,邾继贵,等.网络式激光扫描空间定位系统标定技术研究[J].机械工程学报,2011,47(6):1-7.

[97] 劳达宝,杨学友,邾继贵,等.扫描平面激光空间定位系统测量网络的构建[J].光电子·激光,2011,22(2):261-265.

[98] 劳达宝,杨学友,邾继贵,等.基于旋转平面激光扫描测角的新型坐标测量系统[J].传感器与微系统,2010,29(12):99-102.

[99] 耿磊,邾继贵,熊芝,等.wMPS测角不确定度研究[J].光电工程.2011,38(10):6-12.

[100] 耿磊,劳达宝,杨学友,等.旋转平面激光坐标测量系统中的关键技术[J].

红外与激光工程，2011，40（11）：2275-2281.

[101] Geng L, Zhu J G, Yang X Y, et al. Analysis of angle measurement uncertainty for wMPS [D]. Proc. SPIE (Sixth International Symposium on Precision Engineering Measurements and Instrumentation), Hangzhou, China, 2010.

[102] 端木琼，杨学友，邾继贵，等.基于光电扫描的网络式大尺寸测量系统定位算法研究[J].传感技术学报，2011，24（9）：1290-1295.

[103] 端木琼，杨学友，邾继贵，等.基于光电扫描的三维坐标测量系统[J].红外与激光工程，2011，40（10）：2014-2019.

[104] 端木琼，杨学友，邾继贵.基于小二乘-卡尔曼滤波的wMPS系统跟踪定位算法研究[J].传感技术学报，2012，25（2）：236-239.

[105] Depenthal C, Schwendemann J. IGPS – A NEW SYSTEM FOR STATIC AND KINEMATIC MEASUREMENTS [D]. Proceedings of the 9th Conference on Optical 3D Measurement Techniques, 2009.

[106] Schmitt R, Nisch S, Schönberg A, et al. Performance Evaluation of iGPS for Industrial Applications [D]. Proceedings pf International Conference on Indoor Positioning and Indoor Navigation (IPIN), Zürich, Switzerland, 2010.

[107] 郑迎亚，邾继贵，薛彬，等.室内空间测量定位系统网络布局优化[J].光电工程，2015，42（5）：20-26.

[108] 薛彬，邾继贵，郑迎亚.工作空间测量定位系统最佳测量点的确定方法[J].红外与激光工程，2015，44（4）：1218-1222.

[109] 马慧宇，林嘉睿，张饶，等.大尺寸分布式测量网络重构关键技术研究[J]. Acta Optica Sinica, 2021, 41（11）：1112001.

[110] Schwager M, McLurkin J, Slotine J J E, et al. From theory to practice: distributed coverage control experiments with groups of robots [D]. Proceedings of international symposium on experimental robotics, Athens, 2008.

[111] Wang G, Cao G, La Porta T. Movement-assisted sensor deployment [D]. Proceedings of the 23rd international annual joint conference of the IEEE computer and communications societies, Hong Kong, 2004.

[112] Wang G, Cao G, La Porta T. Proxy-based sensor deployment for mobile sensor networks [C].Proceedings of the 1st international conference on mobile Ad-Hoc and sensor systems, Fort Lauderdale, Florida, 2004.

[113] Megerian S, Koushanfar F, Qu G, et al. Exposure in wireless sensor networks:

theory and practical solutions〔J〕.Wirel Netw, 2002, 8（1）: 443–454.

［114］ Dhillon S S, Chakrabarty K, Iyengar S S. Sensor placement for grid coverage under imprecise detections〔D〕.Proceedings of the 5th international conference on information fusion, Annapolis, 2002.

［115］ Ghosh A, Das S K. Coverage and connectivity issues in wireless sensor networks: a survey〔J〕.Pervasive Mob Comput, 2008, 4（1）: 303–334.

［116］ Ai J, Abouzeid A A. Coverage by directional sensors in randomly deployed wireless sensor networks〔J〕. J Combin Optimiz, 2006,（11）: 21–41.

［117］ Laguna M, Roa J O, Jimenez A R, et al. Diversified local search for the optimal layout of beacons in an indoor positioning system〔J〕. IIE Trans, 2009,（41）: 247–259.

［118］ Mason S. Heuristic reasoning strategy for automated sensor placement〔J〕. Photogramm Eng Remote Sens, 1997,（63）: 1093–1102.

［119］ Biagioni E S, Sasaki G. Wireless sensor placement for reliable and efficient data collection〔C〕.Proceedings of IEEE Hawaii international conference on system sciences（HICSS）, Hawaii, USA, 2003.

［120］ 汪定伟,王俊伟,王洪峰,等.智能优化算法〔M〕.北京:高等教育出版社,2007.

［121］ 熊芝.wMPS 空间测量定位网络布局优化研究〔J〕.天津:天津大学，2012.

［122］ Galetto M,Pralio B.Optimal sensor positioning for large scale metrology applications〔J〕. Precision Engineering,2010,34（3）: 563–577.

［123］ Wang Z,Forbes A,Maropoulos P G.Laser tracker position optimization〔J〕. The 8th International Conference on Digital Enterprise（DET）, University of Bath,2014.

［124］ 潘烨炀,郭洁,张林颖,等.基于自适应遗传算法的优化布站方法研究〔J〕.国外电子测量技术，2013，06:62–64.

［125］ 郭丽华.基于遗传算法的光电经纬仪布站优化设计〔J〕.仪器仪表学报：2010，741–746.

［126］ 朱喜华,李颖晖,李宁,等.基于改进离散粒子群算法的传感器布局优化设计〔J〕.电子学报，2013，10 : 2104–2108.

［127］ 王允良,李为吉.基于混合多目标粒子群算法的飞行器气动布局设计〔J〕.航空学报，2008，05 : 1202–1206.

［128］ 宗立成,余隋怀,孙晋博,等.基于鱼群算法的舱室布局优化问题关键技

术研究[J].机械科学与技术，2014，2：257-262.

[129] 岳翀，熊芝，薛彬.基于模拟退火－粒子群算法的wMPS布局优化[J].光电工程，2016，43（7）：67-73.

[130] Chatterjee A, Siarry P. Nonlinertia inertia weight variation for dynamic adaptation in particle swarm optimization [J]. Computers &Operations Research, 2006, 33（3）：859-871.

[131] 陈晓怀，薄晓静，王宏涛.基于蒙特卡罗方法的测量不确定度合成.仪器仪表学报，2005，26（8）：759761.

[132] Linghui Y, Xueyou Y, Jigui Z, et al. Novel Method for Spatial Angle Measurement Based on Rotating Planar Laser Beams [J]. CHINESE JOURNAL OF MECHANICAL ENGINEERING, 2010, 23（6）：758-764.

[133] 刘珂，周富强，张光军.线结构光传感器标定不确定度估计[J].光电工程，2006，33（8）：79-84.

[134] 金畅.蒙特卡罗方法中随机数发生器和随机抽样方法的研究[D].大连：大连理工大学，2006.

[135] 汉泽西，邢靖虹.基于拟蒙特卡罗方法的动态测量不确定度评定[J].电子测试，2011，（5）：14-18.

[136] 高玉英，陈晓怀.应用蒙特卡罗方法计算动态测量的不确定度[J].黑龙江科技学院学报，2006，16（6）：357-359，373.

[137] 国家质量技术监督局.中华人民共和国国家计量检定规程JJG949—2011，经纬仪检定装置规程[S].北京：中国质检出版社，2011.

[138] 杨必武，郭晓松.经纬仪全自动综合计量检定系统[J].光电工程，2005，32（3）：25-27，69.

[139] 周维虎，丁晓牧，张玉文.经纬仪检定装置校准方法的研究[J].航空计测技术，1999，19（6）：7-9.

[140] 吴刚，陈先梅.用多齿分度台检定经纬仪竖盘测角的不确定度评定[J].中国测试技术，2005，31（5）：74-76.

[141] 张卫东，徐隽，王冬梅，等.多齿分度台检定光学经纬仪一测回水平方向标准偏差的测量不确定度评定[J].计量技术，2006，（10）：57-60.

[142] 国家质量监督检验检疫总局.中华人民共和国国家计量检定规程JJG414—2011，光学经纬仪[S].北京：中国质检出版社，2012.

[143] http://www.trioptics.com/.

[144] 熊芝，郏继贵，耿磊.空间测量定位系统测角不确定度分析及检定[J].

传感技术学报，2012，25（2）：229-235.

［145］ 杨善勃.wMPS测量原理与系统设计［D］.天津：天津大学，2008.

［146］ 周维虎.大尺寸空间坐标测量系统精度理论若干问题的研究［D］.合肥：合肥工业大学，2000.

［147］ 刘嘉兴.TDRS定位战的最佳布站几何及定位精度［J］.电讯技术，1999，39（3）：1-7.

［148］ Richard A. Poisel.电子战目标定位方法［M］.屈晓旭，罗勇，等，译.北京：电子工业出版社，2008.

［149］ 李洪梅，陈培龙.三维多站测向交叉定位算法及精度分析［J］.指挥控制与仿真，2007，29（2）：54-59.

［150］ 费业泰.误差理论与数据处理［M］.5版.北京：机械工业出版社，2007.

［151］ 黄筱蓉.边角后方交会的点位误差椭圆［J］.勘察科学技术，2001，（4）：49-53.

［152］ 李庆海.前方交会的误差椭圆及纵横向误差的或然率［J］.测绘制图学报，1959，3（2）：116-125.

［153］ 陶庭叶，高飞.利用误差椭球进行点位变形分析［J］.合肥工业大学学报（自然科学版），2005，28（11）：1449-1451.

［154］ 蔡剑红，李德仁.三维点位不确定性中的误差椭球与误差曲面关系研究［J］.测绘科学，2010，35（6）：12-13.

［155］ 杜正春，未永飞，姚振强.基于误差椭球的激光雷达测量系统精度分析［J］.上海交通大学学报，2009，43（12）：1881-1885.

［156］ 郭同德，贾军国.误差椭球的性质及其在置信域问题中的应用［J］.郑州大学学报（工学版），2006，27（3）：116-118.

［157］ Xiong Z, Zhu J G, Ren Y J, et al. ANALYSIS AND DESIGN OF THE BEST LAYOUT BASED ON THE NETWORK MEASUREMENT OF WMPS［C］.Proceedings of the 10th International Symposium on Measurement and Quality Control, Osaka, Japan, 2010.

［158］ 解可新，韩健，林友联.最优化方法［M］.天津：天津大学出版社，2004.

［159］ 詹海生，李广鑫，马志欣.基于ACIS的几何造型与系统开发［M］.北京：清华大学出版社，2002.

［160］ 王赞，许超，薛翔.ACIS与HOOPS图形平台的交互［J］.成组技术与生产现代化，2006，23（1）：48-51.

[161] Veldhuizen D A V, Lamont G B. Multi-objective optimization with messy genetic algorithms[J]. SAC '00 Proceedings of the 2000 ACM symposium on Applied computing -Volume 1, 2015:470-476.

[162] Deshpande S, Watson L T, Canfield R A. Multi-objective optimization using an adaptive weighting scheme[J]. Optimization Methods & Software, 2015, 31（1）:1-24.

[163] Wu C H, Su W H, Ho Y W. A Study on GPS GDOP Approximation Using Support-Vector Machines[J]. Instrumentation & Measurement IEEE Transactions on, 2011, 60（1）:137-145.

[164] Pedrycz W, Song M. Analytic Hierarchy Process（AHP）in Group Decision Making and its Optimization With an Allocation of Information Granularity [J]. IEEE Transactions on Fuzzy Systems, 2011, 19（3）:527-539.

[165] Bottero M, Comino E, Riggio V. Application of the Analytic Hierarchy Process and the Analytic Network Process for the assessment of different wastewater treatment systems[J]. Environmental Modelling & Software, 2011, 26（10）:1211-1224.

[166] 马永杰，云文霞. 遗传算法研究进展[J]. 计算机应用研究，2012，4：1201-1206+1210.

[167] SRINIVAS M, PATNAIK L M. Adaptive probabilities of crossover and mutation in genetic algorithms[J]. Trans on Systems Man and Cybernetics, 2002, 24（4）:656-667.

[168] Innocente M S, Afonso S M B, Sienz J, et al. Particle swarm algorithm with adaptive constraint handling and integrated surrogate model for the management of petroleum fields[J]. Applied Soft Computing, 2015, 34（C）:463-484.

[169] 莫思敏，曾建潮，徐卫滨. 具有自组织种群结构的微粒群算法[J]. 系统仿真学报，2013，3：445-450.

[170] Yuan G H, Fan C J, Zhang H Z, et al. An Improved Particle Swarm Algorithm [J]. Computer Simulation, 2014.

[171] 孟祥涛，王巍，向政. 基于微粒群与模拟退火算法的光纤陀螺导航系统动态补偿方法[J]. 红外与激光工程，2014，5：1555-1566.

[172] 林远胡. 动态测量技术在轨道测量中的应用研究及其软件研制[D]. 成都：西南交通大学，2014.

［173］ 任同群. 大型 3D 形貌测量高精度拼接方法与技术研究［D］. 天津：天津大学，2008.

［174］ Chan W S, Xu Y L, Ding X L, et al.Assessment of Dynamic Measurement Accuracy of GPS in Three Directions［D］.Journal of Surveying Engineering, 2006, 132（3）：108–117.

［175］ Depenthal C. Path tracking with IGPS, Indoor Positioning and Indoor Navigation（IPIN）［D］. International Conference，2010，1–6.

［176］ 端木琼.wMPS 系统的硬件平台优化及动态坐标测量关键技术研究［D］. 天津：天津大学，2012.

［177］ 赵子越. 基于 wMPS 空间测量场的动态测量定位方法与技术研究［D］. 天津：天津大学，2016.

［178］ 王姣. 基于光电扫描和捷联惯导系统的室内组合导航定位算法研究［D］. 天津：天津大学，2017.

［179］ Minlan J,Lan J,Dingde J,et al. A Sensor Dynamic Measurement Error Prediction Model Based on NAPSO–SVM［J］. Sensors,2018,18(2):233–235.

［180］ Shi S ,Yang L , Lin J,et al. Dynamic Measurement Error Modeling and Analysis in a Photoelectric Scanning Measurement Network［J］. Applied Sciences,2018, 9（1）.

［181］ 周贤伟，韦炜，覃伯平，等. 无线传感器网络的时间同步算法研究［J］. 传感技术学报，2006，19（1）：20–25.

［182］ 潘烨炀,郭洁,张林颖,等.基于自适应遗传算法的优化布站方法研究［J］. 国外电子测量技术，2013，06:62–64.

［183］ 王吉权，王福林.萤火虫算法的改进分析及应用［J］.计算机应用，2014，34（9）：2552–2556.

［184］ 王艳. 改进的萤火虫算法及其应用研究［D］. 西安：西安理工大学，2018.